Euklids Wohnzimmer

Heinrich Hemme · Matthias Schwoerer

Euklids Wohnzimmer

100 mathematische Kopfnüsse für Denker

Springer

Heinrich Hemme
Fachbereich Maschinenbau und Mechatronik
Fachhochschule Aachen
Aachen, Nordrhein-Westfalen, Deutschland

Matthias Schwoerer
Badenweiler, Baden-Württemberg
Deutschland

ISBN 978-3-658-24859-8

Die Deutsche Nationalbibliothek verzeichnet diese Publikation in der Deutschen Nationalbibliografie; detaillierte bibliografische Daten sind im Internet über http://dnb.d-nb.de abrufbar.

Einbandabbildung: Matthias Schwoerer

Springer ist ein Imprint der eingetragenen Gesellschaft Springer Fachmedien Wiesbaden GmbH und ist ein Teil von Springer Nature
Die Anschrift der Gesellschaft ist: Abraham-Lincoln-Str. 46, 65189 Wiesbaden, Germany

Vorwort

Euklid ist einer der berühmtesten Mathematiker der Welt und trotzdem ein Unbekannter. Niemand weiß, wann er lebte, wo er lebte und wie er lebte. Man vermutet, dass er im 4. vorchristlichen Jahrhundert in Athen zur Welt kam, dort an Platons Akademie ausgebildet wurde und im ägyptischen Alexandria lebte und arbeitete. Beweise dafür gibt es aber nicht. Sein Buch „Die Elemente", in dem er das mathematische Wissen seiner Zeit systematisch zusammengefasst hatte, war ein Bestseller. Es wurde über zwei Jahrtausende lang als Lehrbuch benutzt und war noch am Ende des 19. Jahrhunderts nach der Bibel das meistverbreitete Werk der Weltliteratur.

Wir, die beiden Autoren dieses Buches, sind keine Mathematiker. Unser Buch zählt nicht zur Weltliteratur und wird auch keine zwei Jahrtausende überdauern. Dennoch schmücken wir unser Buch mit Euklids Namen. Nur ist unser Euklid kein Mathematiker der Antike, sondern ein Mathematiklehrer der Gegenwart. Die Aufgaben unseres Buches sind auch nicht für Mathematiker geschrieben, sondern für Rätselliebhaber. Um sie lösen zu können, reicht die Mittelstufenmathematik der Schule völlig aus. Für manche Aufgaben ist nicht einmal diese notwendig, sondern man braucht nur den gesunden Menschenverstand.

Gute Knobeleien, so sagte einmal der große englische Rätselerfinder Henry Ernest Dudeney, könne man aus fast allem machen: aus Kalendern, Münzen, Spielsteinen und Streichhölzern, aus Buchstaben, Zahlen, Schachbrettern und Schnüren. Dudeney hat nicht übertrieben: Unser Alltag ist voller rätselhafter Fragen; man muss sie nur entdecken.

Wir haben Dudeneys Idee aufgegriffen. Einer von uns (H. H.) hat hundert alltägliche mathematische Probleme in kleine Geschichten gekleidet und der andere (M. S.) hat sie farbig illustriert. Alle Aufgaben erschienen bereits in geringfügig anderer Form zwischen 2008 und 2017 als „Heinrich Hemmes Cogito" in der Zeitschrift „bild der wissenschaft".

In unserem Buch gibt es einige Rätsel, die von Euromünzen und -scheinen handeln und einige, die sich um die Zeitrechnung drehen. Als wir es schrieben, lief gerade der 500-EUR-Schein aus, und es wurde darüber diskutiert, ob man nicht die Kupfermünzen abschaffen sollte. Und der jährliche Wechsel zwischen Winter- und Sommerzeit stand auch zur Debatte. Für alle Aufgaben unseres Buches jedoch gilt weiterhin: Es gibt Münzen der Werte 1, 2, 5, 10, 20 und 50 Cent, 1 und 2 EUR und Geldscheine der Werte 5, 10, 20, 50, 100, 200 und 500 EUR. Und in jedem Jahr beginnt die Sommerzeit am letzten Sonntag im März und endet am letzten Sonntag im Oktober.

Wir wünschen viel Spaß beim Knobeln!

Januar 2019   Heinrich Hemme
                                               Matthias Schwoerer

Inhaltsverzeichnis

1

Euklids Wohnzimmer

Nach vielen Jahren war ich wieder einmal in meiner Heimatstadt und bummelte durch das Viertel, in dem ich als Kind gewohnt hatte. In einem gepflegten Vorgarten sah ich einen alten Mann, der seine Rosenstöcke schnitt und mir irgendwie bekannt vorkam. Als er aufblickte und mich entdeckte, rief er mit knarrender Stimme: „Na, hat es dich auch mal wieder an den Ort deiner Schandtaten zurück verschlagen?"

Diese Stimme kannte ich und würde ich auch bis an mein Lebensende nicht vergessen. Sie gehörte Herrn Mannhardt, dem ehemaligen Mathematiklehrer und Schrecken meiner Klasse, der den Spitznamen Euklid trug. Seine große Leidenschaft war die Geometrie, und darum mussten seine bedauernswerten Schüler geometrische Sätze lernen, die in keinem Lehrplan auftauchten, und von denen die Schüler anderer Lehrer nie etwas hörten. Mir sind Namen wie „Satz des Heron", „Satz des Brahmagupta" oder „Satz des Ptolemäus" im Gedächtnis geblieben, ohne dass ich mich noch daran erinnern kann, was sie bedeuten.

Ich trat an den Zaun und begrüßte meinen ehemaligen Lehrer. „Ich bin nicht mehr gut auf den Beinen und kann nicht lange stehen", sagte Euklid. „Komm doch mit ins Haus. Meine Haushälterin wird uns einen Kaffee kochen." Euklid führte mich in sein Wohnzimmer. Während seine Haushälterin den Kaffeetisch deckte, trat er an ein kleines Regal, auf dem sauber aufgereiht und nach Jahren geordnet die damals von uns Schülern gefürchteten roten Büchlein standen, in denen Euklid Zensuren, Tadel und Anmerkungen notierte. Er zog eines dieser Büchlein heraus und blätterte darin. Dann sagte er: „Da steht es: 5, 4, 5, 4–. Wenn ich nicht beide Augen zugedrückt und dir noch eine 4 gegeben hätte, wärst du sitzengeblieben."

Unangenehm berührt sah ich zu Boden. Da fiel mir auf, dass das Parkett ein ungewöhnliches geometrisches Muster hatte. Mehrere verschiedene Hölzer in verschiedenen Farbtönen bildeten unterschiedlich große Quadrate. Einige Stellen des Bodens aber waren seltsamerweise nicht mit Parkett, sondern mit Fliesen bedeckt. Ich sprach meine alten Lehrer darauf an. „Ich hätte nicht erwartet, dass dir dies auffallen würde", sagte er. „Der Fußboden meines Wohnzimmers ist ein Rechteck und ich habe ihn mit elf Quadraten parkettieren lassen, die die Seitenlängen ein Fuß, zwei Fuß, drei Fuß bis hin zu elf Fuß haben. Alle Quadratseiten verlaufen parallel oder quer zu den Wänden." „Geht das denn genau auf?", fragte ich. „Leider nicht", erwiderte er. „Aber mein Wohnzimmerboden ist das kleinste Rechteck, in das alle diese elf Quadrate hineinpassen. Die frei gebliebenen Flächen des Bodens habe ich mit Tonkacheln fliesen lassen." Auf eine solche Schnapsidee können auch nur Mathematiklehrer kommen, dachte ich, aber fragte höflicherweise: „Wie groß ist denn das gefliese Stück?" „Das werde ich dir nicht verraten", sagte Euklid mit erhobenem Zeigefinger, „sondern als Hausaufgabe mitgeben."

Wissen Sie, wie viel Quadratfuß des Bodens nicht parkettiert, sondern gefliest waren?

2

Die Quadratur der Schachfiguren

Alice stieg durch den großen Spiegel, der an der Rückwand ihres Zimmers hing. Überrascht stellt sie fest, dass das Glas nicht hart war, sondern wie ein weicher Nebelschleier ihr Gesicht streifte. Hinter dem Spiegel sah die Welt ganz anders aus, als sie sie kannte. Der Boden war ein riesiges Schachbrett, auf dem Schachfiguren, die sie um Haupteslänge überragten, herumsprangen. Sie rannten auf und ab, stolzierten herum oder schlenderten hin und her.

„Halt!", rief plötzlich eine Stimme hinter ihr. „Was willst du in meinem Reich?" Langsam drehte Alice sich um. Vor ihr stand die schwarze Königin und sah sie böse an. „Ich, ich …", stammelte Alice und wusste nicht, was sie sagen sollte. Neugierig kamen die anderen Figuren näher. „Verschwindet!", befahl die Königin, und die Figuren verließen eine nach der anderen das Schachbrett. Währenddessen wurde das Brett blasser und blasser und verschwand schließlich völlig, als der letzte Bauer über seinen Rand trat.

Alice rieb sich verwundert die Augen. „Wo ist das Schachbrett geblieben?", fragte sie. „Was bist du doch dummes Kind!", fuhr die schwarze Königin sie an. „Hast du denn nicht in der Schule gelernt, dass das Weltall von der Materie gemacht wird, die sich darin befindet? Nähme man alles aus dem Weltall heraus, so bliebe kein leeres Weltall, sondern nichts übrig. Genauso ist es auch in unserer Welt. Wir machen die Quadrate des Schachbretts. Wenn wir das Schachbrett verlassen, bleibt kein leeres Brett zurück, sondern – wie du gerade gesehen hast – nichts." „Aber …", wollte Alice einwenden. „Schweig und hör mir zu!", herrschte die schwarze Königin sie an. „Ich werde dir nun zeigen, dass wir durch unsere pure Anwesenheit die Quadrate nicht nur geometrisch, sondern auch arithmetisch erzeugen können." Sie wandte sich an den Läufer, der neben ihr stand: „Hole meine Untertanen, damit wir den Kreis bilden können."

Der Läufer rannte davon, und schon wenige Augenblicke später waren alle Figuren zurück. Sie und auch die schwarze Königin stellten sich nun in einem Kreis auf, in dessen Innerem Alice stand. Alice bemerkte, dass jede Figur eine Zahl auf der Brust trug und fragte die Königin danach. „Wir sind natürlich so nummeriert, wie wir auf dem Schachbrett stehen", erklärte die Königin herablassend. Der linke schwarze Turm ist die Nummer 1. Nummer 2 ist ein schwarzer Springer und Nummer 3 ein schwarzer Läufer. Ich selbst bin die Nummer 4. Mein Gemahl und die anderen schwarzen Offiziere haben die Nummern 5 bis 8. Die schwarzen Bauern haben die Nummern 9 bis 16 und die weißen Bauern 17 bis 24. Die weißen Offiziere schließlich tragen die Nummern 25 bis 32. „Wir haben uns nun so aufgestellt, dass wir Quadrate bilden." „Das verstehe ich nicht", sagte Alice. „Schwachkopf!", schimpfte die Königin. „Addiert man die Nummern von zwei direkt nebeneinanderstehenden Figuren, erhält man immer eine Quadratzahl."

Alice begann leise zu schluchzen und bat die Königin, sie nach Hause gehen zu lassen. „Gut, ich gebe dir eine Chance", sagte die Königin streng. „Schließe die Augen, und sage mir, wer mir in diesem Kreis genau gegenüber steht. Antwortest du richtig, kannst du gehen. Ist deine Antwort aber falsch, so lasse ich dich in den Kerker werfen."

Welche Figur musste Alice benennen, um nach Hause zu dürfen?

3

Tante Rosas Kalender

Im Januar 2009 musste ich für meine Firma zwei Tage nach Braunschweig fahren. Nur wenige Kilometer von dort entfernt liegt Wolfenbüttel, wo meine Tante Rosa wohnt. Bei jedem Familientreffen der letzten Jahre hatte ich ihr versprochen, sie zu besuchen. Tante Rosa ist die älteste Schwester meiner Mutter und eine unverheiratete, pensionierte Deutsch- und Lateinlehrerin, die in unserer Familie als etwas sonderlich gilt. Sie wohnt mitten in der Altstadt im dritten Stock eines krummen Fachwerkhauses.

© Springer Fachmedien Wiesbaden GmbH, ein Teil von Springer Nature 2019
H. Hemme und M. Schwoerer, *Euklids Wohnzimmer*

„Es wurde ja auch Zeit, dass du dich hier einmal blicken lässt", begrüßte mich meine Tante barsch, als ich atemlos vom Treppensteigen vor ihrer Tür stand. „Du hast sicherlich Hunger. Setz' dich ins Wohnzimmer. Ich mache dir eine Portion Bratkartoffeln." Meinen Einwand, dass ich vor einer halben Stunde bereits zu Abend gegessen hätte, wischte sie mit einem energischen „Papperlapapp!" vom Tisch.

Tante Rosa verschwand in der Küche, und ich sah mich ein wenig in ihrer Wohnung um. Die Möbel und Teppiche waren uralt. In allen Räumen standen Regale, die bis zur Decke reichten und mit Büchern vollgestopft waren. Seltsamerweise hingen überall in der Wohnung Kalendern an den Wänden – große und kleine, schmale und breite, bunte und einfarbige, kitschige und kunstvolle. Über ihr Sofa hatte Tante Rosa einen Kalender mit Fotos von modisch frisierten Pudeln neben einen Kalender mit Kunstdrucken von Franz Marcs Tierbildern gehängt. Im Flur gab es eine ganze Galerie von Werbekalendern der Wolfenbütteler Bäckereien und Apotheken, und über dem Spülkasten der Toilette hing ein Kalender der Heilsarmee friedlich neben einem mit Motiven aus dem Kamasutra. Die meisten Kalender hatten ein Blatt für jeden Monat, doch es gab auch welche mit einem Blatt pro Woche. Allen war gemeinsam, dass ihre Blätter nicht abgerissen, sondern nur umgeklappt wurden. Seltsamerweise waren fast alle Kalender von 1998 und nur ganz wenige von 2009.

Als ich meine Bratkartoffeln aß, sprach ich Tante Rosa auf ihre Kalendersammlung an. „Ich bewahre alle meine Kalender auf, weil sie so schön sind", erklärte sie. „Irgendwann passen sie auch einmal für ein anderes Jahr, und dann hänge ich sie wieder auf." Ich nahm einen ihrer Kalender von 1998 von der Wand und verglich ihn mit meinem Taschenkalender von 2009. Tatsächlich fiel 1998 jedes Datum auf den gleichen Wochentag wie 2009. „Das scheint ja zu stimmen", sagte ich. „Aber die Feiertage werden nicht richtig liegen." „Da irrst du dich, mein Junge!", widersprach Tante Rosa energisch. Ich überprüfte es. Sie hatte tatsächlich recht: In beiden Jahren fiel Ostern auf den 12. April und der erste Advent auf den 29. November. Auch alle anderen Feiertage stimmten überein. „Wie viele verschiedene Kalender gibt es denn überhaupt?", fragte ich, aber das wusste Tante Rosa nicht.

Angenommen, der Gregorianische Kalender bliebe unverändert gültig, und es würden keine Feiertage gestrichen, keine hinzugefügt und auch keine Feiertagsregeln verändert: Wie viele verschiedene Kalender würde es dann geben?

4

Der Weg der Zechbrüder

Kurt und Karl sind zwei Junggesellen, beide um die 50 Jahre alt und große
Zecher vor dem Herrn. Man kann sie jeden Tag zusammen in einer unserer
beiden Dorfkneipen treffen. Dort harren sie an der Theke aus, bis der Wirt
sie nachts, wenn er schließen will, vor die Tür setzt.

Eines Abends im letzten Mai aber saß Karl allein in der Klosterschenke.
„Wo bleibt denn nur Kurt heute Abend?", fragte er den Wirt. Doch der

© Springer Fachmedien Wiesbaden GmbH, ein Teil von Springer Nature 2019

H. Hemme und M. Schwoerer, *Euklids Wohnzimmer*

wusste es auch nicht. Also wartete Karl auf seinen Zechbruder und vertrieb sich die Zeit mit sieben Glas Bier und fünf Schnäpsen. Dann hatte er eine Idee. „Vielleicht ist Kurt in den Frensdorfer Hof gegangen", sagte er mit schon etwas schwerer Zunge zum Wirt. Der zuckte nur mit den Schultern und meinte: „Möglich wär's." „Ich werde einmal nachsehen", sagte Karl und machte sich kurz entschlossen auf den Weg.

Kurt war in der Zwischenzeit tatsächlich im Frensdorfer Hof gewesen und hatte auf Karl gewartet. Um nicht zu verdursten, hatte er fünf Glas Bier und sieben Schnäpse getrunken. Dann sagte er zum Wirt: „Ich werde einmal zur Klosterschänke gehen und nachschauen, ob Karl dort ist."

Nach vielen durchzechten Nächten war eine so große Seelenverwandtschaft zwischen den beiden entstanden, dass sie, ohne voneinander zu wissen, im selben Augenblick ihre Kneipe verließen und sich auf den Weg zur anderen machten. Beide gingen leicht schwankend, aber immer gleich schnell durch die laue Mainacht. Unter der Linde auf dem Markplatz trafen sie sich. Karl, der etwas schneller als Kurt gegangen war, hatte schon 200 m mehr zurückgelegt als sein Zechbruder. Sie beschlossen, das glückliche Ereignis, sich getroffen zu haben, gebührend zu feiern. Karl zog einen Flachmann mit Wacholderschnaps, den er als Wegzehrung mitgenommen hatte, aus seiner Jackentasche. Nachdem die beiden ihn gemeinsam geleert hatten, sagte Karl: „K… k… komm, wir gehen zum F… F… Frensdorfer Hof." „N… n… nein", erwidert Kurt. „Wir g… g… gehen zu Klosterschänke."

Kurt holte ein Fläschchen Cognac hervor, aber auch danach konnten sie sich nicht einigen. Also zog jeder allein seines Wegs. Karl ging weiter zum Frensdorfer Hof und Kurt zur Klosterscheke. Doch der Alkohol hatte ihre Schritte schwer gemacht, und so kamen sie nur halb so schnell voran wie zuvor. Karl erreichte 8 min, nachdem sie die Linde verlassen hatten, sein Ziel, aber Kurt brauchte ganze 18 min bis zur Klosterschenke.

Was die beiden Zechbrüder alles noch an diesem Abend tranken und wie sie sich am nächsten Morgen fühlten, ist für unsere Aufgabe bedeutungslos. Wir wollen nur wissen, wie weit es von der Klosterschenke bis zum Frensdorfer Hof ist.

5

Das Crux Numerorum

Als ich noch ein Schüler war, wurden in meinem Heimatort die Reste einer römischen Villa entdeckt, und ich durfte in den Ferien bei den Ausgrabungen mithelfen. Seither ist die Geschichte der Römer in Germanien meine große Leidenschaft.

Zu meiner Geburtstagsfeier vor ein paar Wochen war auch Edmund gekommen, ein Freund aus meiner Jugendzeit, den es vor einigen Jahren nach Trier verschlagen hat. „Ich habe dir etwas ganz Besonderes mitgebracht", sagte er und gab mir ein kleines Päckchen. Ich machte es auf und fand darin eine alte Tonscherbe, in die ein Raster von 3 mal 3 Quadraten geritzt worden war. In den Ecken einiger dieser Quadrate standen kleine römische Zahlen. „Was ist das?", fragte ich Edmund und betrachtete etwas ratlos die Scherbe. „Das ist ein Crux Numerorum, also ein Kreuzzahlrätsel, aus dem vierten Jahrhundert. Es wurde im letzten Jahr bei Ausgrabungen in der Nähe der Porta Nigra gefunden." „Und wie bist du an die Scherbe gekommen?", fragte ich. „Ein guter Freund hat sie bei den Ausgrabungen gefunden und mir davon erzählt. Auf meine Bitte hin hat er sie dann für dich beiseite geschafft." Edmund grinste mich verschwörerisch an.

Ich drehte die Scherbe in meinen Händen. Sie sah eigentlich eher aus wie ein Stück von einem alten Blumentopf, das mit Dreck und Ruß künstlich gealtert worden war. Ich war misstrauisch. Entweder besaß Edmund eine hohe kriminelle Energie – oder er wollte mich mit meinem Hobby auf den Arm nehmen.

„Das Crux Numerorum ist unvollständig. Er lag noch eine zweite Scherbe daneben, die ich jedoch bisher noch nicht beschaffen konnte. Aber du hast ja auch im nächsten Jahr wieder Geburtstag." Edmund zwinkerte mir zu. „Auf der zweiten Scherbe gab es einige Hinweise", sagte er dann und zog einen Zettel aus der Tasche, den er mir gab. Darauf stand:

Waagerecht:

I   Vielfaches von XXXVII
II   Vielfaches von LXXIII
III   Teiler von I senkrecht

Senkrecht:

I   Quadratzahl
II   Vielfaches von VII
III   Ausonius' Alter

„Das Crux Numerorum stammt vermutlich von dem Dichter Decimius Magnus Ausonius. Wie du sicher weißt, hat er nicht nur die ‚Mosella' gedichtet, sondern auch über mathematische Denkspiele geschrieben, beispielsweise über das Ostomachion des Archimedes", erklärte mir Edmund. „Du kannst ja mal versuchen, dass Crux Numerorum zu lösen. In die Felder darfst du selbstverständlich keine arabischen Ziffern, sondern nur römische Zahlenzeichen setzen. Außerdem musst du die Zahlen in der Standard-form schreiben, das heißt, soll ein geringerwertiges Zeichen links von einem höherwertigen stehen, so ist dies nur bei den Paaren IV, IX, XL, XC, CD und CM erlaubt. Du darfst also beispielsweise 1999 nicht als MIM, sondern nur als MCMXCIX darstellen." Mir gelang es nicht, das Rätsel zu lösen.

Wissen Sie, wie alt Ausonius war, als er das Crux Numerorum herstellte?

6

Fahrscheinknobelei

Vor einigen Wochen musste ich mit meinem Kollegen Hannes für meine
Firma nach Nordhorn reisen. Die Stadt liegt im äußersten Westen Nieder-
sachsens direkt an der holländischen Grenze. Nordhorn hat zwar über
50 000 Einwohner, aber keinen Bahnhof, und ist deshalb mit öffentlichen
Verkehrsmitteln schwer zu erreichen. Wir fuhren also mit dem Zug bis nach

Lingen im Emsland und warteten dort auf den nächsten Überlandbus, der ins 25 km entfernte Nordhorn fuhr.

Als er eintraf, stieg mein Kollege zuerst ein und suchte sich für uns beide und unser Gepäck Plätze in den hinteren Reihen. Ich löste beim Fahrer zwei Fahrscheine und ging dann auch nach hinten.

Als wir beide saßen und der Bus Lingen schon verlassen hatte, wollte ich Hannes einen der beiden Fahrscheine geben. Doch der wehrte ihn ab und sagte: „Ich werde dir einmal zeigen, was man mit einfacher Logik alles machen kann." Dann bat er mich, ihm zu sagen, wie viele Ziffern die Nummern unserer Fahrscheine hätten. Ich schaute nach und antwortete: „Auf beiden Fahrscheinen steht eine vierstellige Nummer." Nun forderte er mich auf, die acht Ziffern der beiden Nummern zu addieren und ihm das Ergebnis zu nennen. „25", lautete meine Antwort. Jetzt wollte Hannes wissen, ob unter den acht Ziffern der beiden Nummern eine Ziffer mehr als zweimal auftauchen würde. Als ich diese Frage beantwortet hatte, fragte er weiter, ob die Quersumme einer der beiden Fahrscheinnummern 13 sei. Auch diese Frage beantwortete ich ihm. Hannes schloss die Augen und konzentrierte sich. Nach kurzem Nachdenken nannte er mir zwei Zahlen: Es waren die beiden Fahrscheinnummern! Ich war völlig verblüfft.

Als ich zwei Tage später wieder zu Hause war und die Geschichte beim Abendessen erzählte, sagte meine Tochter Christina: „Mit den Informationen, die du deinem Kollegen über die beiden Fahrscheinnummern gegeben hast, hätte das jeder Grundschüler herausbekommen. Man muss schon so völlig ahnungslos sein wie du, wenn man sich dadurch verblüffen lässt." „Das lässt sich im Nachhinein immer leicht sagen", erwiderte ich gekränkt. Aber Christina grinste mich nur an und meinte von oben herab: „Du hast uns nicht erzählt, welche Antworten du auf die beiden letzten Fragen deines Kollegen gegeben hast. Und trotzdem weiß ich die beiden Fahrscheinnummern." Dann nannte sie mir zwei Zahlen – es waren die beiden korrekten Nummern.

Kennen Sie sie auch?

7

Der schöne Sigismund

Ich war am Samstagabend mit meiner Frau auf ein Glas Wein in den Dorfkrug gegangen. Wir studierten noch die Weinkarte, als Sigismund Sülzheimer und seine drei Freunde Albrecht, Berthold und Clemens lärmend die Kneipe betraten. Sie setzten sich an einen Tisch in der Mitte des Raums und riefen dem Wirt zu, er möge ihnen vier Bier und ein Kartenspiel bringen. Dann baute jeder von ihnen mehrere Türmchen aus Ein-Euro-Münzen vor sich auf dem Tisch auf. Berthold betrachtete nachdenklich die Münztürme von Albrecht und Clemens und meinte dann: „Ihr beide habt zusammen genau doppelt so viel Geld wie ich."

Dann brachte ihnen der Wirt die Karten, und sie begannen Poker zu spielen. Sigismund hatte Glück: Schon nach kurzer Zeit hatte er doppelt so viele Münzen vor sich liegen wie zu Anfang. „Ein Runde Champagner für die Damen!", rief er und blinzelte ringsum den Frauen zu. Sigismund hält sich für den schönsten Mann des Ortes und seinen Charme für unwiderstehlich. Er sei ein Frauentyp, betont er immer wieder. Allerdings steht er mit seiner Ansicht ziemlich alleine da.

Der Wirt trat ihm an den Tisch. „Champagner bekommst du nur gegen Vorauszahlung", sagte er und nannte einen ganzzahligen Eurobetrag. „Kein Problem", erwiderte der schöne Sigismund großspurig und zählte dem Wirt das Geld von seinen Eurotürmchen in die Hand.

Dann spielten die vier Männer weiter. Sigismund hatte eine Glückssträhne. Es dauert nicht lange, da hatte er den Rest seines Geldes wieder verdoppelt, und er rief erneut: „Champagner für die Damen!" Der Wirt ließ sich wieder das Geld für die Getränke geben, und Sigismund spielte mit den ihm verbliebenen Münzen weiter. Wieder hatte er Glück, verdoppelte den Rest seines Geldes und gab eine Runde Champagner aus. Die vier Männer pokerten weiter, und Sigismund konnte ein viertes Mal den Rest seines Geldes verdoppeln. Dabei gewann er das gesamte Geld, das seinen drei Freunden noch verblieben war. Er spendierte erneut allen anwesenden Frauen ein Glas Champagner. Dann hatte der schöne Sigismund auch kein Geld mehr. „Naja", sagte er, starrte in seine leere Geldbörse und zuckte mit den Schultern. „Glück im Spiel und Glück in der Liebe." Er warf den Frauen eine Kusshand zu, sagte dem Wirt, er möge das Bier anschreiben und verließ mit seinen Freunden den Dorfkrug.

„Was meinst du?", sagte meine Frau und schlürfte ihren vierten Champagner. „Wie viel Geld hatte unser spendabler Sigismund, bevor die vier anfingen zu pokern?" Ich musste passen.

Wissen Sie es? Sie dürfen davon ausgehen, dass jede der vier Champagnerrunden gleich teuer war und dass Berthold zu Anfang zwischen 50 und 100 EUR hatte.

8

Freitag, der 13

Es war Freitagnachmittag kurz vor vier. Ich hatte meinen Schreibtisch schon aufgeräumt und wollte ins Wochenende gehen, als das Telefon klingelte. „Ich bin's", sagte eine Stimme am anderen Ende der Leitung, die ich als die meiner Kollegin Doris erkannte. „Du musst mir einen Gefallen tun." Ich wollte gerade sagen, dass ich das gerne täte, als Doris schon weiter redete. „Hol bitte auf deinem Heimweg von der Pizzeria ‚Da Elio' eine Pizza Quattro Stagioni und bring sie mir kurz vorbei. Aber bitte ohne Knoblauch und mit extra viel Peperoni. Und lass sie nicht kalt werden!" Bevor ich etwas erwidern konnte, legte sie auf.

Doris war nicht zur Arbeit gekommen und ich vermutete, dass sie krank war. Darum tat ich, wie mir befohlen, kaufte die Pizza und fuhr zu ihrer Wohnung, obwohl dies ein Umweg von zehn Kilometern war. Ich klingelte an ihrer Wohnungstür, aber sie öffnete nicht. Ich schellte noch einmal. Nach einiger Zeit hörte ich schlurfende Schritte hinter der Tür. Dann wurde sie einen Spalt weit geöffnet. „Ach du bist's. Komm rein", sagte Doris. Obwohl es schon später Nachmittag war, hatte sie immer noch einen Morgenmantel an. „Bist du krank?", fragte ich sie. „Nein. Ich bin heute nur sicherheitshalber im Bett geblieben", sagte sie. „Sicherheitshalber?" Ich sah sie verständnislos an.

„Ich hatte gestern Abend vergessen, meinen Wecker zu stellen und habe verschlafen. Als ich dann wach wurde und aus dem Bett sprang, bin ich zuerst mit dem linken Fuß aufgetreten. Dann habe ich, weil ich mich beim Frühstück beeilen musste, einen ganzen Löffel Salz verstreut. Im Treppenhaus hatten die Maler eine Leiter abgestellt, unter der ich hindurchgegangen bin, und als ich vor die Haustür trat, lief eine schwarze Katze von links nach rechts über den Bürgersteig vor mir her. In diesem Moment fiel mir ein, welches Datum wir heute haben: Freitag, der 13.! Also habe ich auf dem Absatz kehrtgemacht und mich wieder ins Bett gelegt."

„Ich wusste gar nicht, dass du abergläubisch bist", sagte ich und konnte mir ein Lächeln nicht verkneifen. „Grins' nicht so dämlich!", fuhr Doris mich an. „Natürlich bin nicht abergläubisch, aber diese Omen sind auch dann gefährlich, wenn man nicht daran glaubt."

Wir setzten uns an den Küchentisch. „Ich habe heute noch nichts gegessen und Hunger wie ein Bär." Sie schob den Karton mit der Pizza zu mir hinüber. „Kannst du mir die Pizza klein schneiden? Ich rühre heute kein Messer an." Ich tat, wie mir geheißen. „Dieses Jahr ist übrigens besonders gefährlich. Es hat drei Freitage, die auf einen 13. fallen, einen im Februar, einen im März und einen im November. Und zwischen dem 13. Februar und dem 13. März gab es nur 27 sichere Tage."

Auf der Heimfahrt musste ich noch einmal an die Häufung von Doris' Unglückstagen denken, und fragte mich, wie viele sichere Tage höchstens zwischen einem Freitag, den 13. und dem nächsten Freitag, den 13. liegen. Aber ich konnte das Problem nicht lösen.

Wissen Sie die Antwort?

9

Die Rostocker Vierecke

„Ich habe einen wichtigen Termin, der sich nicht verschieben lässt. Können Sie deshalb bitte am Donnerstag meinen Vortrag auf der Tagung in Rostock halten?", hatte mein Chef gesagt und mir einen Stapel Folien in die Hand gedrückt. Ich hatte wohl ziemlich entsetzt geschaut, denn als er schon in der Bürotür stand, wandte er sich noch einmal um, und sagte: „Keine Sorge! Auf den Folien steht alles, was Sie wissen müssen. Das schaffen Sie schon."

© Springer Fachmedien Wiesbaden GmbH, ein Teil von Springer Nature 2019
H. Hemme und M. Schwoerer, *Euklids Wohnzimmer*

Es war ein weiter Weg bis nach Rostock, deshalb reiste ich schon einen Tag früher an. Da ich den Vortrag erst am Nachmittag halten musste, konnte ich mir am Morgen noch ein wenig die Stadt ansehen. Es war ein warmer Frühlingstag, ich bummelte durch die Altstadt und am Stadthafen entlang. Dann setzte ich mich auf eine Bank in den Wallanlagen, um in Gedanken noch einmal den Vortrag durchzugehen. Vor mir auf dem Platz spielten ein paar Mädchen Gummitwist. Ich hatte es lange niemanden auf diese Weise hüpfen sehen und schon geglaubt, das Spiel wäre längst in Vergessenheit geraten.

Ich hatte den Kindern bereits eine ganze Weile zugesehen, als eines von ihnen rief: „Ich habe keine Lust mehr." Die Mädchen nahmen ihr Gummiband und schlenderten zur Platzmitte. Dort standen acht gusseiserne Poller im Karree. Sie hatten einmal einen Baum vor Fahrzeugen schützen sollen, doch von dem war inzwischen nur noch ein meterhoher Stumpf übrig. Die Poller und der Baumstumpf bildeten die Ecken eines Rasters von zwei mal zwei Quadraten.

Die Mädchen lehnten sich an die Poller und schienen sich zu langweilen. Dann spannte eines von ihnen das Band, mit dem sie zuvor Gummitwist gespielt hatten, um einige der Poller. „Schaut mal!", rief plötzlich eines der anderen. „Das ist ja ein Trapez geworden. Das haben wir heute in der Schule durchgenommen." Es nahm das Gummiband ab und schlang es auf eine andere Weise um den Baumstumpf und die Poller. „Ein Rechteck geht auch", sagte es dann.

Ich warf einen Blick auf meine Uhr und sah, dass es Zeit wurde, mich auf den Weg zu meinem Vortrag zu machen. Unterwegs dachte ich noch über das Spiel der Mädchen nach und fragte mich, wie viele verschiedene Vierecke sich mit einem Gummiband bilden lassen, das man um die acht Poller und den Baumstumpf schlingt.

Wissen Sie die Antwort? Bitte beachten Sie, dass Vierecke, die zwar die gleiche Form, aber eine andere Größe haben, als verschieden gelten, und dass Vierecke, die durch Drehungen und Spiegelungen ineinander übergehen, als gleich gelten. Nicht erlaubt sind überschlagene Vierecke, also Vierecke, bei denen sich das Gummiband selbst schneidet.

10

Kleingeld zur Rettung der Banken

„In Zeiten der Finanzkrise muss man den notleidenden Banken unter die Arme greifen", sagte meine Tante Klara und schleppte mit sichtlicher Mühe eine Fünf-Liter-Flasche herbei, die einmal Cognac enthalten hatte und nun bis zum Rand mit Kleingeld gefüllt war. Ächzend stellte sie die Flasche auf den Küchentisch. Ich sah sie verständnislos an. „Wenn du regelmäßig die Zeitung lesen würdest, wüsstest du, dass die Banken frisches Geld brauchen, und das sollen sie von mir bekommen", erklärte sie mir. Vorsichtig kippte sie die Münzen auf den Tisch, und begann, sie zu sortieren und zu stapeln. „Willst du nur Maulaffen feilhalten?", fragte sie und sah mich über den Rand ihrer Brille streng an. „Setz dich hin und hilf mir!" Ich gehorchte.

Schweigend arbeiteten wir eine Viertelstunde lang, dann sagte meine Tante: „Ich habe in den letzten Jahren jeden Abend das Kleingeld aus meinem Portemonnaie genommen und in diese Flasche gesteckt. Damit wollte ich später meinen Großnichten Hochzeitsschuhe kaufen. Selbst denken die Mädchen ja heutzutage nicht mehr daran, rechtzeitig mit dem Sammeln von Münzen zu beginnen." „Aber Tante Klara", wandte ich ein, „wir leben doch nicht mehr im 19. Jahrhundert." „Na siehst du!", erwiderte sie. Ich konnte ihrer Logik nicht folgen, sagte aber lieber nichts. „Aber daraus wird nun nichts mehr, denn ich werde das Geld zur Bank bringen, um mein Scherflein zu ihrer Rettung beizutragen." Fünf Liter Kleingeld zu zählen dauert länger, als man sich das vorstellt. Der Münzberg auf dem Küchentisch wollte einfach nicht schrumpfen. Nach einer Dreiviertelstunde sagte Tante Klara: „Wir haben eine kleine Pause verdient. Ich werde uns einen Kaffee kochen."

Während sie den Kaffee zubereitete, spielte ich mit dem Münzgeld herum. Ohne weiter darüber nachzudenken, hatte ich mir je eine der acht verschiedenen Euro- und Cent-Münzen genommen und sie der Größe nach so nebeneinander gelegt, dass sie alle die vordere Tischkante berührten. Dann brachte ich sie in eine andere Reihenfolge und stellte verblüfft fest, dass die Münzkette dadurch ein wenig kürzer geworden war. Ich überlegte gerade, in welcher Reihenfolge die acht Münzen liegen müssten, um die Kette so kurz wie möglich zu machen, als meine Tante mit dem Kaffee kam und ich nicht mehr weiter darüber nachdenken konnte.

Wissen Sie die Antwort? Die acht Münzen haben übrigens folgende Durchmesser: 1 Cent: 16,25 mm; 2 Cent: 18,75 mm; 5 Cent: 21,25 mm; 10 Cent: 19,75 mm; 20 Cent: 22,25 mm; 50 Cent: 24,25 mm; 1 EUR: 23,25 mm und 2 EUR: 25,75 mm.

11

Der Computist

Ich hasse Dienstreisen. Tagsüber arbeitet man hart, und abends hockt man alleine in einer Hotelbar und schlägt die Zeit tot. Im Jahr 2009 musste ich für meine Firma nach Bamberg fahren. Die Stadt ist zwar schön, aber es regnete in Strömen. Und so hockte ich wieder einmal am Tresen.

Ich war der einzige Gast. Als ich mein drittes Glas Bier ausgetrunken und die nötige Bettschwere erreicht hatte, um schlafen gehen zu können, setzte sich ein Mann zu mir. „Gestatten, Professor Karcher", stellte er sich vor und lud mich zu einem weiteren Bier ein. Wir kamen ins Gespräch. „Ich bin Computist", sagte er. Ich hatte das noch nie gehört und stellte mir darunter eine Art Computerexperten vor. „Nein", meinte er lachend. „Computisten nannte man im Mittelalter die Fachleute für die Kalenderberechnung. Die letzten Exemplare dieser Gattung treffen sich einmal jährlich beim internationalen Computistenkongress. Er findet zurzeit hier in Bamberg statt, der Geburtsstadt von Christophorus Clavius." „Von wem?", fragte ich. „Clavius war einer der Väter des Gregorianischen Kalenders. Eigentlich hieß er Christoph Clau", erklärte der Professor.

Eine Zeit lang tranken wir schweigend unser Bier. Dann sagte Karcher: „Wussten Sie schon, dass es im Jahre 1712 in Schweden einen 30. Februar gab?" Ich wusste das natürlich nicht. Nun begann Karcher über die Spitzfindigkeiten des Julianischen und des Gregorianischen Kalender zu dozieren. Ich verstand fast nichts. Behalten habe ich nur, dass in Rom die Tage vom 5. bis zum 14. Oktober 1582 ausfielen, dass die Oktoberrevolution eigentlich im November stattgefunden hat und dass der griechisch-orthodoxe Kalender ab März 2800 nicht mehr immer mit unserem Kalender übereinstimmt. Nach einer Weile brummte mir der Schädel von den vielen Zahlen und Daten.

„Beschäftigen sich Computisten auch mit …", mir fiel nicht sofort das richtige Wort ein, „… mit etwas Lebenspraktischem?" „Selbstverständlich!" Karcher schien pikiert zu sein. „Wir befassen uns unter anderem mit Geburtstagsdaten. Nehmen wir mich als Beispiel. Ich wurde an einem Monatsersten geboren. Kein anderer Monat meines Geburtsjahrs begann mit dem gleichen Wochentag wie mein Geburtsmonat. Auch in dem Jahr, das meinem Geburtsjahr folgte, gab es nur einen einzigen Monat, der mit dem Wochentag meiner Geburt begann. Dieser Monat lag allerdings später im Jahr als mein Geburtsmonat. Übrigens fiel nach meiner Geburt mein Geburtstag bisher noch siebenmal auf den Wochentag meiner Geburt."

„Ach so", sagte ich, obwohl ich nichts verstanden hatte. „Wann sind Sie denn geboren?", frage ich nach „Das können Sie sich jetzt doch leicht überlegen", erwiderte der Professor – und ließ mich einfach an der Bar stehen.

Wissen Sie die Antwort?

12

Die Binäruhr

Am letzten Samstag weckte uns die Sonne in aller Frühe. Meine Frau schlug vor, in die Stadt zu fahren, dort in einem hübschen Café zu frühstücken und anschließend noch einen kleinen Bummel durch die Straßen zu machen.

Gesagt, getan. Im Café war es gemütlich. Aber der kleine Bummel entpuppte sich als ausgedehnte Einkaufstour durch sämtliche Boutiquen und

Kaufhäuser der Stadt. Und das Frühstück in dem hübschen Café sollte mich offenbar nur in die Stadt locken, um als Gold- und Packesel zu dienen.

Nach zwei Stunden ließ ich mich erschöpft auf eine Bank fallen, die am Rand eines kleinen Platzes mitten in der Einkaufsstraße stand. „Ich gehe keinen Schritt mehr weiter", sagte ich, fest entschlossen, nie wieder einen Laden zu betreten. Doch anscheinend hatte meine Frau ihre Einkäufe erledigt, denn sie widersprach nicht und setzte sich zu mir.

Nach einer Weile fiel mein Blick auf eine Pyramide aus Edelstahl, die in der Mitte des Platzes stand. Sie war mehrere Meter hoch und hatte eine dreieckige Grundfläche. Auf der uns zugewandten Seite waren etliche runde rote Lampen in das Blech eingelassen, von denen einige leuchteten. Nach kurzer Zeit erloschen ein paar davon, dafür leuchtete aber eine andere Lampe auf. „Stand das Ding, als wir das letzte Mal hier waren, auch schon da?", fragte ich meine Frau. „Nein", meinte sie. „Was könnte das sein?", fragte ich. „Moderne Kunst", vermutete sie. „Das glaube ich nicht", sagte ich und stand auf, um mir die Pyramide ein wenig näher anzusehen. Auf einer Seite war ein kleines Schild angebracht, das mir verriet, dass die Pyramide eine Binäruhr sei, die der Bonner Physiker Jörg Pretz erfunden habe. Darunter stand eine Erklärung ihrer Funktionsweise.

Ich ging zu meiner Frau zurück und berichtete ihr, was es mit der Pyramide auf sich hatte: „Die oberste Lampe bedeutet sechs Stunden, die beiden Lampen in der zweiten Reihe stehen für jeweils zwei Stunden, die Lampen in der dritten Reihe für jeweils eine halbe Stunde, die in der vierten Reihe für jeweils sechs Minuten und die in der letzten Reihe für je eine Minute. Die aktuelle Uhrzeit erhält man, in dem man die Werte der leuchtenden Lampen zusammenzählt." Wir schauten auf die Pyramide, und meine Frau begann zu rechnen: „6 Stunden plus 2 Stunden plus 2 Stunden plus 30 Minuten plus 6 Minuten plus 1 Minuten plus 1 Minuten plus 1 Minuten gleich 10.39 Uhr." Ich überprüfte dies mit meiner Armbanduhr – es stimmte genau.

„Die Uhr ist eine Schnapsidee! Auf so was kann doch nur ein Mann kommen. Wenn ich auf eine gewöhnliche Zeigeruhr blicke, weiß ich sofort, wie spät es ist und muss nicht erst rechnen", war das vernichtende Urteil meiner Frau. Mir gefiel die Uhr sehr gut – aber viele Ehejahre hatten mich gelehrt, nicht zu widersprechen, wenn ich keine stundenlange Diskussion wollte, in der ich am Ende doch nur verlieren würde. „Außerdem ist die Uhr umweltschädlich", legte meine Frau nach einer Weile nach. „Wieso das denn?", fragte ich erstaunt. „Die Uhr hat 15 Lampen, die zwar nicht immer alle leuchten, aber doch sehr häufig. Und das verbraucht viel Energie", erklärte meine Frau. Darauf wusste ich nichts zu erwidern, begann mir jedoch zu überlegen, auf welche Gesamtleuchtzeit man käme, wenn man die Leuchtdauern aller 15 Lampen in einem Zeitraum von 12 s zusammenzählen würde.

Wissen Sie es?

13

Der Pythagoreer

Ich mag keine Bohnen – weder weiße noch braune, weder Stangenbohnen noch Saubohnen, weder Bohnensuppe noch Bohnensalat. Und trotzdem habe ich den Bohnen – genauer gesagt: meiner Abneigung gegen Bohnen – die Bekanntschaft mit einem seltsamen Geheimbund zu verdanken.

Im letzten Sommer machte ich ein paar Tage Urlaub in dem Städtchen Bernalda am Golf von Tarent in Süditalien. Ich bin kein Freund antiker Trümmerfelder. Dennoch besichtigte ich die in der Nähe des Orts liegenden

Ruinen der Stadt Metapont, die vor fast 3000 Jahren von den Griechen gegründet wurde. Nachdem ich eine Stunde lang durch die Mauerreste spaziert war, entdeckte ich in der Nähe des Ruinenfelds ein kleines Restaurant. Ich ging hinein. Obwohl es Mittagszeit war, saß nur ein einziger Gast in dem Lokal und trank ein Glas Wein. Ich setze mich, und der Wirt kam an meinen Tisch. Er empfahl mir Fagioli al forno, Fagioli all'uccelletto, Pasta e fagioli und noch ein halbes Dutzend anderer Bohnengerichte. „Haben Sie nur Bohnen? Ich esse keine Bohnen", radebrechte ich auf Italienisch. Der Wirt sagte, er könne mir eine Portion Spaghetti alla carbonara machen, doch es würde ein paar Minuten dauern. Ich war einverstanden.

Nach einer halben Stunde saß ich aber immer noch vor einem leeren Tisch. Aus lauter Langeweile spielte ich mit den Streichhölzern herum, die ich auf dem Tisch fand, und legte sie gedankenlos zu einer Figur aus. Ich spürte, wie der andere Gast mich beobachtete. Nach einer Weile kann er an meinen Tisch und sagte in hervorragendem Deutsch: „Mein Name ist Pugno. Gestatten Sie, dass ich mich setze?" „Bitte sehr", erwiderte ich. Dann fragte er: „Sind Sie einer von uns?" „Wie bitte?" Ich wusste nicht, was er meinte. Signor Pugno erklärte mir, dass er zum Bund der Pythagoreer gehöre, dessen Gründer Pythagoras hier in Metapont vor über 2500 Jahren gelebt habe. Pythagoras habe den Verzehr von Bohnen verboten, und darum äße auch heute noch kein Pythagoreer Bohnen. Weil ich keine Bohnen essen würde und aus Streichhölzern ein pythagoreisches Dreieck gelegt hätte, habe er vermutet, dass ich Pythagoreer sei. „Ich habe immer geglaubt, dass der Bund der Pythagoreer nach Pythagoras' Tod nicht weiter bestand", sagte ich. „Keineswegs", erwiderte Signor Pugno. „Wir haben nur im Verborgenen weitergelebt."

Dann erzählte er mir von der Lehre und dem Leben der Pythagoreer. „Der Kern unserer Philosophie lautet: ‚Alles ist Zahl.' Pythagoras wendete ihn auf das Leben, die Musik, die Astronomie und die Geometrie an. Schauen Sie sich Ihr Dreieck an." Dabei wies er auf meine Streichholzfigur. „Es ist rechtwinklig, und alle drei Seiten sind ganzzahlig. Solche Dreiecke nennt man pythagoreische Dreiecke. Ihr Dreieck hat sogar noch eine weitere besondere Eigenschaft." Er nahm einige Streichhölzer und legte sie in mein Dreieck. „Es lässt sich nämlich durch eine zusätzliche Linie in zwei pythagoreische Dreiecke unterteilen." Ich war überrascht. „Gibt es noch mehr pythagoreische Dreiecke mit dieser Eigenschaft?", fragte ich. „Unendlich viele", sagte er. „Aber versuchen Sie doch einmal, das pythagoreische Dreieck mit dem kleinsten Flächeninhalt zu finden, das sich in zwei pythagoreische Dreiecke unterteilen lässt." Natürlich gelang es mir nicht.

Wissen Sie, wie lang die Hypotenuse dieses von Signor Pugno geforderten Dreiecks ist?

14

Der Junggeselle

Blumfeld ist ein Junggeselle aus unserem Ort, der alle paar Jahre plötzlich bei Nacht und Nebel verschwindet und erst nach vielen Monaten wieder auftaucht. Seit anderthalb Jahren war er wieder einmal verschollen. Aber als ich am letzten Samstag in unsere Dorfkneipe kam, saß Blumfeld an der Theke wie eh und je und trank sein Bier. „Hallo Blumfeld", sagte ich und setzte mich zu ihm. „Wo hast du denn so lange gesteckt?" „Ach, ich war auf der anderen Seite des Globus, hab' dort so dies und das gemacht", erwiderte er ausweichend.

Eine Weile tranken wir schweigend unser Bier und starrten auf die Flaschenreihen hinter der Theke. Dann sagte ich: „Meine Frau meint immer, du hast mehr Charme und siehst besser aus als ich. Auch wenn ich anderer Meinung bin als sie: Du hattest tatsächlich immer die schönsten Frauen des Orts als Freundinnen. Warum hast du eigentlich nie eine von ihnen geheiratet?" „Tja", sagte er. „Ich liebe die Frauen, aber noch mehr liebe ich meine Freiheit. Immer wenn eine meiner Freundinnen Heiratspläne schmiedete, rettete ich mich mit einem Rezept, das schon Galenos von Pergamon vor fast 2000 Jahren empfohlen hat: Cito longe fugas et tarde redeas." „Was heißt das?", fragte ich ihn. „Fliehe schnell weit weg und kehre spät zurück." Jetzt verstand ich, warum er immer wieder aus unserem Ort verschwand.

Der Wirt stellte zwei frische Gläser Bier vor uns auf die Theke. Dann sagte Blumfeld: „Ich bin erst seit einer Woche zurück und habe mich schon wieder verliebt." „Wer ist denn die Glückliche?" „Sie ist Mathematiklehrerin, mehr weiß ich nicht. Wir haben uns im Bus kennengelernt. Als sie aussteigen wollte, fragte ich sie, ob wir uns wiedersehen könnten. Sie sagte: ‚Gerne. Bitte rufen Sie mich doch an.' Dann zeichnete sie auf die Rückseite ihrer Fahrkarte ein treppenförmiges Raster aus zehn Quadraten und sagte: ‚Schreiben Sie in die vier Zeilen und in die vier Spalten acht unterschiedliche Dreieckszahlen, von denen keine mit einer Null beginnen darf. Die Zahl in der untersten Zeile ist meine Telefonnummer.' Dann hielt der Bus und sie stieg aus."

„Hast du ihr Rätsel lösen können?", fragte ich. „Nein", sagte er etwas mürrisch. „Vielleicht bist du ja erfolgreicher als ich." Er gab mir die Fahrkarte. „Ganz bestimmt nicht. Ich weiß nicht einmal, was Dreieckszahlen sind." „Das habe ich schon nachgeschlagen." Blumfeld nahm ein paar Bierdeckel und legte sie auf der Theke aus. „Die n-te Dreieckszahl ist die Anzahl der Bierdeckel, die man benötigt, um daraus ein gleichseitiges Dreieck von n Deckeln Seitenlänge zu legen. Man kann sie für die verschiedenen Werte von n mit der Gleichung $\frac{1}{2}n(n+1)$ berechnen." Wir brüteten eine ganze Weile über dem Dreieckszahlenrätsel, ohne es lösen zu können.

Wissen Sie, welche Telefonnummer Blumfelds neue Liebe hat?

15

Der rote Ritter

„Hast du nicht Lust auf ein paar Partien Schach? Ich habe noch eine Flasche 1997er Chateauneuf du Pape im Keller, der können wir dabei den Hals brechen", hatte mein Nachbar Edmund gesagt, als er mich letzten Samstagnachmittag anrief. Meine Frau war mit den Kindern zu ihren Eltern gefahren, deshalb nahm ich die Einladung gerne an. Leider hatte Edmund in seinem Weinkeller nicht nur eine Flasche vom Jahrgang 1997, sondern auch noch je eine der Jahrgänge 1998 und 1999, die wir unbedingt trinken mussten. Anderthalb Flaschen Rotwein und ein Berg von Käsehäppchen im Magen ließen mich schlecht schlafen und wirr träumen.

Ich war ein armer Bauer und stand im Kittel und mit Holzschuhen am Rand eines riesigen Schachbretts. Nur noch die weiße und die schwarze Königin waren auf dem Brett und keiften sich mit Wörtern an, die ich vom Hochadel nicht erwartet hätte. Sie liefen einem Ritter hinterher, der in einer roten Rüstung steckte und mit einem riesigen Schlachtross, das fast vollständig von einer roten Schabracke bedeckt war, über das Schachbrett ritt. Als der Ritter an den Rand des Bretts kam, sprach ich ihn an. „Herr Ritter, erlaubt mir eine Frage: Wo sind die beiden Könige geblieben? Ich glaubte immer, ohne sie dürfte niemand auf dem Brett sein." Der rote Ritter funkelte mich böse an und knurrte: „Könige sind langsam und schwächlich und kommen mit jedem Zug nur ein Feld voran. Man kann gut auf sie verzichten. Und nun störe uns nicht weiter. Wir haben ein wichtiges Problem zu lösen." Dann befahl er mit herrischer Stimme: „Meine Damen, bitte nehmt Eure Plätze ein!" Schimpfend stellten sich die beiden Königinnen auf Felder in der Nähe des roten Ritters. Der Ritter beugte sich zu mir herunter und sagte leise: „Wenn man nicht aufpasst, tanzen die Frauen einem auf der Nase herum. Deshalb dürfen sie nur auf Feldern stehen, die ich mit einem Sprung erreichen kann. Und da sie sich am liebsten die Augen auskratzen würden, müssen sie sich so aufstellen, dass sie sich nicht bedrohen." Ich nickte verständnisvoll und fragte ihn: „Was ist denn Eurer wichtiges Problem, Herr Ritter, wenn ich fragen darf?" „Wir versuchen herauszubekommen, wie viele verschiedene Stellungen es für uns drei auf dem Schachbrett gibt, die diese Bedingungen erfüllen." „Und wie viele sind es?", fragte ich. „Das weiß ich nicht, denn deinetwegen habe ich mich verzählt." Wütend fuchtelte er mit seinem Schwert herum, und die beiden Königinnen begannen zu kreischen.

In diesem Moment wurde ich wach, und das Kreischen der Königinnen ging in das Klingeln meines Weckers über.

Wissen Sie, wie viele verschiedene Stellungen ein Springer und zwei Damen einnehmen können, sodass der Springer beide Damen bedroht, diese sich aber nicht gegenseitig angreifen? Stellungen, die durch Drehungen oder Spiegelungen des Brettes oder durch Vertauschen der beiden Damen ineinander übergehen, zählen dabei als verschieden.

16

Der Piologe

Der Bürgermeister unseres Ortes war wiedergewählt worden und feierte seinen Sieg im Dorfgemeinschaftshaus mit einem Sektempfang. Mein Nachbar Heinz-Hermann und ich standen an einem Stehtisch in der Ecke des Saals und nippten an unserem Sekt. Während der nicht enden wollenden Rede des Bürgermeisters strich Heinz-Hermann immer wieder über das Revers seines Sakkos. Dort steckte eine Nadel mit einem blauen Knopf, auf dem in Gelb der kleine griechische Buchstabe π stand. Ich fragte ihn, welche Bedeutung die Anstecknadel habe. „Das ist das Abzeichen der Piological Society", erklärte er und fügte stolz hinzu: „Ich bin ihr zweiter Vorsitzender." Ich hatte noch nie etwas von dieser Gesellschaft gehört. „Die Piological

Society ist der Weltverband aller Piologen", klärte mich Heinz-Hermann auf. „Biologen?", sagte ich erstaunt. „Du bist doch Mathematik- und Religionslehrer. Was hast du mit der Biologie zu tun?" „Piologen, nicht Biologen", verbesserte er mich. „Ein Piologe ist ein Fachmann für die Zahl π, die dem Verhältnis vom Umfang zum Durchmesser eines Kreises entspricht. Sie hat unendlich viele Stellen, die ersten sind 3,14159265. Es gibt kein erkennbares System in der Ziffernfolge, und jede denkbare Ziffernfolge kommt in ihren Stellen vor. Unsere Bundeskanzlerin beispielsweise kam am 17. 07. 1954 zur Welt, und die Ziffernfolge, die von der 22431821. bis 22431828. Stelle von π reicht, lautet 17071954."

Ich unterbrach seinen Redefluss. „Was ist denn die Aufgabe der Piologie?"

„Die wichtigste Aufgabe ist, möglichst viele Stellen von π zu bestimmen. Wir kennen inzwischen ihre ersten 2,5 Billionen Ziffern. Aber es gibt noch viele andere Aufgaben. Ich zum Beispiel habe mich des Problems ‚π und die Bibel' angenommen. Im Ersten Buch der Könige heißt es im Kapitel 7, Vers 23: ‚Und er machte ein Meer, gegossen von einem Rand zum andern zehn Ellen weit, und eine Schnur dreißig Ellen lang war das Maß ringsum.' Daraus hat man bislang geschlossen, dass das Alte Testaments fälschlicherweise $\pi = 3$ setzt. Weil aber bekanntlich nicht sein kann, was nicht sein darf, ist die Bibel fehlerfrei. Also kann es sich nur um ein falsches Verständnis des Textes handeln. Ich habe die Nuss geknackt und meine Lösung auf der letzten Jahrestagung der Piological Society am 14. März in Savannah in Georgia vorgestellt. Wusstest du übrigens, dass der 14. März in den USA als 3/14 geschrieben wird, und Piologen in aller Welt ihn deshalb als Pi-Day feiern? Und dass die Postleitzahl 31415 zu Savannah gehört?"

„Aha", sagte ich und fühlte mich wieder einmal in meiner Ansicht bestätigt, dass Lehrer durch ihren Beruf nicht richtig ausgelastet sind. Dann sagte Heinz-Hermann: „Da sich der Bibelvers eindeutig auf die Erde bezieht und nicht auf ein abstraktes Problem der ebenen euklidischen Geometrie, kann man annehmen, dass das erste Buch der Könige den korrekten Wert für π kannte, aber eine Elle ein ganz anderes Maß ist, als wir vermuten. Die Erde ist eine Kugel von 6371 Kilometer Radius und das Meer somit eine Kugelschale mit einer 30 Ellen langen kreisförmigen Uferlinie. Der Durchmesser des Meeres von 10 Ellen ist in der Bibel keine Sehne der Erdkugel, sondern wird entlang der Erdkrümmung gemessen."

„Wie lang muss denn eine Elle sein, damit deine Annahmen stimmen?",
fragte ich, doch das verriet er mir nicht.

Wissen Sie es?

17

Die Ritter der Tafelrunde

König Artus hatte jedem seiner 15 treuesten Gefolgsmänner eine Grafschaft zum Lehen gegeben. Einmal im Monat trafen sich diese Ritter auf Schloss Camelot, um die Geschicke des Reiches zu besprechen und gemeinsam Entscheidungen zu treffen. Damit sich niemand bevorteilt oder zurückgesetzt fühlte, hatte Artus eine große, runde Tafel im Thronsaal von Camelot aufstellen lassen. Alle Plätze an dieser Tafel waren gleich, auch der von Artus, denn dort war er nur Primus inter pares. Die Stühle an der Tafel wurden immer so aufgestellt, dass alle Männer gleich weit von ihren linken und rechten Nachbarn entfernt saßen. Natürlich konnten nicht jeden Monat alle Ritter nach Camelot kommen, denn das Reich ist groß und das Reisen mühsam und gefährlich.

Viele Jahre lang wurde das Reich in Einigkeit regiert. Eines Tages aber hielt der Zauberer Merlin, König Artus' Berater, eine Rede vor der Tafelrunde, in der er die verhängnisvolle Bemerkung machte, dass ein Politiker, wenn es dem Nutzen des Reiches diene, auch lügen dürfe. Da die meisten Ritter deutlich besser mit dem Schwert als mit dem Verstand umgehen konnten, hatten sie die Bemerkung nicht richtig verstanden. Die einen glaubten, als Ritter und Könige dürften sie niemals lügen, und die anderen meinten, als Ritter und Könige müssten sie immer lügen. So spaltete sich die Tafelrunde in zwei Gruppen, von denen die eine immer die Wahrheit sagte und die andere immer log. Das machte das Regieren des Reiches sehr schwierig, und Stimmung in der Tafelrunde war ständig gereizt.

Als die Männer wieder einmal, wenn auch unvollständig, an der großen, runden Tafel saßen, begrüßte jeder von ihnen seinen linken und auch seinen rechten Nachbarn mit den Worten: „Gott zum Gruße, du Lügner." Lanzelot, der stets vor dem König zu reden begann und dem ein Verhältnis mit der Königin nachgesagt wurde, blickte in die Runde und sagte: „Heute sind wir nur zu elft." „Du Hohlkopf!", schrie Tristan, der ihm genau gegenüber saß, und warf ihm seinen Becher an den Kopf, sodass der Wein über die Tafel spritzte und Lanzelot eine blutige Schramme über der linken Augenbraue bekam. „Du kannst ja nicht einmal richtig zählen. Wir sind zwölf." Wütend sprang Lanzelot auf und griff nach seinem Schwert, doch Galahad und Parzival, die neben ihm saßen, zogen ihn wieder zurück auf seinen Stuhl. Nun versuchte auch Tristan aufzustehen, aber seine beiden Platznachbarn Mordred und Gawan drückten ihn auf seinen Sitz.

Da ergriff König Artus das Wort: „Ruhig Blut, meine Herren. An diesem Tisch haben schon einmal weniger Männer gesessen als heute. Zerlegt man unsere heutige Anzahl in die Summe zweier Primzahlen, so ist die größere der beiden die geringste Zahl von Männern, die jemals an dieser Tafel gesessen haben." Natürlich hatte keiner der kühnen Recken verstanden, was ihr König gemeint hatte.

Wissen Sie, wie groß die kleinste Tafelrunde war, die jemals zusammen gesessen hatte?

18

Die wunderbare Goldvermehrung

Eines schönen Tages kam Till Eulenspiegel in das Städtchen Schilda, dessen Bürger im ganzen Land bekannt waren für ihre große Weisheit. Er hatte nur noch einen einzigen roten Heller in seinem Geldbeutel, für den er sich beim Ochsenwirt einen Humpen Braunbier kaufte.

Am Nebentisch saßen einige honorige Herren und machten sorgenvolle Gesichter. „Der Bau unseres neuen Rathauses war zu teuer. Das Stadtsäckel ist fast leer", sagte einer von ihnen, worauf ein anderer erwiderte: „Wir könnten die Steuern erhöhen." „Dann wird man uns teeren und federn und aus der Stadt jagen", sagte ein Dritter. Trübsinnig schweigend starrten die

Herren in ihr Bier. Da trat Till Eulenspiegel an ihren Tisch. „Zufällig habe ich mit angehört, welche Sorgen ihr habt. Geht morgen früh ins Rathaus, dann will ich euch verraten, wie man Geld auf schnelle und wunderbare Weise vermehren kann." Da war die Freude groß, und die Herren ließen Till Eulenspiegel die erlesensten Speisen und Getränke auftragen.

Am nächsten Morgen versammelten sich die Ratsherren und Till Eulenspiegel im Ratssaal des neuen dreieckigen Rathauses. Eulenspiegel nahm ein Stück Kreide, nummerierte die Plätze des großen runden Tisch reihum durch und setzte sich auf den Platz mit der Nummer 1. Der Bürgermeister ließ sich zu seiner Linken auf dem Platz mit der Nummer 2 nieder, und die anderen Ratsherren nahmen auf den übrigen Sitzen Platz. Dann ließ Till Eulenspiegel das Stadtsäckel holen und verteilte die wenigen Dukaten, die sich noch darin befanden. Er gab sich selbst die meisten Goldstücke, der Bürgermeister zu seiner Linken bekam eines weniger und der Ratsherr, der links vom Bürgermeister saß, noch eines weniger. Und so ging das weiter, jeder Ratsherr erhielt einen Dukaten weniger als sein rechter Nachbar. Der Herr, der zu Till Eulenspiegels Rechten saß, hatte daher die geringste Zahl Goldstücke vor sich liegen. „Leiht mir dieses Geld. Ihr bekommt es nachher zurück", bat Eulenspiegel. Die Ratsherren waren damit einverstanden.

„Die Regeln für die Geldvermehrung sind ganz einfach", erklärte Eulenspiegel. „Jeder, der von seinem rechten Nachbarn Goldstücke bekommen hat, gibt sofort danach seinem linken Nachbarn so viele Goldstücke, wie die Zahl sagt, die vor ihm auf dem Tisch geschrieben steht. Die Geldvermehrung ist in dem Moment abgeschlossen, wenn einer von uns nach einer Geldabgabe keinen einzigen Dukaten mehr hat. Hab ihr dies verstanden?" Die weisen Herren nickten. Dann gab Till Eulenspiegel dem Bürgermeister ein Goldstück, und die Goldvermehrungsmaschine begann im Kreis zu laufen. Nach einiger Zeit rief einer der Ratsherren: „Mein Geld ist aus!" „Seht Ihr, meine Herren, so kann man aus einem roten Heller viele goldene Dukaten machen!", sagte Till Eulenspiegel, der nun zehnmal so viel Geld hatte wie der Bürgermeister. Er zählte die Dukaten ab, die er sich aus dem Sacksäckel geliehen hatte, gab sie dem Bürgermeister und steckte die restlichen Goldstücke in seinen Geldbeutel. Fröhlich pfeifend ging er seiner Wege, und die weisen Ratsherren aus Schilda waren klüger, aber ärmer geworden.

Wissen Sie, wie viele Dukaten Till Eulenspiegel bei der wunderbaren Geldvermehrung gewonnen hatte?

19

Der Onkel aus Amerika

Meine Großmutter mütterlicherseits hatte einen jüngeren Bruder namens Theodor, der in den Fünfzigerjahren nach Amerika ausgewandert ist und von dem seither niemand mehr etwas gehört hat. Er müsste, falls er noch lebt, inzwischen über achtzig Jahre alt sein. Über Onkel Theodor kursierte in der Familie das Gerücht, er besitze einen Ölkonzern und lebe völlig zurück gezogen in den Rocky Mountains. Schließlich wurde ich neugierig und suchte ihn mit einer Suchmaschine im Internet. Und ich hatte Glück. Sein Name tauchte in der Mitgliederliste eines Schachclubs in Abilene,

Kansas, auf. Sollte dies Onkel Theodor sein? Ich schrieb ihm einen Brief an die Adresse des Schachclubs.

Zwei Wochen später kam die Antwort: Ich hatte tatsächlich Onkel Theodor gefunden. Natürlich war das Gerücht falsch. Onkel Theodor hatte ein Feinschmeckerrestaurant besessen und war wohlhabend, aber nicht reich. Er war Junggeselle geblieben, hatte also keine Familie in Amerika und freute sich sehr, dass ihm seine europäischen Verwandten geschrieben hatten. „Ich würde euch gerne sehen", schrieb er, „aber ich bin zu alt zum Reisen. Kommt doch bitte nach Amerika." Da keiner von uns jemals in Amerika gewesen war, ließen wir uns nicht zweimal bitten.

Im Frühjahr schrieb ich Onkel Theodor einen Brief, in dem ich unsere Ankunft für den 7. 6. um 3.00 Uhr nachmittags Central Standard Time in Wichita ankündigte. Er versprach, uns mit dem Auto abzuholen und uns am Meeting Point in der Ankunftshalle zu erwarten.

Also machten wir uns am 6. 6. mit Kind und Kegel auf den Weg nach Abilene. Zuerst ging es mit der Bahn nach Frankfurt, dann mit dem Flugzeug nach New York und von dort aus mit einem zweiten Flugzeug nach Wichita. Als wir uns schließlich todmüde mit dem Gepäck zum Meeting Point geschleppt hatten, war kein Onkel Theodor da. Wir warteten über zwei Stunden und versuchten immer wieder, ihn anzurufen, aber es meldete sich nur sein Anrufbeantworter. „Was machen wir nun?", fragte meine Frau. „Wir fahren nach Abilene", sagte ich kurz entschlossen.

Eine halbe Stunde später saßen wir in einem Greyhound-Bus, der uns in die Stadt brachte. Als wir schließlich vor Onkel Theodors Haustür standen, war es schon acht Uhr abends. Wir klingelten und ein alter Mann öffnete die Tür. „Onkel Theodor?", fragte ich. „Wir sind deine Verwandten aus Deutschland." „Herzlich willkommen in Abilene!", rief er und umarmte uns. „Ich habe euch eigentlich erst in einem Monat erwartet."

Als wir später bei einem Glas Wein zusammen saßen, stellte sich heraus, dass das Missverständnis über unseren Ankunftstag durch die in Europa und Amerika unterschiedliche Schreibweise des Datums entstanden war. In Europa schreibt man zuerst die Tageszahl und dann den Monat, in Amerika macht man es dagegen umgekehrt. Ich hatte mit unserem Ankunftsdatum 7. 6. den 7. Juni gemeint, Onkel Theodor hatte dies aber als 6. Juli gedeutet. „Wären wir eine Woche später gefahren und am 14. 6. angekommen, hätte dies nicht passieren können", sagte meine Tochter. „Dann hätte Onkel Theodor nämlich die europäische Schreibweise erkannt." „Nehmen wir doch einmal an, man weiß von einem Datum, das nur aus zwei Zahlen besteht, nicht, ob es sich um die europäische oder um die amerikanische Schreibweise handelt. Wie viele verschiedene Daten gibt es dann, aus denen sich auf keinen eindeutiger Tag schließen lässt?", fragte meine Frau. Wir wussten es nicht.

Kennen Sie die Antwort?

20

Die vier Evangelisten

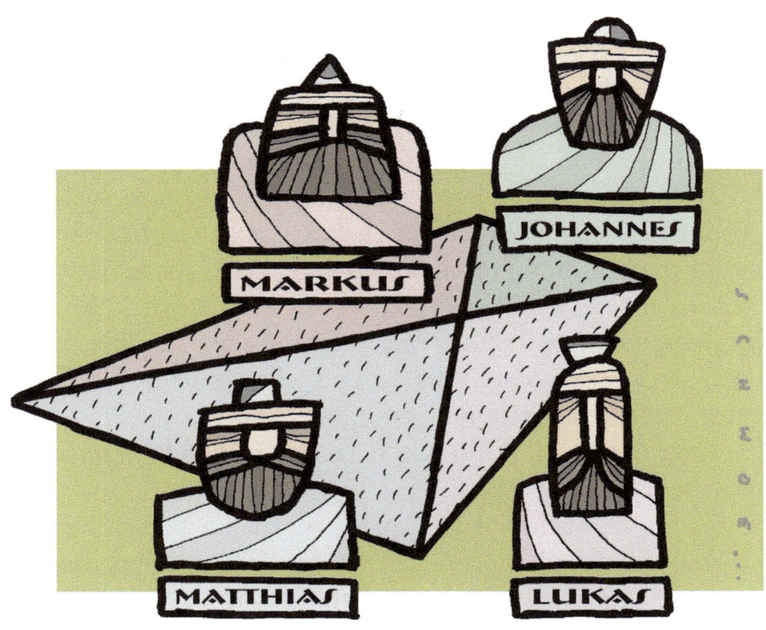

Als der alte Sandschulze starb, hinterließ er seinen vier Söhnen, die bei uns im Ort „die vier Evangelisten" genannt werden, nichts außer einem großen, aber sumpfigen und wertlosen Grundstück. Es hat die Form eines unregelmäßigen Trapezes, das im Norden an den Oorder Weg grenzt und im Süden an die Straße, die nach Frensdorf führt. Aus einem Grund, den keiner kennt, hatte der alte Sandschulze vor langer Zeit die vier Ecken seines Grundstücks durch Stacheldrahtzäune miteinander verbunden und es so in vier Dreiecke unterteilt. Da der alte Sandschulze im Ort als verschroben galt, wunderte sich niemand darüber. In seinem Testament hatte er bestimmt, dass Matthias, sein ältester Sohn, das größte, südliche Stück, die beiden mittleren Söhne Markus und Lukas das westliche und das östliche Stück und der jüngste Sohn Johannes das kleinste, nördliche Stück erben sollte.

Vor ein paar Wochen wurde im Gemeinderat beschlossen, ein großes Neubaugebiet am Ortsrand zu erschließen, in dessen Mitte die Grundstücke der vier Evangelisten liegen. Plötzlich war aus dem Sumpfland wertvolles Bauland geworden.

Am letzten Samstag, als ich in unsere Dorfkneipe kam, saßen dort die vier Brüder und berieten sich. „Ich habe ein gutes Angebot von der Firma Goldbau bekommen", hörte ich Johannes sagen. „Sie wollen uns 150 Euro pro Quadratmeter zahlen, wenn wir ihnen das ganze Grundstück verkaufen. Das ist mehr als alle anderen zahlen wollen." „Tja", meinte Markus und kratzte sich den Kopf. „Wie groß sind unsere Grundstücke eigentlich?" „Ziemlich groß, glaube ich", war die wenig geistreiche Antwort von Lukas. Die vier Evangelisten sind nicht gerade die klügsten Köpfe unter der Sonne. „Ich habe mein Grundstück vermessen lassen. Es ist genau 9 Hektar groß", sagte Johannes. „Und ich besitze 49 Hektar", sagte Matthias. Nachdenklich schweigend tranken die Evangelisten ihr Bier. Dann fragte Matthias: „Weiß einer von euch, wie viele Quadratmeter ein Hektar hat?" Seine drei Brüder schüttelten die Köpfe. Eine Zeit lang grübelten sie über das Problem. Dann hatte Lukas eine Idee. „Markus und ich müssen unsere Grundstücke auch noch vermessen lassen, und dann lassen wir uns die Flächen direkt in Quadratmeter angeben." „Und was nützt das mir und Matthias?", wandte Johannes ein.

Jetzt mischte ich mich in das Gespräch ein: „Ich habe zufällig eure Unterhaltung mitgehört und möchte euch einen Vorschlag machen. Aus der Größe von Johannes' und Matthias' Grundstück kann ich die Größe der anderen beiden Grundstücke errechnen. Außerdem kann ich euch verraten, wie man Hektar in Quadratmeter umrechnet. Aber das mache ich nicht umsonst." „Was willst du dafür haben?", fragte Markus. „Ihr bezahlt heute Abend meine Rechnung", erwiderte ich. Damit waren die vier Evangelisten einverstanden.

Wissen Sie, wie viele Hektar das gesamte Grundstück groß ist?

21

Tweedledee und Tweedledum

Als Alice im Land hinter den Spiegeln durch den Wald ging, stieß sie unversehens auf zwei dicke, völlig gleich aussehende Männchen. Sie standen
regungslos unter einem Baum vor einem großen Tintenfass, und jeder hatte
dem anderen einen Arm um die Schulter gelegt. Wie sie so unbeweglich
dastanden, dachte Alice gar nicht daran, dass sie wohl lebendig sein könnten und ging um sie herum. Dabei sah sie, dass auf dem Kragen des einen

Männchens Tweedledee und auf dem des anderen Tweedledum geschrieben stand.

Plötzlich begann das Männchen, auf dessen Kragen Tweedledee stand, zu sprechen: „Wenn du uns für Wachsfiguren hältst, solltest du auch bezahlen, denn Wachsfiguren werden nicht umsonst besichtigt." „Sondern umgekehrt", fuhr das andere Männchen fort. „Wenn du uns für lebendig hältst, dann solltest du etwas sagen." „Oh, Verzeihung", sagte Alice erschrocken und besann sich ihrer guten Manieren. Sie gab den beiden die Hand und stellte sich vor. „Wir sind Tweedledee und Tweedledum", sagte das eine Männchen. „Sondern umgekehrt", widersprach das andere Männchen, „wir sind Tweedledum und Tweedledee." Etwas verwirrt sah Alice von einem zum anderen. „Ich weiß schon, was du denkst", sagte Tweedledee, „aber daraus wird nichts. Absolut nichts." „Sondern umgekehrt", fügte Tweedledum hinzu. „Wenn es so wäre, könnte es sein, und wenn es so sein könnte, wäre es. Weil es aber nicht so ist, ist es auch nicht. Das ist logisch." „Ihr versteht etwas von Logik?", fragte Alice. „Wir sind die größten Logiker aller Zeiten", sagte Tweedledee und warf sich stolz in die Brust. „Sondern umgekehrt", fügte Tweedledum hinzu, „Es gibt niemanden, der mehr von Logik versteht als wir."

„Ich werde euch prüfen", sagte Alice streng und hob dabei die Stimme, wie sie es von ihrer Lehrerin kannte. Dann tunkte sie den Zeigefinger in das Tintenfass und malte zuerst Tweedledee und dann Tweedledum etwas auf die Stirn. „Ich habe euch beiden eine positive ungerade Zahl auf die Stirn geschrieben. Entweder sind die beiden Zahlen gleich, oder die von Tweedledum ist um 2 größer als die von Tweedledee. Mehr verrate ich euch nicht. Wisst ihr, welchen Zahlen auf euren Stirnen stehen?"

Da sagte Tweedledee: „Ich kenne meine Zahl nicht." Darauf sagte Tweedledum: „Sondern umgekehrt. Ich kenne meine Zahl nicht." Worauf Tweedledee wieder sagte: „Ich kenne meine Zahl nicht." und Tweedledum erwiderte: „Sondern umgekehrt. Ich kenne meine Zahl nicht." So ging das immer abwechselnd weiter. Nachdem Tweedledum siebenmal gesagt hat, dass er seine Zahl nicht kenne, erklärte er beim achten Mal: „Sondern umgekehrt. Jetzt kenne ich meine Zahl."

Welche Zahlen stehen auf den Stirnen von Tweedledee und Tweedledum? Sie dürfen dabei annehmen, dass die zwei Brüder tatsächlich perfekte Logiker waren und keiner der beiden die Zahl auf seiner eigenen Stirn sehen konnte.

22

Der zerschnittene Donut

„Was wünscht du dir zum Muttertag?", fragten die Kinder meine Frau beim Frühstück. „Am meisten würde ich mich freuen, wenn ihr mit eurem Vater einen ganzen Tag lang über den Eifelsteig wandern würdet", antwortete sie. „Ich habe keine Lust zu wandern", sagte ich und las weiter in meiner

Zeitung. „Ein bisschen Bewegung täte dir ganz gut", meinte meine Frau und starrte demonstrativ auf meine Körpermitte. Ich machte noch einen zweiten Versuch, mich vor dem Wandern zu drücken. „Als Winston Churchill einmal gefragt wurde, wie er geschafft habe, ein so hohes Alter zu erreichen, sagte er: ‚No sports, absolutely no sports!'. Und ich habe nicht vor, jung zu sterben, nur weil ich in der Eifel herumrennen muss." Doch meine Frau machte mich ungerührt darauf aufmerksam, dass Churchill durchaus ein Reiter, Fechter, Schütze und Polospieler gewesen sei und dass es im Übrigen umstritten sei, ob das Zitat überhaupt von ihm stamme. Ich gab mich geschlagen.

Am Muttertagsvormittag schien die Sonne, die Wege waren nicht allzu steil und wir kamen gut voran. Gegen Mittag aber zog ein Gewitter auf, und wir konnten uns gerade noch in eine Schutzhütte retten, bevor ein Wolkenbruch über uns niederging. Nach einer Stunde regnete es immer noch. „Ich habe Hunger", jammerte Paul, ein Nachbarjunge, der uns begleitete. „Wir auch", quengelten meine beiden Töchter.

Eigentlich hatte ich vorgehabt, im nächsten Ort in einen Imbiss zu gehen, aber das war vorerst ins Wasser gefallen. Viel Proviant hatte ich morgens nicht eingepackt, und das Wenige war längst verzehrt. Ohne viel Hoffnung kramte ich in meinem Rucksack und fand tatsächlich noch einen Donut, den wir vorher übersehen hatten. „Das ist alles, was ich noch habe", sagte ich. „Wir können ihn uns teilen." Ich zog mein Taschenmesser hervor und schnitt den Donut in zwei Hälften. Dann teilte ich jede der beiden Donuthälften noch einmal in der Mitte durch und erhielt so vier genau gleiche Donutviertel.

Ich gab jedem der Kinder ein Viertel und wollte gerade in mein Viertel beißen, als Christina, meine Älteste, rief: „Halt!" Ich nahm die Hand wieder herunter. „Was ist?", fragte ich. „Du hast mit drei Schnitten den Donut in nur vier Teile zerlegt. Man kann mit drei Schnitten aber viel mehr Teile bekommen. Hast du dir schon einmal überlegt, wie viele Stücke maximal möglich sind?" „Nein", musste ich zugeben – und fügte in Gedanken hinzu, dass mir das auch völlig egal sei. „Ich mache dir ein Angebot", sagte Christina. „Wenn du herausbekommst, in wie viele Teile man einen Donut mit drei Schnitten höchstens zerlegen kann, bekommst du mein Donut-Viertel." „Und wenn ich es nicht schaffe?", fragte ich. „Dann bekomme ich dein Viertel", erwiderte Christina. „Das ist mir zu riskant", sagte ich und biss genussvoll in mein Donut-Stück.

Als es schließlich aufhörte zu regnen und wir weiter wanderten, ging mir Christinas Frage nicht mehr aus dem Kopf, aber ich fand keine Lösung.

Wissen Sie, in wie viele Teile man einen Donut mit drei ebenen Schnitten maximal zerlegen kann? Dabei können Sie annehmen, dass der Donut ein perfekter Torus ist, also etwa die Form eines Schwimmreifens hat. Die Teile des Donuts bleiben nach dem ersten und zweiten Schnitt an ihrem ursprünglichen Platz und dürfen nicht umgeordnet werden. Ein einzelner Schnitt kann den Donut an zwei Stellen gleichzeitig durchtrennen.

23

Schneewittchen und die 15 Zwerge

Es war einmal eine Königstochter, die hatte eine Haut so weiß wie Schnee, Lippen so rot wie Blut und Haare so schwarz wie Ebenholz. Eines Tages wollte ihre böse Stiefmutter sie töten lassen, doch Schneewittchen – so hieß das schöne Kind – floh in den Wald. Sie lief den ganzen Tag über Stock und Stein, wanderte über sieben Berge und kam am Abend, als es dunkel wurde, müde und hungrig an ein Häuschen. Dort wohnten 15 Zwerge. Schneewittchen klagte ihnen ihr Leid, und die freundlichen Zwerge nahmen sie bei sich auf.

Der Tag nach Schneewittchens Ankunft war ein Sonntag, und die Zwerge brauchten nicht in ihr Bergwerk hinab zu steigen. Die Sonne schien, und sie setzten sich vor ihr Häuschen, rauchten ihre Pfeifen und plauderten mit Schneewittchen. Vor den Häuschen war aus schwarzen und weißen Platten ein großes Quadrat gelegt. „Was ist das für ein seltsames Schachbrett?", fragte Schneewittchen. „Das ist kein Schachbrett", sagte der älteste der 15 Zwerge und lachte. „Aber du kannst uns damit zeigen, wie klug du bist." Dann wandte er sich an die Zwerge. „Stellt euch doch alle einmal der Größe nach in einer Reihe auf." Das taten sie, und auch der älteste Zwerg reihte sich ein.

„Wir Zwerge sind alle kleiner als du, aber jeder von uns hat eine andere Größe", sagte der älteste Zwerg. „Weise nun jedem von uns ein weißes Feld zu." „Das ist eine leichte Aufgabe", meinte Schneewittchen. „Da irrst du dich, denn ich habe dir noch nicht alles gesagt", fuhr der Zwerg fort. Dann erklärte er, dass für jeden Zwerg der Abstand zum nächstgrößeren Zwerg größer sein müsse als der Abstand zum nächstkleineren Zwerg. Wenn sie beispielsweise dem viertkleinsten Zwerg das Feld b1 gebe und dem fünftkleinsten das Feld b3, denn dürfe sie den sechstkleinsten zwar auf das Feld e5, nicht aber auf der Feld a2 stellen. Der Abstand zweier Felder sei übrigens immer der Abstand ihrer Mittelpunkte.

„Das schaffe ich schon", sagte Schneewittchen zuversichtlich und machte sich an die Arbeit. Schneewittchen war zwar sehr schön, aber leider nicht besonders klug. So oft sie es auch versuchte, es gelang ihr immer nur, höchstens sieben Zwergen richtige Felder zuzuweisen. Das war Schneewittchen peinlich, und sie schämte sich so sehr, dass sie Jahre später, als sie die Königin eines großes Reiches war, ihren Kindern und Enkel immer wieder erzählte, in dem Häuschen hinter den sieben Bergen hätten nur sieben Zwerge gelebt.

Sind Sie klüger als Schneewittchen? Auf welchem Feld muss der kleinste Zwerg stehen?

24

Schiffe versenken

Als ich ins Wohnzimmer kam, saßen sich meine beiden Töchter am Tisch gegenüber und führten ein seltsames Gespräch. „J7", sagte Inga. „Getroffen", erwiderte Christina mit ausdrucksloser Mine. „J8." „Getroffen." „J9." „Getroffen." „J10." „Getroffen." „Juhuu!", rief Inga und riss ihre Arme in die Höhe. „Ich habe dein Schlachtschiff versenkt."

„Was macht ihr denn da?", fragte ich neugierig. „Wir spielen Schiffeversenken", erwiderte Inga. „Darf ich mitspielen?", fragte ich. „Das Spiel kann man nur zu zweit spielen", sagte Christina kurz angebunden, ohne dabei von dem Zettel aufzusehen, der vor ihr lag. „Ach, Chrissi, nun sei doch nicht so!", meinte Inga. „Wir können doch abwechselnd spielen." „Na gut", lenkte Christina ein und wandte sich dann mir zu. „Kennst du denn überhaupt die Regeln?" Ich hatte das Spiel während meiner Schulzeit häufig in langweiligen Unterrichtsstunden heimlich mit meinen Klassenkameraden unter der Bank gespielt, aber seitdem nie wieder. „Nicht mehr genau", gab ich deshalb zu.

Christina begann, es mir zu erklären: „Du hast einen Schlachtplan von 10 mal 10 Feldern, in den du deine Schiffe einzeichnest. Du besitzt ein Schachtschiff von fünf Feldern Länge, zwei Zerstörer von vier Feldern Länge, drei Kreuzer, die drei Felder lang sind, und vier U-Boote, jeweils zwei Felder lang. Die Schiffe dürfen sich nicht gegenseitig berühren und müssen entweder waagerecht oder senkrecht liegen. Natürlich solltest du deinem Gegenspieler deine Aufstellung nicht zeigen. Dein Gegner hat auch einen solchen Schlachtplan, und du musst seine Schiffe versenken. Dazu darfst du auf eines seiner Felder schießen, indem du seine Position nennst, beispielsweise D5. Dein Gegner sagt dir dann, ob du getroffen hast. Wenn nicht, dann ist dein Gegner an der Reihe, auf deine Schiffe zu schießen. Sonst darfst du weitermachen. Natürlich ballert man nicht einfach herum, ohne nachzudenken, sondern geht strategisch vor. Hast du das verstanden?"

Ich nickte. „Dann machen wir einmal einen Test mit dir", sagte Christina. „Ich zeichne nur einen einzigen Zerstörer in den Schlachtplan. Wenn du nun ohne jede Strategie völlig willkürlich auf die Felder schießt, ohne eines doppelt zu nehmen, hast du das Schiff spätestens nach dem 94 109 400. Schuss versenkt. Wendest du jedoch die richtige Strategie an, was ich dir aber übrigens nicht zutraue, so hast du schon nach deutlich weniger Schüssen die Sicherheit, den Zerstörer zu versenken. Wir versuchen das jetzt einfach mal."

Die einzige Strategie, die mir einfiel, war, die Felder zeilenweise von links nach rechts zu beschießen. Das war aber vermutlich nicht das optimale Verfahren, denn meine Töchter sahen sich an und verdrehten die Augen.

Wissen Sie, nach wie vielen Schüssen man den Zerstörer spätestens versenkt hat, wenn man die optimale Strategie anwendet?

25

Das Gold der Vitalienbrüder

Über die Vitalienbrüder erzählt man sich viele Geschichten. Äußerst brutal sollen sie gewesen sein und dazu strohdumm. Brutal waren sie tatsächlich, aber alles andere als dumm. Sie waren sogar sehr intelligent und begingen niemals einen Denkfehler.

An einem stürmischen Herbsttag des Jahres 1397 kaperten sie in der Nähe von Helgoland eine niederländische Kogge, die sich mit einer Ladung flämischen Tuchs auf der Reise von Brügge nach Reval befand. Den Kapitän und die Mannschaft der Kogge warfen die Vitalienbrüder kurzerhand über

Bord, den Fischen zum Fraß. Dann teilten sie sich die Beute. Jeder bekam den gleichen Anteil, denn sie nannten sich auch die „Likedeeler", was soviel wie Gleichteiler heißt.

Als Klaus Störtebeker, der Kapitän der Vitalienbrüder, die Kajüte des Kapitäns der Kogge durchsuchte, entdeckte er eine mit Eisen beschlagene verschlossene Schatulle aus Eichenholz. Sie war so schwer, dass er sie kaum anheben konnte. Als er sie mit einem Enterhaken aufgebrochen hatte, sah er, dass sie bis zum Rand mit goldenen Dukaten gefüllt war, die im Licht seiner Lampe glänzten. Mit Mühe schleppte er die Schatulle an Bord. „Brüder!", rief er. „Schaut einmal, was ich gefunden habe!" Die Piraten zählten die Goldstücke: Es waren genau 1000 Münzen. „Wir sind sieben Männer – wenn wir die Dukaten unter uns aufteilen, bleiben entweder sechs Münzen übrig oder einer bekommt einen Dukaten weniger als die anderen", sagte der rote Hein. Die Piraten dachten eine Weile nach, wie dieses Problem zu lösen sei. Natürlich wollten sie eigentlich gerecht teilen, aber von dem schönen Gold hätte doch jeder lieber einen größeren Anteil gehabt als seine Kameraden.

Schließlich sagte Störtebeker: „Wir machen es so: Der Stärkste von uns schlägt einen Verteilungsschlüssel vor, dann wird über den Vorschlag abgestimmt. Alle Brüder, auch der Vorschlagende, sind stimmberechtigt. Stimmt mindestens die Hälfte zu, wird der Vorschlag in die Tat umgesetzt. Ansonsten wird der Vorschlagende den Fischen zum Fraß vorgeworfen, und das Verfahren wird mit dem nächst stärksten Bruder wiederholt. Dies machen wir solange weiter, bis ein Vorschlag angenommen wird."

Keiner der Vitualienbrüder war mit diesem Verfahren einverstanden, aber da Störtebeker ihr Kapitän und der stärkste Mann an Bord war, wagte niemand zu widersprechen. Natürlich hatte keiner der Vitalienbrüder Skrupel, einen seiner Kameraden über Bord zu werfen, aber selbstverständlich wollte auch niemand selbst sterben. Alle Piraten dachten streng logisch und wussten dies auch voneinander. Keine zwei Piraten waren gleich stark. Es gab also eine klare Hackordnung, die jeder kannte. Die Dukaten ließen sich nicht teilen, Nebenabsprachen gab es nicht, denn keiner traute einem anderen über den Weg.

Wissen Sie, wie viele Dukaten Klaus Störtebeker am Ende von der Beute bekam?

26

Von I bis C

Als ich letzten Sonntag nach dem Abwasch ins Wohnzimmer kam, um mich zu meinem Mittagsschläfchen aufs Sofa zu legen, saßen dort schon meine beiden Töchter und spielten Scrabble. „Könnt ihr in euren Zimmern weiterspielen?", bat ich sie. „Nein, das geht nicht", erwiderte Christina. „Mama hat gesagt, ich soll hier mit Inga Mathe üben." „Soso!", sagte ich mit erhobener Stimme. „Und warum spielt ihr dann Scrabble?" „Das ist doch mal wieder typisch!", schimpfte Christina und stemmte ihre Arme in die Seiten. „Keine Ahnung, aber meckern." Nun mischte sich Inga in unser Gespräch ein. „Wir haben nur die Steine aus der Scrabble-Schachtel genommen, auf denen ein I, V, X, L, C, D oder M steht, und Christina bringt mir damit die römischen Zahlen bei." „Na gut", brummelte ich, schob zwei Sessel aneinander und versuchte darauf zu schlafen. Ob es nun daran lag, dass zwei Sessel nicht so bequem sind wie ein Sofa, oder ob es an der Unterhaltung meiner Töchter lag – jedenfalls konnte ich nicht einschlafen. Ich wälzte mich von einer Seite auf die andere, zog mir die Decke über die Ohren und stopfte mir ein Kissen unter den Kopf, aber es half alles nichts.

Nach einer halben Stunde gab ich auf, setzte mit hin und beobachtete die Kinder. „Für die römischen Zahlen von 1 bis 5 brauchst du insgesamt neun Ziffern: sieben I und zwei V", sagte Christina und gab Inga neun Scrabble-Steine mit den entsprechenden Buchstaben. „Nun lege mal diese Zahlen." Inga kam der Aufforderung nach und schon nach wenigen Sekunden hatte sie aus den Scrabble-Steinen I, II, III, IV und V gebildet. „Gut gemacht", lobte Christina sie und fuhr dann fort: „Willst du diese Zahlen in arabischer Weise schreiben, brauchst du nur die fünf Ziffern 1, 2, 3, 4 und 5. Die fünf Ziffern kannst du in jeder beliebigen Weise zu Gruppen zusammenstellen – du erhältst immer gültige arabische Zahlen. Beispielsweise kannst du daraus 1, 23 und 45 machen oder 45321 oder 2 und 3145. Mit den neun Ziffern der römischen Zahlen klappt das nicht immer. IIIIII und VIV lassen sich daraus zwar bilden, sind aber beides keine gültigen römischen Zahlen. Hast du das verstanden?" Inga nickte. „Dann versuche jetzt mal, die neun Ziffern zu möglichst wenigen gültigen römischen Zahlen zusammenzustellen." Wieder brauchte Inga nur wenige Sekunden, um die Aufgabe zu lösen. „Es werden immer mindestens drei Zahlen", sagte sie und wies auf ihre Lösung: VIII, VIII und I.

„Das ist doch leicht", sagte ich und gähnte. „Dann sollst du eine etwas schwerere Aufgabe bekommen", meinte Christina sofort. „Die römischen Zahlen von 1 bis 100 bestehen aus insgesamt 401 Ziffern. Diese 401 Ziffern darfst du in beliebiger Weise zu gültigen römischen Zahlen kombinieren. Wie viele Zahlen entstehen dabei mindestens? Die Zahlen brauchen nicht alle verschieden zu sein, aber du musst alle 401 Ziffern verwenden." Natürlich konnte ich dieses Problem nicht lösen.

Wissen Sie die richtige Antwort?

27

Nick Knattertons Schlaf

„Ich habe überhaupt nichts mehr zum Anziehen", jammerte meine Frau und starrte missmutig in ihren übervollen Kleiderschrank. Aus langjähriger Erfahrung wusste ich, dass es keinen Zweck hatte, ihr zu widersprechen und stellte mich schicksalsergeben auf eine Einkaufstortur ein.

So kam es dann auch: Stundenlang zogen wir durch die Kaufhäuser und Boutiquen der Innenstadt, und meine Frau probierte Hunderte von Kleidungsstücken an.

© Springer Fachmedien Wiesbaden GmbH, ein Teil von Springer Nature 2019
H. Hemme und M. Schwoerer, *Euklids Wohnzimmer*

Gegen Abend waren wir beide mit einem Dutzend großer Tüten bepackt und wollten gerade zum Parkhaus gehen, um nach Hause zu fahren, als meine Frau eine Parfümerie entdeckte. „Warte kurz", sagte sie. „Ich bin in zwei Minuten zurück." Zwei Minuten können bei meiner Frau auch eine Stunde bedeuten, darum rief ich ihr hinterher: „Ich gehe solange in das Antiquariat gegenüber!"

Ich hatte bereits eine halbe Stunde in den Regalen gestöbert, als ich zwischen den dickleibigen, grauen Bänden von Dostojewskis gesammelten Werken einen schmalen roten Rücken leuchten sah. Neugierig zog ich das dünne Heft heraus. Er trug den Titel „Nick Knatterton, 100 Abenteuer des berühmten Meisterdetektivs, 4. Folge". Nick Knatterton war der Held einer überaus erfolgreichen deutschen Comicserie aus den Fünfzigerjahren des letzten Jahrhunderts und eine Parodie auf die amerikanischen Superman-Comics. Die Zeichnungen und die Texte stammten von Manfred Schmidt. In setzte mich in eine Ecke und begann zu lesen. In der Geschichte „Ein Schloss fällt aus der Tür" erzählt Schmidt, dass Nick Knatterton besonders konzentriert schläft und träumt, dass er schläft und dabei träumt, dass er schläft und dabei träumt, dass er … und so weiter. In der Zeichnung sieht man Knatterton wiederum im Bett liegen und eine Sprechblase geht von seinem Kopf aus. In dieser Sprechblase sieht man Knatterton im Bett liegen und wiederum geht eine Sprechblase von seinem Kopf aus. Auch in dieser Sprechblase wiederholt sich das Bild, und so geht das immer weiter. Knattertons Schlaf und sein Traum sind ähnlich wie die russischen Matroschka-Puppen unendlich oft verschachtelt. Neben das Bild hatte jemand mit Bleistift eine mathematische Formel geschrieben.

$$x = \sqrt{1 + \sqrt{1 + \sqrt{1 + \sqrt{1 + \cdots}}}}$$

In diesem Moment sah durch das Fenster, wie meine Frau die Parfümerie verließ. Rasch bezahlte ich das Heft und ging auf die Straße. Auf dem Weg zum Parkhaus zeigte ich meiner Frau die Schlafzeichnung aus dem Heft und die daneben stehende Gleichung. „Ich habe keine Ahnung, was die Formel bedeuten soll", sagte ich. „Das ist doch völlig logisch", entgegnete meine Frau. Und sie erklärte mir: „Nick Knatterton schläft pro Tag nicht nur eine Nacht, sondern durch die unendliche Schlafschachtelung täglich jeweils x Nächte." Natürlich verstand ich nicht, warum das völlig logisch sein sollte. Doch welcher Mann versteht schon die Frauen?

Aber einmal angenommen, meine Frau hatte recht: Wie viele Nächte x würde Knatterton dann täglich schlafen?

28

Der Hof von Kloster Haftenau

Als ich vor ein paar Wochen über die A31 durch das Emsland in Richtung
Emden fuhr, sah ich eines dieser braunen Schilder, die die Autofahrer auf
die Sehenswürdigkeiten in der Nähe hinweisen. „Kloster Haftenau" stand
auf dem Schild. Den Namen hatte ich noch nie gehört. Ich musste erst am
Abend in Emden sein und hatte bis dahin noch viel Zeit totzuschlagen,
darum setzte ich kurz entschlossen den Blinker und nahm die Ausfahrt. Als
die Straße nahe bei der holländischen Grenze einen Wald verließ, öffnete

sich mir der Blick auf ein imposantes gotisches Kloster aus grauem Sandstein und rotem Klinker.

Als ich ankam, begann zufällig gerade eine Führung. Der Führer, der sich als Pater Paul vorstellte, war ein alter Mönch, der die Achtzig schon deutlich überschritten hatte. Er erklärte uns anekdotenreich und mit viel Liebe zum Detail die Geschichte des Klosters und seiner Äbte und Mönche. Er ging mit uns durch die Gebäude des Klosters, wies uns auf architektonische Besonderheiten hin und zeigte uns die Kunstschätze. Die Bibliothek schien ihm besonders am Herzen zu liegen, denn seine Augen glänzten, als er vor den hohen Regalen voller alter Folianten stand.

„Bevor Sie zum Abschluss der Führung im Refektorium einen kleinen Imbiss einnehmen können, möchte ich Ihnen noch den Kreuzgang und den Innenhof unseres Klosters zeigen", sagte Pater Paul nach anderthalb Stunden. Der Kreuzgang des Klosters Haftenau ist ein breiter Gang, der den quadratischen Innenhof umschließt. Er hat ein Kreuzgewölbe und zum Hof hin große, offene gotische Arkaden. Nachdem wir im Kreuzgang den Hof einmal umrundet hatten, ließ Pater Paul uns hinaustreten. „Der Hof wurde im 13. Jahrhundert mit Grauwacken gepflastert. Die roten Linien, die Sie auf dem Boden sehen, sind aus Porphyr und verbinden die Ecken des Hofes mit den Mittelpunkten der jeweils gegenüberliegenden zwei Seiten. Sie bilden einen achtzackigen Stern mit einem gleichseitigen Achteck in seiner Mitte. In der christlichen Zahlensymbolik des Mittelalters war die Acht die Zahl des Neubeginns und der geistigen Wiedergeburt. Sie war ein Symbol der Taufe und der Auferstehung."

Pater Paul ging auf den Brunnen zu. „Der Brunnen steht genau in der Mitte des Hofes, und seine Grundfläche hat die gleiche achteckige Form wir das Sterninnere, allerdings sind seine Seiten nur halb so lang wie die des Sternachtecks", erklärte Pater Paul. „Bitte beachten Sie auch die Statue des Heiligen Petrus auf der Spitze des Brunnens. Sie blickt genau in Richtung Jerusalem. Der Brunnen ist übrigens ungewöhnlich groß. Es gibt kein Kloster in Norddeutschland, dessen Brunnen einen größeren Anteil des Klosterinnenhofes einnimmt als unser Brunnen."

Als ich eine Stunde später wieder auf der Autobahn war, musste ich immer noch an den Brunnen des Klosters Haftenau denken, und ich fragte mich, wie viel Prozent der Fläche des Innenhofs er wohl einnahm. Aber ich konnte das Problem nicht lösen.

Wissen Sie die Antwort?

29

Die Wolga

„Nastrovje!", sagte mein Schwiegervater und erhob sein Glas. Meine Schwiegereltern hatten vor einiger Zeit eine dreiwöchige Flusskreuzfahrt durch Russland gemacht und zeigten uns nun zu Krimsekt und Wodka die Dias ihrer Reise. „Wir sind zuerst nach Moskau geflogen und haben uns zwei Tage lang die Stadt angesehen", erzählte meine Schwiegermutter. „Dann haben wir uns auf die MS Potjomkin eingeschifft, sind durch den Moskau-Wolga-Kanal bis nach Dubna am Iwankowoer Stausee

  65

gefahren und von dort aus die ganze Wolga hinunter bis nach Astrachan im Mündungsdelta des Flusses."

Die Dias meiner Schwiegereltern gab es immer paarweise, und alle hatten den gleichen Aufbau: Im Hintergrund sah man eine Sehenswürdigkeit und im Vordergrund lächelten einmal mein Schwiegervater und einmal meine Schwiegermutter in die Kamera. Nachdem ich mir zwei Stunden lang die Beweise, dass meine Schwiegereltern tatsächlich an all diesen Orten gewesen waren, angesehen hatte, nahm allmählich mein Interesse an den Bildern ab und das am Wodka zu. Ich hörte nur noch mit halbem Ohr hin, als mein Schwiegervater aus einem Faltblatt etwas vorlas. „Die Wolga ist Europas längster Fluss und fließt doch nur durch einen einzigen Staat: durch Russland. Sie entspringt in den Waldaihöhen in der Nähe des Dorfs Wolgowerchowje nordwestlich von Moskau. Die Quelle befindet sich auf 57° 15' 31" nördlicher Breite und 32° 28' 22" östlicher Länge und liegt in einer Höhe von 228 Metern über Normalnull. Nach 3530 Kilometern mündet sie ins Kaspische Meer, dessen Spiegel 28 Meter unter Normalnull liegt. Die Mündung liegt auf 46° 44' 0" nördlicher Breite und 47° 51' 0" östlicher Länge. Etwa 200 Flüsse fließen der Wolga zu, und ihr Einzugsgebiet umfasst 1,36 Millionen Quadratkilometer. Die mittlere jährliche Abflussmenge in Wolgograd beträgt 264 Milliarden Kubikmeter Wasser."

„Ach, das ist doch alles langweiliges Zeug!", unterbrach meine Schwiegermutter ihren Mann. „Aber wusstet ihr schon, dass die Wolga einer der ganz wenigen Flüsse weltweit ist, die bergauf fließen?" „Unsinn!", sagte meine Frau. „Nach den Gesetzen der Physik müssen ausnahmslos alle Flüsse bergab fließen." „Du immer mit deiner Physik!", erwiderte meine Schwiegermutter etwas beleidigt. „Der Kapitän hat uns beim Captain's Dinner erzählt, die Quelle der Wolga liege näher am Erdmittelpunkt als ihre Mündung und sie fließe darum bergauf. Und der Kapitän muss es wissen, denn er fährt ja schließlich tagein und tagaus auf der Wolga."

Damit war die Angelegenheit für meine Schwiegermutter erledigt. Doch mir ließ die Sache keine Ruhe. Wie ich herausfand, liegt die Quelle der Wolga tatsächlich näher am Erdmittelpunkt als ihre Mündung. Aber wissen Sie, um wie viele Meter? Übrigens: Nord- und Südpol sind jeweils 6356,775 km vom Erdmittelpunkt entfernt und der Äquator 6378,160 km.

30

Die wundersame Holzvermehrung

Die Winter werden immer kälter und Heizöl und Erdgas immer teurer. Um nicht mit unserem schwer verdienten Geld die Energiekonzerne zu mästen, haben meine Frau und ich uns einen Specksteinofen ins Wohnzimmer bauen lassen. Doch auch ein Ofen heizt nicht von alleine, sondern muss mit Brennstoff gefüttert werden. Darum sind wir das ganze Jahr über auf der Jagd nach billigem Holz.

Am letzten Samstag sagte meine Frau zu mir: „Spann den Anhänger an den Wagen. Wir fahren in den Wald. Ich habe gestern beim Einkaufen zufällig den Förster getroffen. Er hat einen krumm gewachsenen Buchenstamm, den er nicht gebrauchen kann und uns billig verkaufen will."

Die Stelle im Wald, die der Förster meiner Frau genannt hatte, war ein großer frischer Kahlschlag, auf dem noch alle Baumstämme dort lagen, wo sie gefällt und entastet worden waren. Der Jeep des Försters parkte am Wegrand. Er selbst stand einige Meter entfernt und beugte sich über einen gefällten Baum. Als er uns sah, rief er: „Ich vermesse nur diesen Stamm, dann habe ich Zeit für Sie." Vor ihm lag ein langer, perfekt gewachsener Fichtenstamm.

Mit einem Maßband stellte der Förster die Länge des Stamms fest, notierte sich den Wert auf einem Klemmbrett und markierte mit einem Stück Kreide die Mitte des Stamms. Dann spannte er die Stammmitte zwischen die Backen eines Gerätes, das aussah wie ein überdimensionaler Messschieber, las daran eine Zahl ab und notierte sich diese ebenfalls. „Was machen sie da?", fragte ich interessiert. „Ich messe, wie viele Festmeter Holz der Stamm hat." „Festmeter? Was ist das?" Ich hatte den Begriff noch nie gehört. „Das ist das Volumen des Stammes", erklärte der Förster.

Nun mischte sich meine Frau in die Unterhaltung ein. „Wie bestimmen Sie denn das Volumen?" „Das ist ganz einfach", sagte er. „Mit dem Bandmaß messe ich die Länge des Stammes und mit dem Messschieber die Dicke der Stammmitte. Dann quadriere ich die Dicke, multipliziere sie mit Pi und der Stammlänge und teile das Ergebnis durch 4."

„Ach so", sagte meine Frau nachdenklich und meinte dann nach einer Weile: „Ich verrate Ihnen einen Trick, wie Sie mehr Geld mit Ihrem Holz verdienen können. Sägen Sie doch einfach alle Stämme genau in der Mitte durch, und schon haben Sie mehr Festmeter Holz als vorher." „Unsinn!", sagte der Förster und brummelte etwas von „weiblicher Logik". „Probieren Sie es doch einfach mal aus", schlug meine Frau vor, was der Mann dann auch tatsächlich tat. „Donnerlüttchen!" rief er und pfiff anerkennend. „Sie haben recht. Ich verstehe zwar nicht, wie es geht, aber es ist tatsächlich mehr Holz geworden."

„Wie wäre es, wenn Sie uns für diesen wertvollen Tipp den krummen Buchenstamm kostenlos überließen?", fragte meine Frau geschäftstüchtig. Der Förster war gleich einverstanden. „Den können Sie haben, und ich zersäge ihn auch noch in ofengerechte Stücke."

Angenommen, der Fichtenstamm hatte die Form eines perfekten Kegelstumpfs von 30 m Länge mit einem Durchmesser von 30 beziehungsweise 120 cm an den Enden, und man berechnet das Volumen mit der Formel des Försters. Wie viel Prozent mehr Festmeter Holz bringt der Trick meiner Frau?

31

Die Breguet-Uhr

Mein Onkel Jakob ist ein Ingenieur, wie er im Bilderbuch steht. Er entspricht genau dem Klischee des emotionslosen und staubtrockenen Technikers. Für ihn existiert nur, was sich zählen, messen oder wiegen lässt. Gefühle, Kunst und Kultur hält er für Hirngespinste und die Beschäftigung damit für reine Zeitverschwendung. Er ist Junggeselle. Seine einzige ernsthafte Beziehung, die er kurz nach seinem Studium hatte, endete abrupt, als er auf die Frage seiner Verlobten, ob er sie liebe, antwortete: „Das kann ich dir nicht sagen. Ich weiß zwar, dass Liebe ein elektrochemischer Prozess im Gehirn ist, aber ich bin Maschinenbauingenieur und keine Biochemiker und deshalb nicht in der Lage, diesen Prozess zu quantifizieren."

Vor ein paar Tagen hatte Onkel Jakob für das Wochenende seinen Besuch bei uns angekündigt. „Was machen wir nur drei Tage lang mit ihm?", fragte meine Frau am Freitagmorgen beim Frühstück. „Lass uns doch zusammen in die Uhrenausstellung gehen, die letzte Woche eröffnet wurde", schlug ich vor. „Zahnräder und Getriebe von Chronometern müssten einen Maschinenbauingenieur doch interessieren."

Als wir dies Onkel Jakob am Samstag vorschlugen, war er einverstanden, und so fuhren wir in die Stadt. Doch zum Leidwesen meines Onkels hatten die Ausstellungsmacher die Uhren vor allem nach künstlerischen und weniger nach technischen Kriterien ausgewählt. Was meine Frau und mich begeisterte, rief bei ihm nur Unwillen hervor. Mit säuerlichem Gesicht betrachtete er die Exponate. „Uhren sind Zeitmessgeräte", erklärte er. „Sie sollten präzise und funktional sein und auf jeden Schnickschnack verzichten. Diese Geräte haben zwar völlig überflüssige Figürchen, Türmchen und Bildchen, aber die wichtige Angabe der Messgenauigkeit fehlt." Er ging auf eine wunderschöne Kaminuhr des Schweizer Uhrmachers Abraham Louis Breguet aus dem Jahr 1780 zu. „25 Minuten nach 2", sagte er und schaute auf seine Armbanduhr. „Zumindest geht sie richtig." Dann zog er ein kleines Lasermeter aus der Tasche und richtete es auf die Uhr. „Die Spitzen der beiden Zeiger haben einen Abstand von genau 161 Millimetern", verkündete er, ohne dass ich verstand, was er damit bezweckte. Als wir uns eine gute Stunde später wieder dem Ausgang der Ausstellung näherten, kamen wir erneut an der Breguet-Uhr vorbei. Onkel Jakob trat wieder mit seinem Lasermeter an die Uhr, machte eine Messung und sagte: „Es ist jetzt 25 Minuten vor 4 und die Zeigerspitzen sind genau 199 Millimeter voneinander entfernt." Nun wurde ich doch neugierig: „Was sollen dieses Messungen?" „Wenn ihr nicht nur über die sogenannte Schönheit der Uhren faseln, sondern stattdessen über ihre Funktionen und Maße nachdenken würdet, könntet ihr mir jetzt sagen, welchen Abstand die Zeigerspitzen um genau 9 Uhr hätten." Sprach's und verließ ohne ein weiteres Wort die Ausstellung.

Wissen Sie, wie weit die beiden Zeigerspitzen um 9 Uhr voneinander entfernt waren?

32

Die Planeten der Asteria

Der Weltraum – unendliche Weiten. Wir schreiben das Jahr 2200. Dies sind die Abenteuer des Raumschiffs Enterprise, das mit seiner 400 Mann starken Besatzung fünf Jahre lang unterwegs ist, um neue Welten zu erforschen, neues Leben und neue Zivilisationen. Computerlogbuch der Enterprise, Sternzeit 6334,1, Captain Kirk:

Die Enterprise wurde von einem überlegenen Raumschiff der Klingonen angegriffen. Kurz bevor der Schutzschild unter dem klingonischen Beschuss zusammenbrach, konnten wir uns durch ein Wurmloch in der Raumzeit in den Andromedanebel retten. Der nächste Stern dort war die Asteria in

2,05 Lichtstunden Entfernung, auf die wir unverzüglich zusteuerten. Die Asteria hat drei Planeten namens Aleph, Bet und Gimel. Sie bewegen sich mit konstanten Geschwindigkeiten im gleichen Umlaufsinn auf konzentrischen Kreisbahnen, die alle in einer Ebene liegen, und in deren Mittelpunkt die Asteria steht. Mr. Sulu navigierte die Enterprise in den Orbit von Gimel, des äußersten Planeten des Systems. Gimels Atmosphäre entspricht in ihrer Zusammensetzung und Temperatur jener der Erde. Deshalb hat Chefingenieur Scott Mr. Spock und mich ohne Schutzanzüge auf den Planeten gebeamt.

Die Asterianer sind ein friedliebendes und gastfreundliches Volk, und so wurden wir von König Cerber CVII. in seinem Palast herzlich empfangen. „Feiern Sie mit uns", sagte er nach der Begrüßung. „Auf ganz Gimel findet seit heute ein siebentägiges Fest statt, zu dem auch König Graner LXXI. von Bet, Königin Aquia CDIII. von Aleph und viele Bewohner der inneren Planeten gekommen sind." Ich bedankte mich und nahm die Einladung für uns beide an, obwohl ich wusste, dass Mr. Spock nicht gerne feiert. „Was ist denn der Anlass dieses großen Festes?", fragte ich König Cerber. „Wir feiern ein ganz seltenes astronomisches Ereignis, das heute Mittag nach sehr langer Zeit wieder einmal eingetreten ist", erklärte er und winkte eine hübsche junge Frau herbei, die ein Tablett mit Gläsern trug. Der König nahm zwei Gläser, die eine türkisfarbene Flüssigkeit enthielten, und reichte sie uns. „Dies ist gegorener Saft der Flensbalgfrucht, das Nationalgetränk der Gimeler", erklärte er und fuhr dann fort: „Immer, wenn Asteria, Aleph, Bet und Gimel genau auf einer geraden Linie stehen, feiern alle Asterianer ein großes interplanetarisches Fest. Dieses Mal findet es auf Gimel statt."

Als ich einige Minuten später mit Mr. Spock für einen Moment alleine war, sagte er zu mir: „Der König nimmt es mit der Wahrheit nicht sehr genau. Das Ereignis, dass die Asteria mit ihren drei Planeten auf einer Geraden liegt, ist keineswegs besonders selten."

Wissen Sie, wie viele Jahren nach dem Besuch der Enterprise dieses Ereignis das nächste Mal eintritt, wenn die Umlaufzeit von Aleph 2 Jahre, die von Bet 5 Jahre und die von Gimel 17 Jahre beträgt?

33

Das Keilschrifttäfelchen

„Wollen wir nicht mal Urlaub in der Toskana machen?", hatte meine Frau im Januar gefragt. „Die Oskamps fahren schon seit Jahren dorthin und sind begeistert." Der Wunsch meiner Frau ist unserer Familie Befehl, und so hatte ich ein Ferienhaus in der Nähe von Siena gebucht. Schließlich war es so weit, dass die Reise beginnen sollte. Eine Autofahrt von über 1500 km und eine Alpenüberquerung sind an einem Tag nicht zu schaffen. „Ich habe letzte Woche Onkel Konrad angerufen. Wir können bei ihm übernachten", sagte meine Frau. Onkel Konrad ist ein Großonkel meiner Frau und lebt in einem kleinen Städtchen in der Schweiz. Er ist unverheirateter Assyriologe und hat den größten Teil seines Lebens damit verbracht, Keilschrifttafeln aus Mesopotamien zu entziffern.

Onkel Konrad gilt in der Familie als eigenbrötlerischer Sonderling, aber er schien sich sehr über unseren Besuch zu freuen. „Kommt rein", sagte er, als er uns die Haustür öffnete. „Ich habe gekocht, und das Essen steht schon auf dem Tisch."

Die lange Autofahrt hatte alle ermüdet, und die Kinder gingen kurz nach dem Essen ins Bett. Meine Frau und ich saßen noch bei einem Glas Wein mit Onkel Konrad zusammen, und er erzählte uns von seiner Arbeit. „Vor einigen Jahren ist in der Nähe von Uruk im südlichen Irak eine Bibliothek aus altbabylonischer Zeit ausgegraben worden, die etwa 3700 Jahre alt ist. Uruk ist eine der bedeutendsten Ausgrabungsstätten im Zweistromland und der Fundort der ersten Schrift der Menschheit. Auch die Mathematik war in Uruk schon hoch entwickelt." Onkel Konrad stand auf. „Kommt mal mit. Ich zeige euch was." Er ging mit uns in sein Arbeitszimmer, wo auf Tischen und Regalen Tausende von kleinen Täfelchen aus gebranntem Ton lagen. Nach kurzem Suchen nahm er eines dieser Täfelchen und gab es uns vorsichtig.

In den Ton war ein unregelmäßiges Dreieck eingeritzt, bei dem zwei Ecken durch gerade Linien mit den jeweils gegenüberliegenden Seiten verbunden waren. Dadurch wurde das Dreieck in drei kleinere Dreiecke und ein Viereck unterteilt. Neben dem Dreieck war ein Keilschrifttext zu sehen. „Was ist das?", fragte meine Frau. „Das ist eine Karte vom Grundbesitz eines reichen Mannes namens Utnapischtim. Die Linien, die durch das Dreieck laufen, sind Bewässerungsgräben, die sein Land in vier Stücke unterteilen. Seht ihr die Symbole hier?" Er deutete auf einige Keilschriftzeichen im Inneren des Dreiecks. „Es sind die Zahlen 3 und 7. Sie bedeuten, dass eines der Stücke einen Flächeninhalt von 3 Gan und zwei jeweils eine Fläche von 7 Gan haben." „Wie groß ist ein Gan?", fragte ich. „Ungefähr 1800 Quadratmeter", antwortete Onkel Konrad. „Und wie groß ist das viereckige Stück?", fragte ich weiter. „Das weiß ich leider nicht", sagte Onkel Konrad. „An der Stelle, wo vermutlich die Zahl gestanden hat, ist Ton von dem Täfelchen abgesplittert. Deshalb werden wir wohl nie erfahren, wie groß das Stück war." „Da irrst du dich!", trumpfte meine Frau auf. „Ich kann dir sogar genau sagen, wie groß es war."

Wissen auch Sie, wie viel Gan das viereckige Stück von Utnapischtims Grundbesitz groß war?

34

Hölzerne Vierecke

Meine Frau war übers Wochenende mit unserer jüngeren Tochter zu ihren Eltern gefahren. Ich hütete zusammen mit meiner älteren Tochter das Haus. Ich hatte meiner Frau versprochen, endlich einmal den Dachboden und den Keller aufzuräumen. „Wenn du den Speicher entrümpelst, dann nehme ich mir den Keller vor", sagte ich beim Frühstück zu Christina. Sie war einverstanden, und so ging kurz darauf jeder in sein Revier.

Um elf Uhr hatte ich den größten Teil meiner Arbeit geschafft und schon einen hohen Gerümpelberg für die Sperrmüllabfuhr aufgehäuft. Ich fand, dass ich eine Pause verdient hatte. Ich ging in die Küche, brühte eine Kanne Tee auf und rief meine Tochter. Als ich keine Antwort bekam, stieg ich auf den Dachboden. Dort sah es noch genauso unordentlich aus wie zuvor. Christina saß im Schneidersitz auf dem Boden und hatte hölzerne Schrauben, Muttern und Leisten um sich verstreut. „Ich dachte, du schaffst hier Ordnung. Stattdessen spielst du nur", sagte ich ärgerlich. „Glaube bloß nicht, dass ich auch noch den Speicher aufräume." Christina sah mich vorwurfsvoll an und sagte: „Störe meine Kreise nicht!" „Wieso Kreise? Ich sehe keine Kreise", meinte ich etwas verwirrt. Meine Tochter verdrehte die Augen. „Das ist doch nur symbolisch gemeint. Archimedes hat dies vor über 2000 Jahren gesagt, als er von einem römischen Soldaten bei seinen mathematischen Überlegungen gestört wurde."

Und sie wandte sich wieder ihrem Spielzeug zu. „Aus diesen Leisten, Schrauben und Muttern habe ich früher Autos, Häuser und Tiere zusammengeschraubt, aber man kann auch Mathematik damit betreiben. Schau dir einmal diese Leisten an", meinte Christina. „Sie sind alle gleich dick und alle gleich breit, aber unterschiedlich lang. Sie haben alle eine ganze Reihe runde Löcher mit stets den gleichen Abständen voneinander, durch die die hölzernen Schrauben passen. Schau mal: Ich habe hier vier Schrauben, vier Muttern und acht unterschiedlich lange Leisten mit 4, 5, 6, 8, 11, 13, 16 und 19 Löchern." „Das sehe ich", sagte ich, „aber was hat das mit Mathematik zu tun?" „Nun lass mich doch mal ausreden", erwiderte Christina unwillig. „Aus vier Leisten lässt sich ein Viereck bilden. Dazu werden die Leisten an den jeweils äußeren Löchern, durch die man Schrauben steckt, miteinander verbunden." Christina schraubte vier Leisten zusammen und hielt mir das Gebilde hin. „Ich habe mir nun die Frage gestellt", fuhr sie fort, „wie viele verschiedene Vierecke sich aus meinen acht Leisten überhaupt bilden lassen. Dabei sehe ich alle Vierecke als gleich an, die die gleichen Seitenlängen in der gleichen Reihenfolge haben. Ich unterscheide auch nicht, ob diese Reihenfolge im oder gegen den Uhrzeigersinn ist, denn ich kann ja die Vierecke umdrehen, sodass die Rückseite zur Vorderseite wird. Das heißt, alle Vierecke sind gleich, die im oder gegen den Uhrzeigersinn gesehen die Seitenlängen a, b, c und d haben, auch wenn ihre vier Innenwinkel völlig unterschiedlich sein mögen. Allerdings dürfen die Vierecke nicht entartet sein, das heißt, keiner ihrer Innenwinkel darf 0 oder 180 Grad betragen."

Wissen Sie, wie viele Vierecke Christina zusammensetzen kann?

35

Die Aufgabe des Sultans

„Meine Herren", sagte Baron von Münchhausen und blickte in die Runde seiner Gäste, „Ihr wisst sicherlich alle, dass Alexander der Große den Gordischen Knoten löste, indem er ihn einfach mit dem Schwert zerschlug. Wie das Orakel prophezeit hatte, gewann er dadurch die Herrschaft über Asien. Vor einigen Jahren bin ich in die Fußstapfen Alexanders getreten und habe auch einen Gordischen Knoten zerschlagen. Zwar bekam ich dafür nicht Asien, aber immerhin eine Schatulle voller erlesener Diamanten."

© Springer Fachmedien Wiesbaden GmbH, ein Teil von Springer Nature 2019
H. Hemme und M. Schwoerer, *Euklids Wohnzimmer*

Münchhausen nahm einen tiefen Zug aus seiner Pfeife und fuhr fort: „1755 war ich in diplomatischer Mission der russischen Zarin am Hof Sultan Osmans in Konstantinopel. Eines Abends führten mich die Wesire des Sultans in einen abgelegenen Saal des Topkapi-Serails und baten mich um Rat. Der Großwesir sei vor einigen Tagen gestorben, erzählten sie mir, und der Sultan habe ihnen eine Aufgabe gestellt, um ihre Weisheit zu prüfen. Wer sie als erster löse, solle der neue Großwesir werden. Leider sei es aber bislang keinem gelungen, eine Lösung zu finden, trotz der Hilfe des Hofmathematikers."

„Wie lautete denn die Aufgabe?", fragte der alte General von Oorde.

„Der Sultan hatte seinen Wesiren eine quadratische Holztafel von 23 mal 23 Zoll Größe und einen Zettel mit einer Skizze gegeben. Die Wesire sollten auf das Brett drei konzentrische Quadrate zeichnen, die nicht gegeneinander verdreht sein durften, sowie einige Diagonalenabschnitte, die die Skizze vorgab. Die Seitenlängen der drei Quadrate sollten ganzzahlige Zollwerte sein, und alle Flächen, die durch die Quadrate und Diagonalen auf der Tafel entstanden, sollten den gleichen Inhalt haben. ‚Das Problem ist unlösbar', sagte der Hofmathematiker mit Nachdruck und strich sich seinen Bart. ‚Da irrt Ihr Euch', entgegnete ich. Der Hofmathematiker lächelte hochnäsig und sagte: ‚Beweist es!' Da nahm ich ein Lineal und zeichnete die Quadrate und die Diagonalenstücke auf die Tafel. Dann bat ich um ein scharfes Messer. Es wurde mir dienstbeflissen unverzüglich gebracht, und ich schnitt damit langsam und sorgfältig das mittlere Quadrat aus der Tafel heraus. Die Tafel war dadurch zu einem Ring geworden und hatte nicht mehr neun, sondern nur noch acht Flächen. Und diese acht Flächen hatten auch tatsächlich alle den gleichen Inhalt."

„Wie groß war denn das Quadrat, das Ihr aus der Tafel herausgeschnitten hattet?", fragte Herr von Frenswegen. „Das, meine Herren", sagte der Baron und hob den Zeigerfinger, „müsst Ihr schon selbst herausbekommen."

Wissen Sie, wie lang die Seiten des innersten Quadrates waren?

36

Professor Moriartys Würfel

London, Baker Street 221b: Sherlock Holmes hatte schon eine ganze Weile nachdenklich ein zerknittertes Blatt Papier betrachtet, als er fragte: „Mein lieber Watson, was halten Sie hiervon?" und mir den Zettel gab. Auf dem Blatt waren zwei Bleistiftzeichnungen von Spielwürfeln zu sehen. Holmes berichtete: „Winston Smith, ein kleiner Gauner aus Soho, hat eine Unterhaltung zwischen Professor Moriarty und einem seiner Komplizen belauscht. Dabei hörte er, wo Moriarty die Gewinne aus seinen illegalen Spielhöllen versteckt hat. ‚Das Geld ist in dem Würfel', verriet Moriarty seinem Komplizen und ließ dabei einen kleinen goldenen Spielwürfel über den Tisch rollen. Smith hat zwei Ansichten dieses Würfels auf dem Zettel skizziert. Dann hat er noch erfahren, Diebe würden durch irgendwelche X-Strahlen getötet werden." „Wie kann Moriarty das viele Geld in einem kleinen Spielwürfel unterbringen?", fragte ich erstaunt. „Watson, seien Sie kein Narr", sagte Holmes und stopfte sich seine Pfeife. „Ich hätte eigentlich selbst darauf kommen müssen, denn das Versteck passt zum skurrilen Humor des Professors. Er hat vor einiger Zeit in dem Park seines Hauses einen riesigen Spielwürfel von vier Yard Kantenlänge bauen lassen, der genauso aussieht wie sein goldener Würfel. Dort befinden sich vermutlich die Spielgewinne." Holmes zündete seine Pfeife an und paffte ein paar Wölkchen in die Luft. Dann sagte er: „Watson, laden Sie Ihren Revolver. Heute Nacht werden wir uns das Geld des Professors holen."

Ungesehen gelangten wir in Moriartys Park und zu seinem Würfel. Zwischen den Augen der Vier war eine Tür in der Wand, die Holmes in wenigen Minuten mit seinen Dietrichen geöffnet hatte. Ich wollte in den Würfel gehen, aber Holmes hielt mich zurück und gab mir eine Brille. „Mit dieser Brille kann man X-Strahlen sichtbar machen. Setzen Sie sie auf." Ich tat wie geheißen und blickte dann in den Würfel. Von der Deckenmitte hing ein Faden herab, an dem ein Schlüssel baumelte. Auf die Wände waren von innen, genauso wie von außen, die schwarzen Augen eines Spielwürfels gemalt. Von Mittelpunkten mancher Augen gingen X-Strahlen aus, die in den Mittelpunkten anderer Augen endeten. Wären wir in einen dieser Strahlen geraten, es wäre unser sicherer Tod gewesen. „Schauen Sie, Watson", sagte Holmes. „Moriarty ist ein Ästhet. Immer drei Strahlen bilden ein gleichseitiges Dreieck, und alle gleichseitigen Dreiecke, die man zwischen Augenmittelpunkten zeichnen kann, sind auch vorhanden." Holmes gelang es, sich zwischen den Strahlen hindurch zu winden und den Schlüssel zu holen. Im Boden war ein Tresor eingelassen, der sich mit dem Schlüssel öffnen ließ.

Als wir in den frühen Morgenstunden unbeschadet wieder in unserer Wohnung in der Baker Street waren, fragte ich Holmes: „Wie viele X-Strahlen gab es eigentlich in dem Würfel?" „Mein lieber Watson, das können Sie sich doch leicht selbst überlegen!"

Wie lautet die Antwort? Alle Augen eines Würfels liegen übrigens immer auf einem quadratischen Raster von 3 mal 3 Punkten.

37

Das Hip-Spiel

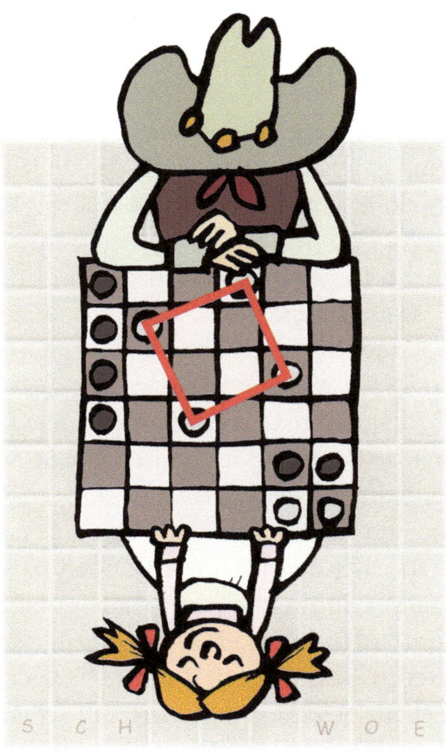

Es war Sonntagnachmittag. Meine Frau war bei einer Freundin und meine beiden Töchter Inga und Christine saßen am Wohnzimmertisch und spielten leise ein Brettspiel. Ich lag mit meiner Zeitung auf dem Sofa, genoss die Ruhe und schlief irgendwann ein.

Plötzlich riss mich das laute Gezeter meiner Töchter aus den Träumen. „Ruhe!", donnerte ich, aber sie beachteten mich gar nicht. „Du betrügst! Mit dir spiele ich nicht mehr!", schrie Inga und warf wütend das Brett und die Steine auf den Boden. „Bei diesem Spiel kann man gar nicht betrügen. Du bist nur zu dumm dafür. Deswegen verlierst du immer", erwiderte Christine und sammelte die Spielsteine vom Boden auf. „Seid ruhig und vertragt euch", probierte ich es noch einmal, aber es half nichts. Seufzend stand ich auf und ging zum Tisch. „Was ist denn los?", fragte ich. „Christina schummelt. Ich habe schon sieben Mal nacheinander verloren", sagte Inga. Auf dem Tisch lagen schwarze und weiße Damesteine und ein etwas zu klein geratenes Schachbrett. „Was spielt ihr denn eigentlich?", fragte ich, neugierig geworden. „Wir spielen Hip." „Hip? Davon habe ich noch nie etwas gehört", sagte ich.

„Hip wurde Mitte des letzten Jahrhunderts in Amerika erfunden und ist ein Strategiespiel für zwei Personen", erklärte mir Christina. „Es wird mit 18 schwarzen und 18 weißen Damesteinen auf einem Brett mit sechs mal sechs Feldern gespielt. Beide Spieler setzen immer abwechselnd einen Stein auf ein Feld, der eine einen schwarzen und der andere einen weißen. Verloren hat derjenige, dessen Steine zuerst die Ecken eines Quadrats bilden. Natürlich darf auf jedes Feld nur ein Stein gelegt werden, und kein Stein darf nach dem Legen mehr verschoben werden." „Das scheint mir ein Kindergartenspiel zu sein", sagte ich und wollte mich wieder aufs Sofa legen. „Dann versuch's doch mal", forderte mich Christina auf. Ich willigte ein, und wir begannen zu spielen. Nach meinem sechsten Zug sagte Christina: „Du hast verloren." „Wieso?", fragte ich überrascht, denn ich konnte kein Quadrat entdecken. Christina deutete auf vier meiner Steine, die ein Quadrat bildeten, das leicht verdreht auf dem Brett lag. „Ich wusste nicht, dass solche Quadrate auch verboten sind", rechtfertigte ich mich. Doch Christina zuckte nur mit den Schultern. Bei den nächsten Runden passte ich sorgfältig auf, dass meine Steine auch keine verdrehten Quadrate bildeten, aber jedes Mal zwang mich Christina in eine Situation, dass mein nächster Stein, egal wo ich ihn auch hinlegte, zu einem Quadrat führte. Nach zehn verlorenen Spielen gab ich schließlich auf und sagte frustriert: „Es scheint doch kein Kindergartenspiel zu sein, und es gibt offenbar viel mehr mögliche Quadrate, als ich gedacht habe." „Stimmt", sagte Christina mit einem etwas überheblichen Lächeln. „Wenn du schon nicht vermeiden kannst, sie zu legen, dann gelingt es dir vielleicht, sie zu zählen." Aber auch das schaffte ich nicht.

Wissen Sie, wie viele verschiedene Quadrate man mit vier Damesteinen auf einem Hip-Brett legen kann?

38

Das magische Bruchquadrat

Seit einiger Zeit hat sich meine Frau genau wie ihre Freundinnen der Esoterik verschrieben und lehnt jede Schulwissenschaft ab. Als ich neulich unter starken Kopfschmerzen litt, gab sie mir dagegen nicht Paracetamol-Tabletten, sondern behandelte mich mit einem Amulett aus Rosenquarz, das ich einige Zeit direkt auf der Haut tragen sollte. Tatsächlich waren meine Kopfschmerzen nach zwei Tagen verschwunden.

„Heute Nachmittag hält Dr. Gregorovius in der Aula der Grundschule einen Vortrag über Agrippa von Nettesheim und sein Buch ‚De occulta philosophia‘. Ich würde mich freuen, wenn du mitkämst", sagte meine Frau am Samstag beim Frühstück. Ich seufzte innerlich auf. Doch an den letzten drei Samstagen war ich mit ein paar Nachbarn zu Bundesligaspielen gefahren, deshalb konnte ich meiner Frau den Wunsch schlecht abschlagen und sagte ergeben: „Ja, gerne."

Die Aula war brechend voll, und wir fanden nur noch einen Platz in der letzten Reihe. Dr. Gregorovius war ein kleines verhutzeltes Männlein mit einer überraschend tiefen und lauten Stimme. Er erzählte, dass Heinrich Cornelius Agrippa von Nettesheim 1486 in Köln geboren wurde und einer der bedeutendsten Universalgelehrten der Renaissance war. Im Alter von nur 23 Jahren verfasste er sein dreibändiges Hauptwerk über Astrologie, Kabbala, Mantik, Evokationsmagie, Angelologie, Amulette, Talismanzauber und heilige Magie mit dem Titel „De occulta philosophia". „Agrippa war der Erste, der erkannte, dass die magischen Quadrate mit den sieben Planeten mystisch verbunden sind", sagte Dr. Gregorovius. Das Männlein hielt einige Kettchen mit Anhängern in die Höhe. „Sie können gern nach meinem Vortrag Planetenamulette mit magischen Quadraten bei mir kaufen."

Dann räusperte er sich und fuhr fort: „In der Bibliothek der Universität Heidelberg hat man vor einigen Jahren in einem Band der ‚De occulta philosophia‘, der vermutlich Agrippa selbst gehört hatte, bei dem Kapitel über die magischen Quadrate eine seltsame Randzeichnung gefunden. In den Feldern eines drei Zeilen und drei Spalten umfassenden Quadrats stehen neun verschiedene Zahlen und darunter, jeweils durch einen kurzen Querstrich getrennt, die Symbole einiger Planeten." Gregorovius projizierte das Quadrat an die Wand und begann mit einer ebenso wortreichen wie abstrusen Erklärung der astrologischen Bedeutung dieser Figur.

„Kann es sich nicht einfach um ein magisches Quadrat mit Brüchen handeln, und die Planetensymbole sind verschlüsselt dargestellte Nenner?", unterbrach ich laut seinen Wortfluss. Die Zuhörer vor mir drehten sich um und sahen mich missbilligend an. „Pssst!", zischte meine Frau. Das Männlein würdigte mich keiner Antwort. Da sah ich, wie meine Frau auf dem Rand des Programms anfing zu rechnen. „Du könntest recht haben", flüsterte sie ein paar Minuten später. „Wenn ich einmal annehme, dass die Planetensymbole für positive ganze Zahlen stehen, lassen sich tatsächlich magische Quadrate finden."

Bei einem magischen Quadrat ist die Summe der Zahlen in den drei Zeilen, den drei Spalten und den beiden Diagonalen immer gleich groß. Diese Summe wird als die magische Konstante des Quadrats bezeichnet. Wenn sich die neun Brüche in Agrippas Quadrat nicht kürzen lassen und gleiche Symbole gleiche Nenner und verschiedene Symbole verschiedene Nenner bedeuten, welchen Wert hat dann die größtmögliche magische Konstante?

39

Die gespiegelte Zeit

Vor vielen Jahren, als ich noch ein junger Student war, saß ich eines Mittags in der Mensa alleine an einem Tisch und aß schlecht gelaunt ein Gericht, das vom Speiseplan als „Fleischscheibe, gebraten, mit Stärketrägern" angepriesen wurde und ein ungewürztes Schnitzel mit Pommes frites war. Da stand plötzlich ein bildschönes Mädchen mit seinem Tablett vor mir und fragte mich, ob an dem Tisch noch Platz sei. „Ja sicher", sagte ich, und meine Laune wurde schlagartig besser. Das Mädchen hieß Anna und aß die Stärketräger ohne Fleischscheibe, dafür aber mit Salat. Sie studierte Mathematik, und ich verliebte mich sofort bis über beide Ohren in sie.

Die Zeit verging wie im Flug, bis Anna schließlich sagte: „Ich habe gleich eine Vorlesung. Weißt du, wie spät es ist?" Ich besaß keine Armbanduhr, aber ich wusste, dass in der Mensa eine Uhr hing, die in einer Zeile mit zehn großen roten Sieben-Segment-Ziffern die Zeit in Stunden, Minuten und Sekunden anzeigte und rechts daneben das Datum aus Tageszahl und Monatsnummer. Ich sah mich um und entdeckte sie an einem Pfeiler. „Die Uhr geht ja völlig falsch!", schoss es mir durch den Kopf. In dem Moment sprang eine Ziffer um und ich merkte, dass der Pfeiler verspiegelt war und ich nicht die Uhr selbst, sondern nur ihr Spiegelbild gesehen hatte. Dass ich mich für einen Moment hatte täuschen lassen, lag daran, dass in der Sekunde, in der ich auf die gespiegelte Uhr schaute, die Anzeige nur aus den Ziffern 0, 1, 2, 5 und 8 bestand, deren Spiegelbilder auch wieder Ziffern darstellen, und dass Uhrzeit und Datum zwar völlig falsch, aber immerhin sinnvoll waren, also irgendwann im Laufe eines Jahres vorkommen konnten.

Ich erzählte Anna von der verblüffenden Täuschung, doch sie erwiderte nur trocken: „Erstens hättest du es sofort merken müssen, denn die Doppelpunkte in der Uhrzeit und die Punkte im Datum im Spiegelbild an den falschen Stellen standen, und zweitens ist der Effekt, dass das Spiegelbild eine zwar falsche, aber immerhin sinnvolle Zeit anzeigt, keineswegs selten." Dann stand sie auf und ging. „Warte einen Moment!", rief ich ihr nach. „Können wir uns wiedersehen?" Sie drehte sich um. „Aber sicher doch. Wir treffen uns an diesem Tisch genau zu dem Zeitpunkt, wenn die Mensa-Uhr das letzte Mal in diesem Jahr deine bemerkenswerte Täuschung zeigt. Und sei bitte pünktlich."

Mehrmals im Lauf des Jahres glaubte ich, der letzte dieser Zeitpunkte sei erreicht, und wartete an unserem Tisch auf Anna, aber sie kam nicht. Schließlich lernte ich Maria kennen und gab auf.

Wissen Sie, an welchem Tag und zu welcher Uhrzeit Anna mich treffen wollte? Alle fünf Zahlen der Mensa-Uhr wurden übrigens stets zweistellig dargestellt und hatten falls nötig führende Nullen. Auch im Spiegelbild sollen die fünf Zahlen – von links nach rechts gelesen – die Bedeutung Stunden, Minuten, Sekunden, Tageszahl und Monatszahl haben.

40

Estländisches Geld

Vor einigen Jahren musste ich für meine Firma ein paar Tage in die estländische Hauptstadt Tallinn fahren. Estland war wenige Wochen zuvor der Eurozone beigetreten, und bei meiner Abreise schenkte mir mein Geschäftspartner eine Postkarte aus dickem Karton, in der in runden Vertiefungen je ein Exemplar der acht neuen estländischen Euromünzen eingelassen war. Vor ein paar Tagen fiel mir diese Karte wieder in die Hände, als ich in meiner Schreibtischschublade nach einem Lineal suchte. Ich schenkte die Karte meinen beiden Töchtern mit der Aufforderung, sich das Geld zu teilen.

Am nächsten Tag beim Mittagessen sagte Inga zu mir: „Wir haben uns dein estländisches Geld gerecht geteilt, aber nicht zu gleichen Teilen." Das überraschte mich. Normalerweise gönnt keine der anderen auch nur das Schwarze unter den Fingernägeln. „Warum denn das?", fragte ich. „Wir haben das Geld so geteilt, dass jede von uns einen Betrag in Cent erhalten hat, der eine Primzahl ist, und wir haben beide mehr als eine Münze bekommen", erklärte sie. Der Sinn dieses seltsamen Verfahrens wollte mir nicht einleuchten und eine innere Stimme riet mir, danach auch besser nicht zu fragen. Darum sagte ich nur: „Wie groß war denn dein Anteil?" Auf diese Frage schien Inga gewartet zu haben. „Das werde ich dir nicht verraten", sagte sie mit lauerndem Blick. „Aber du darfst mir zwei Fragen stellen, auf die ich mit ‚ja' oder ‚nein' antworten kann, um es trotzdem herauszubekommen." Solche Ratespiele meiner Töchter mag ich gar nicht, denn sie sind darauf angelegt, dass ich mich blamiere. Dennoch machte ich mit. Ich überlegte kurz, nannte Inga dann eine Zahl und fragte sie, ob dies die Zahl ihrer Münzen sei. Sie verneinte es. Danach nannte ich ihr eine bestimmte Münze und fragte sie, ob sie diese bekommen habe. Das bejahte sie. Aus diesen beiden Antworten konnte ich schließlich nach längerer Rechnerei zu Ingas großer Enttäuschung eindeutig erschließen, wie groß Ingas Anteil der estländischen Münzen war.

Am Abend erzählte ich meiner Frau von dem Gespräch und den beiden Fragen, doch ohne ihr die Zahlen zu nennen, nach denen ich Inga gefragt hatte. Ich war stolz darauf, Ingas Aufgabe gelöst zu haben, aber meine Frau lachte nur und sagte: „Du brauchst mir deine Zahlen nicht zu verraten. Ich weiß auch so, wie groß Ingas Anteil war."

Wissen auch Sie, wie viel Geld Inga bekommen hatte?

41

Die verrückte Teegesellschaft

Alice ging zum Haus des verrückten Hutmachers. Vor dem Haus stand ein
Baum und darunter ein Tisch, an dem der Hutmacher und der Märzhase
saßen und Tee tranken. Zwischen ihnen lag eine schlafende Haselmaus, die
sie als Armstütze benutzten. Der Tisch war lang und voller Gedecke. Trotzdem hockten die Drei enggedrängt an einer Ecke. „Alles besetzt!", rief der
Hutmacher, als Alice näher kam. „Das stimmt doch gar nicht", sagte Alice

empört und setzte sich in einen Lehnstuhl am Ende des Tischs. Der Hutmacher zog eine Uhr aus der Tasche, betrachtete sie besorgt und schüttelte sie. „Welches Datum haben wir heute?“, fragte er. Alice dachte kurz nach und sagte: „Den vierten.“ „Dann geht sie zwei Tage nach.“ „Nimm’ dir etwas Wein“, forderte der Märzhase Alice auf. „Ich sehe keinen Wein“, erwiderte Alice. „Es ist auch keiner da“, sagte der Märzhase. „Warum gleicht ein Rabe einem Schreibpult?“, fragte nun der Hutmacher. „Hm“, sagte Alice und überlegte. „Das krieg’ ich heraus.“ „Willst du damit sagen, dass du eine Antwort finden kannst?“, fragte der Märzhase. Alice nickte. „Dann solltest du auch sagen, was du meinst“, sagte der Märzhase. „Anders als du meine ich wenigstens, was ich sage, und das ist schließlich dasselbe“, entgegnete Alice entrüstet. „Keineswegs!“, widersprach der Hutmacher. „Dann könntest du ebenso gut sagen ‚Ich schlafe, wenn ich atme‘, wenn du meinst ‚Ich atme, wenn ich schlafe‘.“ „Wir beide sind nämlich die besten Logiker der Welt“, sagte der Märzhase stolz. Der Hutmacher nickte.

„Ich werde euch prüfen“, sagte Alice mit erhobenem Zeigerfinger, so wie es ihre Lehrerin immer tat. „Ich denke mir zwei positive ganze Zahlen aus, die nicht unbedingt verschieden sein müssen. Dem Märzhasen verrate ich das Produkt dieser beiden Zahlen und dem Hutmacher die Summe der beiden Zahlen.“ Dann stand sie auf und flüsterte dem Märzhasen das Produkt und dem Hutmacher die Summe ins Ohr. Als sich Alice wieder in ihren Lehnstuhl gesetzt hatte, sagte der verrückte Hutmacher zum Märzhasen: „Du kannst unmöglich wissen, wie meine Zahl lautet.“ Da begann der Märzhase so laut zu lachen, dass die Haselmaus wach wurde. Sie zwinkerte Alice zu und schlief wieder ein. Der Märzhase sagte zum Hutmacher: „Da täuschst du dich. Deine Zahl ist 136.“

Angenommen der Hutmacher und der Märzhase sind tatsächlich perfekte Logiker, und beide Behauptungen waren zu den Zeitpunkten, an denen sie aufgestellt wurden, völlig korrekt. Wie lauten dann die beiden Zahlen, die sich Alice ausgedacht hat?

42

Das Bismarckdenkmal

Gegen Ende des 19. Jahrhunderts wurde auf dem Marktplatz unseres Ortes ein Bismarckdenkmal errichtet. 50 Jahre lang stand der Reichskanzler in Lebensgröße und aus Bronze gegossen bei Wind und Wetter auf seiner

Säule – bis in den letzten Tagen des Zweiten Weltkriegs eine Fliegerbombe das Denkmal zerstörte. Die Statue ging verloren, und die Säulenteile wurden nach Kriegsende in den Bauhof gebracht, wo sie noch heute lagern. Vor einigen Monaten fand man schließlich die Statue bei Renovierungsarbeiten hinter einer Bretterwand im Keller des Rathauses wieder.

Am letzten Samstag traf ich Ewald Koslowski im Ratskeller. Ewald war mit mir zur Schule gegangen und besaß seit einigen Jahren einen kleinen Steinmetzbetrieb. „Hast du schon gehört? Der Heimatverein will das Bismarckdenkmal wieder aufbauen", fragte er. „Ja", erwiderte ich und bestellte zwei Bier. Dann sagte Ewald: „Gestern war Hämpel bei mir und gab mir den Auftrag, die Säule auszubessern und wieder aufzustellen." Hämpel war unser alter Geschichtslehrer und der erste Vorsitzende des Heimatvereins. „Die Säule besteht aus zwei Teilen. Der untere Teil ist 2 Meter hoch, und sein Querschnitt ist ein regelmäßiges $2n$-Eck mit einer Seitenlänge von 38 Zentimetern. Der obere Teil ist nur einen Meter hoch und hat ein regelmäßiges n-Eck als Querschnitt. Auch hier sind die Seiten 38 Zentimeter lang. Durch die nur halb so große Eckenzahl ist der obere Säulenteil viel schlanker als der untere. Zwischen die beiden Säulen gehört eine Platte, die die Querschnitte aneinander anpasst. Und diese Platte ist verschwunden." Ewald nahm einen großen Schluck aus seinem Glas. Dann erzählte er weiter. „Hämpel sagte, auf alten Fotos könne man erkennen, wie die Platte aussah. Ihre Grundfläche war ein regelmäßiges $2n$-Eck, das auf die untere Säule passte. Die Deckfläche hingegen war ein regelmäßiges n-Eck, auf dem die obere Säule stand. Die Grundfläche war durch n Quadrate und durch n gleichseitige Dreiecke mit der Deckfläche verbunden. Die Platte hatte also $2n$ Seitenflächen und alle ihre Kanten waren 38 Zentimeter lang."

Ewald hob zwei Finger und bestellte zwei neue Glas Bier. Dann kratzte er sich am Kopf und sagte: „Ich habe ein kleines Problem. Ich muss spätestens am Montag bei meinem Zulieferer eine Granitscheibe bestellen, aus der ich dann die Platte schneiden kann. Natürlich sollte die Granitscheibe genauso dick sein wie die Platte. Nur kenne ich diese Dicke leider nicht." „Hat dir denn Hämpel nicht alle Maße der Platte gegeben?", fragte ich erstaunt. „Ja, hat er", druckste Ewald herum. „Aber dann sagte er: ‚Koslowski, willst du dir die Zahlen nicht aufschreiben? Du hattest doch immer schon ein Gedächtnis wie ein Sieb.' Das hat natürlich meinen Stolz verletzt, und ich habe mir deshalb gar nichts notiert. Ich kann mich allerdings noch daran erinnern, dass die Platte dünner als ein Viertelmeter war."

Wie dick muss die Verbindungsplatte der beiden Säulenteile sein?

43

Tante Rosalindes Uhr

Meine Großtante Rosalinde ist fast 90 Jahre alt, sehr gebrechlich und sitzt im Rollstuhl. Aber ihr Verstand ist noch immer messerscharf, und ihre Zunge ist spitz wie eh und je. Als wir sie das letzte Mal besuchten, fragte meine Tochter sie: „Tante Rosalinde, warum hast du eigentlich keinen Mann?" – „Pst! So etwas fragt man nicht. Das ist unhöflich", tadelte meine Frau sie. „Nun lass' das Kind doch fragen. Es ist besser, unhöflich zu sein, als unwissend zu bleiben", sagte Tante Rosalinde. „Wenn du mir eine Tasse Tee machst, Inga, verrate ich dir, warum ich nie geheiratet habe."

Als der Tee fertig war und Tante Rosalinde den ersten Schluck genommen hatte, begann sie zu erzählen: „Ich bin in Schlesien geboren und aufgewachsen. Dort lernte ich auch Ferdinand kennen. Dann brach der Krieg aus und Ferdinand musste an die Front. Aber vorher verlobten wir uns noch. Ferdinand hatte Glück und überlebte den Krieg. Doch kurz bevor wir heiraten konnten, wurden wir aus Schlesien vertrieben und gelangten nach langer Irrfahrt ins Emsland. Wir hausten in Baracken, und Ferdinand fand keine Arbeit. Eines Tages sagte er zu mir: ‚Ich wandere nach Australien aus. Und wenn ich dort Arbeit und eine Wohnung gefunden und etwas Geld gespart habe, komme ich zurück und hole dich.' Die Reise von Bremerhaven aus mit dem Schiff sollte am 1. Juli 1947 beginnen. Wir saßen am Vorabend noch lange zusammen, und der Abschied fiel uns sehr schwer. Kurz vor Mitternacht gab mir Ferdinand ein kleines Päckchen. ‚Mach es auf', sagte er. Es enthielt eine Armbanduhr. Sie war zwar nicht neu, aber sehr hübsch. Im Ziffernblatt war neben der 3 ein winziges Fensterchen eingelassen, in dem die Tageszahl 30 zu sehen war. ‚In einer Minute ist Mitternacht, und der 1. Juli beginnt', erklärte Ferdinand. ‚Auf der Uhr wird aber eine 31 zu sehen sein, denn sie zählt die Tage eines Monats immer von 1 bis 31. Damit die Anzeige korrekt bleibt, müsstest du sie um Mitternacht um einen Tag vorstellen.' Ich wollte gerade die Krone der Uhr herausziehen, um die Zeiger zu verdrehen, als Ferdinand sagte: ‚Halt! Wenn du das Datum nie korrigierst und nie vergisst, die Uhr aufzuziehen, dann werde ich spätestens dann aus Australien zurück sein, wenn die Uhr zum ersten Mal wieder eine korrekte Tageszahl anzeigt.'"

Tante Rosalinde unterbrach sich und nahm einen Schluck Tee. „War denn dein Ferdinand pünktlich zurück?", fragte Inga. Tante Rosalinde seufzte. „Zu Anfang schrieb er mir jede Woche einen Brief, dann nur noch einmal im Monat und dann irgendwann gar nicht mehr. Schließlich kam der Tag, an dem meine Armbanduhr in dem Fensterchen auf dem Zifferblatt die richtige Tageszahl zeigte. Obwohl ich wenig Hoffnung hatte, dass Ferdinand vor meiner Tür stehen würde, hatte ich mein schönstes Kleid angezogen. Aber er kam natürlich nicht, und ich habe nie wieder etwas vom ihm gehört. Da ich Ferdinand nicht bekommen konnte und einen anderen Mann nicht wollte, habe ich nie geheiratet."

„Wann hätte Ferdinand denn zurückkommen wollen?", fragte Inga. „Das, mein Kind", sagte Tante Rosalinde, „kannst du dir doch leicht selbst überlegen."

Kennen Sie das Datum?

44

Der Isterberglauf

„Zehn“, sagte mein Bruder, als ich ihn am letzten Wochenende besuchte. „Zehn – das ist der große Unterschied zwischen uns beiden. Du bist zehn Jahre jünger als ich, zehn Zentimeter kleiner und wiegst zehn Kilogramm mehr.“ Markus ist Mathematiklehrer in einer Kleinstadt in Niedersachsen und sieht überall Zahlen. Als er so sportlich und mit vollem Haar vor mir stand, musste ich mir etwas neidvoll eingestehen, dass die Lebensjahre gnädiger zu ihm gewesen waren als zu mir. Man könnte uns durchaus für gleichaltrig halten. „Wie machst du das, dass du noch immer so jung und schlank aussiehst?", fragte ich ihn. „Das ist kein Geheimnis", erwiderte er. „Das Rezept ist ganz einfach: Viel Sport, viel Schlaf und eine gesunde Ernährung." Dann betrachtete er mich kritisch von oben bis unten und sagte: „Du solltest auch mal etwas gegen deine konvexe Taille tun." Markus hatte recht: Zu viel Bier und zu wenig Sport hatten in den letzten Jahren meine Körpermitte stark gerundet.

„Jeden Mittag, wenn ich von der Schule komme, ziehe ich meine Sportsachen an und fahre mit dem Fahrrad zum Isterberg", sagte mein Bruder. „Am Fuß des Berges stelle ich mein Rad ab und gehe langsam zum Gipfel hinauf. Wenn ich oben angekommen bin, mache ich sofort kehrt und renne schnell denselben Weg wieder herunter. Dann fahre ich nach Hause, dusche und mache einen ausgiebigen Mittagsschlaf. Gegen Abend fahre ich noch ein zweites Mal zum Isterberg und wiederhole meine Tour." Lehrer müsste man sein, dachte ich neidisch. „Der Isterberg ist doch ziemlich hoch und steil. Ist es denn nicht gefährlich, auf den abschüssigen Wegen zu rennen?", fragte ich. Markus winkte ab. „Ach, so schnell laufe ich gar nicht." „Wie hoch ist denn deine Geschwindigkeit?", wollte ich wissen. „Ich laufe seit vielen Jahren immer dieselbe Strecke und habe auch immer dieselben Geschwindigkeiten. Selbst wenn mir ein kräftiger Wind entgegen bläst, bin ich keine Sekunde langsamer. Meine Geschwindigkeit bergauf, die Geschwindigkeit bergab und die Durchschnittsgeschwindigkeit auf dem Gesamtweg sind ganzzahlige Werte in Kilometern pro Stunde. Außerdem kann ich dir noch verraten, dass die Durchschnittsgeschwindigkeit einstellig ist." Ich hasse es, wenn mir mein Bruder meine Fragen mit einem Rätsel beantwortet. Aber was will man von einem Mathematiklehrer schon anderes erwarten? Darum machte ich gute Miene zum bösen Spiel und dachte eine Weile über das Rätsel nach. Schließlich sagte ich: „Mir fehlen noch ein paar Informationen, um die Frage beantworten zu können." „Du hast recht", erwiderte mein Bruder augenzwinkernd und nannte mir die Differenz zwischen seiner Bergab- und seiner Bergaufgeschwindigkeit. Wieder überlegte ich eine Zeit lang und sagte dann: „Die Informationen sind noch immer nicht ausreichend." „Stimmt", bestätigte Markus. „Meine Geschwindigkeiten sind stets geringer als 17 Kilometer pro Stunde." Nun konnte ich die Frage beantworten.

Wissen Sie, mit welcher Geschwindigkeit Markus den Isterberg hinunter rennt?

45

Russische Weihnachten

Der Informatiker Fjodor Iwanowitsch Sokolow kam vor zwölf Jahren mit seiner Familie aus Russland nach Deutschland. Wir arbeiten in derselben Firma und gehen gelegentlich zusammen ein Bier trinken. Ein paar Tage nach Neujahr sagte er zu mir: „Am Samstag feiern wir Weihnachten. Komm doch mit deiner Familie am Nachmittag zu uns." Ich hatte schon gehört, dass die Russen Weihnachten nicht am 25. Dezember, sondern erst am 7. Januar feiern. Deshalb wunderte ich mich nicht über den Termin, sondern freute mich über die Einladung und sagte: „Wir kommen gerne."

Als wir dann am nächsten Tag bei Kaffee und Kuchen im Wohnzimmer der Familie Sokolow saßen und den Weihnachtsbaum bewunderten, fragte ich: „Warum feiert man in Russland eigentlich Weihnachten am 7. Januar und nicht, wie bei uns, am 25. Dezember?" Anna, Fjodors Frau, erwiderte: „Selbstverständlich feiern wir Weihnachten am 25. Dezember." Erstaunt sah ich sie an. Dann erklärte sie: „Wir Russen feiern Weihnachten am 25. Dezember, aber ihr Westeuropäer feiert es fälschlicherweise schon am 12. Dezember." Nun war ich völlig verwirrt. „Wieso 12. Dezember? Das ist doch Unsinn", protestierte ich. Fjodor lachte und sagte: „Ich werde es euch erklären, aber vorher müsst ihr meinen Wodka probieren." Nachdem jeder von uns ein Glas des scharfen Schnapses getrunken hatte, begann Fjodor zu erzählen. „Bis 1582 benutzte die gesamte Christenheit den Julianischen Kalender, den Julius Caesar 45 v. Chr. für das ganze Römische Reich eingeführt hatte, und der damit selbstverständlich auch zu Christi Geburt in Bethlehem gültig war. Dann glaubte Papst Gregor XIII., diesen bewährten Kalender nachbessern zu müssen, weil sich die Erde etwas langsamer um die Sonne dreht, als Julius Caesar angenommen hatte. Sein neuer Kalender ließ einfach zehn Tage ausfallen und sprang vom 4. Oktober 1582 direkt auf den 15. Oktober 1582. Außerdem änderte er die Schaltregel. Im Julianischen Kalender ist jedes Jahr, deren Zahl durch vier teilbar ist, ein Schaltjahr. Im Gregorianischen Kalender fallen einige dieser Schalttage aus – und zwar immer in den Jahren, deren Zahlen durch 100, aber nicht durch 400 teilbar sind."

„Ich verstehe", sagte meine Frau. „Deshalb war 1900 im Julianischen Kalender ein Schaltjahr, im Gregorianischen aber nicht." „Genau", bestätigte Fjodor. „Natürlich ließen sich die Protestanten und die Orthodoxen vom Papst nichts vorschreiben und sind beim Julianischen Kalender geblieben. Allerdings sind im Laufe der Jahrhunderte die evangelischen und auch einige orthodoxe Kirchen eingeknickt und haben den modernistischen Gregorianischen Kalender übernommen. Auch der Staat Russland hat nach der Oktoberrevolution den Gregorianischen Kalender eingeführt. Die russisch-orthodoxe Kirche aber ist standhaft geblieben und benutzt noch immer den altbewährten Julianischen Kalender. Darum entspricht unser 25. Dezember eurem 7. Januar."

„Der Abstand zwischen den Weihnachtsfesten wird doch im Lauf der Zeit immer größer", sagte meine Frau nachdenklich. „Irgendwann in ferner Zukunft wird er genau ein Jahr betragen, und dann wird im Osten und im Westen wieder am selben Tag Weihnachten gefeiert."

Meine Frau hat recht. Angenommen, die beiden Kalendersysteme bleiben beliebig lange in ihrer heutigen Form gültig: In welchem Jahr des Gregorianischen Kalenders ist erstmals wieder gleichzeitig Weihnachten?

46

Serviettenvierecke

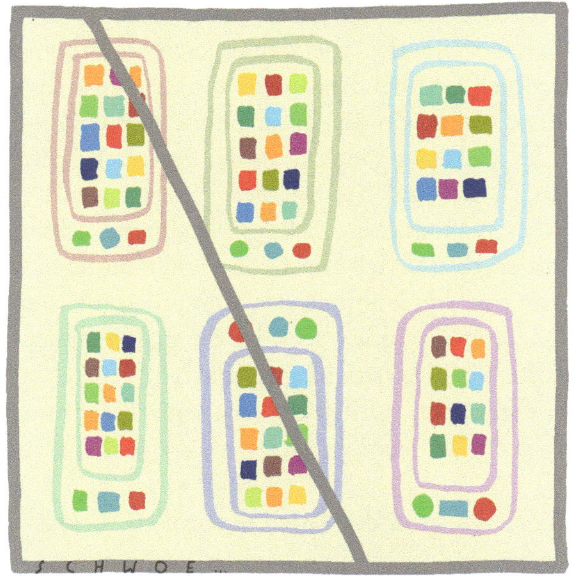

„Papa, du weißt doch, dass ich in drei Wochen Geburtstag habe", sagte meine Tochter am letzten Sonntag, als ich nach dem Mittagessen mit meiner Zeitung im Wohnzimmer saß. „Hm", brummelte ich und las weiter. „Falls du noch nicht weißt, was du mir schenken sollst: Ich wünsche mir ein Smartphone", fuhr Inga fort. „Ein Smartphone ist sehr teuer. Soviel Geld wollte ich eigentlich nicht für dein Geburtstagsgeschenk ausgeben", erwiderte ich und widmete mich wieder meiner Lektüre. „Aber Papa! Alle meine Freundinnen haben ein Smartphone. Mit meinem uralten Handy

© Springer Fachmedien Wiesbaden GmbH, ein Teil von Springer Nature 2019
H. Hemme und M. Schwoerer, *Euklids Wohnzimmer*

aus dem letzten Jahr nimmt mich doch niemand mehr für voll!" Inga war entrüstet. Seufzend legte ich die Zeitung beiseite und stellte mich auf eine längere Diskussion ein. „Ich bezahle auch einen Teil selbst", schlug Inga vor. „Gut", sagte ich. „Ich gebe 50 Euro dazu, den Rest musst du selbst bezahlen." „Aber Papilein! 50 Euro sind doch fast nichts. Kannst du nicht ein bisschen mehr dazu geben?", sagte Inga mit schmeichelnder Stimme. Sie stellte sich hinter meinen Sessel, beugte sich herunter, drückte mich und strich mir dabei zärtlich mit den Fingern über die kleine kahle Stelle an meinem Hinterkopf. Mein Widerstand schmolz dahin.

„Na gut", sagte ich. „Ich mache dir ein Angebot." Dann nahm ich die Papierserviette, die noch vom Mittagessen liegen geblieben war und breitete sie auf dem Tisch aus. Sie war quadratisch. Nun faltete ich die Serviette so, dass ihre untere linke Ecke genau auf den Mittelpunkt der rechten Seite fiel und strich den Knick mit der Hand glatt. Als ich die Serviette wieder auseinander gefaltet hatte, teilte der Knick das Quadrat in zwei unterschiedlich große unregelmäßige Vierecke. „Bei deiner letzten Mathematikarbeit hast du eine Fünf bekommen und bei der vorletzten nur eine knappe Vier. Ich übernehme einen Prozentsatz von den Smartphone-Kosten, der genauso groß ist wie der Anteil des kleineren Vierecks an der gesamten Serviettenfläche. Aber nur", schränkte ich ein und hob meinen Finger, „wenn du innerhalb von fünf Minuten diesen Prozentsatz richtig berechnest." Meine Tochter dachte kurz nach, dann sagte sie: „Ich mache dir einen anderen Vorschlag. Wenn ich innerhalb von nur drei Minuten den Anteil des größeren Vierecks an der Quadratfläche herausbekomme, bezahlst du genau diesen Prozentsatz der Smartphone-Kosten." „Einverstanden", sagte ich.

Wenn es um Geld geht, werden die Mathematikkenntnisse meiner Tochter schlagartig besser. Sie benötigte weniger als zwei Minuten für die richtige Lösung.

Wissen auch Sie, wie groß der Anteil des großen Vierecks an der Quadratfläche ist?

47

General Sun Tsus Damen

Der kleine Buchladen in unserem Ort stellt an jedem ersten Freitagabend im Monat Bücher vor, die – zumindest nach der Ansicht der Buchhändlerin – die Welt verändert haben. Jeder im Dorf, der etwas auf seine Bildung hält, pilgert deshalb regelmäßig zu diesen Lesungen. Meine Frau ist seit Langem der Ansicht, dass ich zu viel fernsehe, zu wenig lese – und es folglich um meine Allgemeinbildung nicht besonders gut bestellt ist. Sie schleppt mich deshalb immer wieder mit in die Buchhandlung. Die Lesungen finden schon seit vielen Jahren statt und deshalb werden in letzter Zeit nur noch Bücher vorgestellt, die die Welt nicht ganz so stark verändert haben.

Am letzten Freitag musste ich wieder einmal mit. Es standen zwei Bücher auf dem Programm. Das eine hatte ein chinesischer General namens Sun Tsu im 6. Jahrhundert v. Chr. über die Kunst des Krieges geschrieben. Das Einzige, was ich von dem Vortrag behalten habe, ist Sun Tsus Rat, man solle dafür Sorge tragen, vom Gegner unterschätzt zu werden. Die Befolgung dieses Rats ist mir offensichtlich bei meinem Chef und bei meinen Töchtern gelungen. Das zweite war ein langweiliges Schachbuch eines anonymen arabischen Autors aus dem Mittelalter und trug den Titel „Buch vom Modell für die Schlacht in der Überlieferung der erstklassigen Schachspieler". Der Referent dozierte mit leiser, monotoner Stimme, und allmählich fielen mir die Augen zu. Ich weiß nicht, ob es an den unbequemen Stühlen lag oder an der großen Portion Spiegeleier mit Bratkartoffeln, die ich zu Abend gegessen hatte – jedenfalls begann ich wirr zu träumen.

Auf einem Schachbrett, dass nur sechs mal sechs Felder hatte, kämpften in meinem Traum acht schwarze Damen mit asiatischen Gesichtszügen gegen einen weißen König, der einen Turban trug und von einem weißen Läufer, einem weißen Springer und einem weißen Turm unterstützt wurde. Am Rand des Spielfelds stand, auf einen Stab gestützt, Sun Tsu und rief seinen Damen gute Ratschläge zu. Doch trotz seiner Hilfe und ihrer Übermacht gelang es den schwarzen Damen nicht, den weißen König und seine Offiziere zu schlagen. Nach langem Hin und Her hatten schließlich die zwölf Figuren Positionen auf dem Brett eingenommen, in der keine der acht Damen eine weiße Figur bedrohte. Plötzlich entdeckte mich der General, sah mich grimmig an und stieß mir seinen Stab in die Seite.

Ich erwachte und stellte erleichtert fest, dass der General verschwunden war und mir nur meine Frau ihren Ellenbogen in die Rippen gestoßen hatte. „Du schnarchst!", zischte sie verärgert. „Entschuldigung", sagte ich und dachte darüber nach, auf welchen Feldern die vier weißen Figuren meines Traums gestanden hatten.

Wissen Sie es? – Es gibt mehrere Möglichkeiten. Selbstverständlich können alle Figuren nur die üblichen Schachzüge machen.

48

Ziemlich beste Freunde

Vor einem Monat hatte ich mich mit sechs Freunden zum Kartenspielen in unserer Dorfkneipe getroffen. Für Skat oder Doppelkopf waren wir zu viele, deshalb spielten wir Uno. Wir vereinbarten, dass jeder, der eine Runde verlor, sein ganzes Geld zu gleichen Teilen an die sechs anderen Spieler abgeben musste. Wer nichts mehr hatte, konnte daraufhin natürlich auch nichts mehr verteilen, blieb aber im Spiel. Die Regel klingt vielleicht etwas ungewöhnlich, aber sie war nicht unfair, da jeder von uns sieben zu Anfang gleich viel Geld in der Tasche hatte.

© Springer Fachmedien Wiesbaden GmbH, ein Teil von Springer Nature 2019
H. Hemme und M. Schwoerer, *Euklids Wohnzimmer*

Als wir spät in der Nacht nach Hause gingen, beschlossen wir, uns vier Wochen später erneut zu treffen, um nach den gleichen Regeln wieder Uno zu spielen. Dieser zweite Spielabend war gestern. Ich verlor gleich die erste Runde und verteilte mein gesamtes Geld an meine Freunde. Danach hatte ich Glück. Ich verlor kein einziges Spiel mehr und meine Tasche wurde von Runde zu Runde wieder voller. Während des Abends stellte sich heraus, dass jeder von uns weniger Geld mitgebracht hatte als vier Wochen zuvor, um den möglichen Verlust – natürlich auf Kosten der Freunde – klein zu halten. Ich glaube, einer hatte sogar überhaupt kein Geld dabei. Ganz sicher bin ich mir aber nicht. „Naja", sagte Karl, als das unfaire Verhalten zur Sprache kam, und zuckte mit den Schultern. „Wir hatten ja nicht abgemacht, wie viel Geld jeder mitbringen soll." „Wie viel Geld ist denn überhaupt im Spiel?", fragte Günter. Wir zählten unser Geld zusammen und kamen auf genau 42 EUR.

„Wisst ist, dass 42 in der englischen Literatur eine ganz besondere Zahl ist?", fragte Ulrich, der Englischlehrer an der Realschule im Nachbarort ist. „Lewis Carroll hat die Zahl mehrfach in seinen Büchern verwendet. Zum Beispiel findet man in ‚Alice im Wunderland' die berühmte Vorschrift Nummer 42: Alle über eine Meile großen Personen haben den Gerichtssaal zu verlassen." „Und in Douglas Adams' Roman ‚Per Anhalter durch die Galaxis' beantwortet der Computer Deep Thought die große Frage nach dem Leben, dem Universum und allem mit ‚42'", ergänzte Werner. „Das Geschreibsel von Douglas Adams kann man ja wohl kaum als Literatur bezeichnet", sagte Ulrich naserümpfend. „42 ist außerdem die magische Konstante des magischen Würfels dritter Ordnung", sagte Günter, der als Mathematiker bei einer Versicherung arbeitet. Einer von uns wusste auch noch, dass in Japan 42 als Unglückszahl gilt. Alle waren offensichtlich froh, von unserem peinlichen Verhalten ablenken zu können und niemand brachte das Thema mehr zur Sprache.

Insgesamt spielten wir an dem Abend sieben Runden Uno, und jeder von uns verlor genau einmal. Als wir nach dem letzten Spiel unser Geld zählten, hatte zufällig jeder wieder genauso viel wie zu Anfang des Abends.

Wissen Sie, mit wie viel Geld in der Tasche ich nachts nach Hause ging?

49

Der gerechte Lohn

Ingo, der Sohn meines Nachbarn, hatte gegen den Rat seiner Eltern und Lehrer Byzantinistik in Berlin studiert. Obwohl er sein Studium mit einer glatten Eins abschloss und der Beste seines Jahrgangs war, gelang es ihm nicht, eine Arbeitsstelle zu findet. Nachdem er sich ein Jahr lang europaweit erfolglos beworben und mit Gelegenheitsjobs über Wasser gehalten hatte, belegte er an der Volkshochschule eine Reihe von EDV- und BWL-Kursen.

Aber auch mit den Zertifikaten der Volkshochschule waren seine Berufsaussichten nicht viel besser.

Schließlich fand er Arbeit bei einem Gebäudereinigungsunternehmen. „Sie können in unserer Verwaltung zwölf Monate lang als Praktikant mitwirken. Wenn Sie sich bewähren, stellen wir Sie anschließend als Mitarbeiter ein", hatte der Personalleiter zu ihm gesagt.

Ein Jahr lang arbeitete Ingo für 450 EUR monatlich fleißig als „Mädchen für alles" bei der Firma Supersauber. Er kam stets pünktlich, war nie krank und erledigte jeden Auftrag ohne zu murren. Alle seine Kollegen bestätigten ihm, dass er schnell und zuverlässig sei. An seinem letzten Arbeitstag bestellte ihn der Personalleiter in sein Büro. Er bot ihm keinen Platz an, sondern sagte nur: „Ihre Leistungen haben keineswegs unseren Anforderungen entsprochen. Deshalb kann ich es dem Unternehmen und unseren Kunden gegenüber nicht verantworten, Sie fest einzustellen. Heute ist Ihr letzter Arbeitstag." Dann stand er auf, drückte Ingo die Hand und wünsche ihm viel Erfolg für die Zukunft. Damit hatte Ingo nicht gerechnet. Wortlos drehte er sich um und ging. Als er schon in der Tür stand, rief ihm der Personalleiter nach: „Ihren Resturlaub können Sie sich auszahlen lassen."

Wie betäubt ging Ingo zu Frau Mertens von der Lohnbuchhaltung. „Ihnen standen 25 Urlaubstage zu, von denen Sie nur 15 genommen haben", sagte diese nach einem Blick in ihren Computer. „Für die 10 Tage Resturlaub überweisen wir Ihnen in den nächsten Tagen 216 Euro." Ingo wollte wissen, wie dieser Betrag zustande komme. „Ihr Monatsgehalt beträgt 450 Euro", erklärte Frau Mertens. „Das ergibt bei zwölf Monaten ein Jahresgehalt von 5400 Euro. Ein Jahr hat 250 Arbeitstage, woraus sich ein Tagesgehalt von 21 Euro und 60 Cent ergibt. Folglich stehen Ihnen für die zehn Tage Resturlaub 216 Euro zu."

Inzwischen konnte Ingo wieder klar denken. „Liebe Frau Mertens", sagte er, „ich glaube, da ist Ihnen ein kleiner Fehler unterlaufen. Da ich zehn Tage Urlaub nicht genommen habe, habe ich zehn Tage mehr gearbeitet, als ich gemusst hätte. Für diese zehn Tage steht mir natürlich auch Urlaub zu, den ich aber gleichfalls nicht genommen habe. Auch für diese zusätzliche Arbeitszeit, steht mir Urlaub zu, den ich wiederum nicht genommen habe. Und so geht das immer weiter. Also rechnen Sie bitte noch einmal ganz genau nach, wie viel Geld mir tatsächlich zusteht."

Wie viel Geld müsste die Firma Supersauber dem Sohn meines Nachbarn gerechterweise für seinen Resturlaub noch überweisen?

50

Amerikanische Zahlen

Mein Neffe Martin studiert Betriebswirtschaftslehre. In seinen ersten beiden Semestern war er an der Universität Köln eingeschrieben und wohnte im Hotel Mama. Meine Schwester bereitete ihm das Frühstück, gab ihm

Essen für den Tag mit, machte sein Bett und wusch seine Wäsche. Dann ging Martin für ein Jahr an die University of Wyoming und lernte, auf eigenen Beinen zu stehen.

Letzte Woche kam er zurück und meine Schwester hatte die ganze Familie zu einer Willkommensfeier eingeladen. „Ist denn in Amerika wirklich alles so anders als hier bei uns?", fragte mein Vater beim Kaffee. „Ich kann mir zwar vorstellen, dass in Burkina Faso, Kiribati oder der Mongolei das Leben nach völlig anderen Regeln abläuft, aber in den USA dürfte es doch keine großen Unterschiede zu Europa geben." „Wenn du diese Länder mit Amerika vergleichst, hast du natürlich recht", erwiderte Martin. „Dennoch ist einiges anders und sehr gewöhnungsbedürftig, zum Beispiel das Maßsystem." „Was meinst du damit?", fragte meine Frau. „Die Amerikaner geben beispielsweise Entfernungen nicht in Kilometern an, sondern in Meilen, Gewichte nicht in Kilogramm, sondern in Pfund und Temperaturen nicht in Grad Celsius, sondern in Grad Fahrenheit. Selbst Zahlen schreiben sie anders als wir Europäer." „Wie?", fragte meine Tochter Inga erstaunt. „Benutzen sie etwa nicht die arabischen Ziffern?" „Doch, das schon." Martin lachte. „Aber sie setzen bei ihren Zahlen kein Dezimalkomma, sondern einen Dezimalpunkt. Außerdem lassen sie häufig die führende Null vor dem Dezimalpunkt fort. Das heißt, wenn ein Europäer 0,4 schreibt, würde ein Amerikaner 0.4 oder .4 schreiben." Martin schrieb die Zahlen auf den Rand einer Zeitung und hielt sie in die Runde. „Auch periodische Dezimalbrüche schreiben sie meistens anders als wir", fuhr er fort. „In Europa wird die Periode mit einem Überstrich gekennzeichnet. So hat beispielsweise 1/7 als Dezimalbruch die Form $0{,}\overline{142857}$. In Amerika kennzeichnet man die erste und die letzte Stelle einer Periode mit je einem aufgesetzten Punkt. Somit wird 1/7 als $.\dot{1}4285\dot{7}$ geschrieben. Ist die Periode nur eine Ziffer lang, werden Start- und Zielpunkt zusammengezogen, und es wird nur ein einziger Periodenpunkt gesetzt." „Diese Unterschiede sind doch nicht der Rede wert", sagte Inga schnippisch. „Aber wer keine Spiegeleier braten kann, hat natürlich auch Probleme mit der Grundschulmathematik." Meine Tochter hat keine besonders hohe Meinung von jungen Männern im Allgemeinen und von ihren Cousins im Besonderen.

„Fräulein Naseweis ist natürlich eine perfekte Mathematikerin!", giftete Martin zurück. „Da kannst du sicherlich folgende Grundschulaufgabe sekundenschnell lösen: Bilde aus den sieben Ziffern 4, 5, 6, 7, 8, 9 und 0 und acht Punkten amerikanische Zahlen, deren Summe genau 82 ergibt.

Du musst dabei alle sieben Ziffern und alle acht Punkte verwenden, darfst aber kein einziges weiteres Symbol hinzunehmen. Außerdem darfst du die Ziffern nicht als Exponenten benutzen." Doch Inga ließ sich nicht in die Falle locken und versuchte gar nicht erst, das Problem zu lösen.

Martins Rätsel hat mehrere Lösungen. Wie lautet die größte Zahl, die überhaupt in einer dieser Lösungen vorkommen kann.

51

Das magische Multiplikationsquadrat

„Was machst du da?", fragte Christina und schaute ihrer kleinen Schwester Inga neugierig über die Schulter. „Meine Mathe-Hausaufgaben", antwortet diese und kaute nachdenklich auf ihrem Bleistift herum. „Wir sollen ein magisches Multiplikationsquadrat entwerfen, aber es klappt nicht." „Ein magisches … was?", mischte ich mich ein und legte meine Zeitung beiseite. „Multiplikationsquadrat", sagte Inga. „Nie gehört", erwiderte ich. „Was ist das?" „Gewöhnliche magische Quadrate sind Additionsquadrate", erklärte Inga. „Sie sind wie ein Schachbrett in lauter viereckige Felder unterteilt, in denen Zahlen stehen. Damit ein solches Zahlenquadrat magisch ist, muss die Summe der Zahlen in jeder Zeile, in jeder Spalte und in den beiden

© Springer Fachmedien Wiesbaden GmbH, ein Teil von Springer Nature 2019
H. Hemme und M. Schwoerer, *Euklids Wohnzimmer*

Diagonalen gleich groß sein." „In China kennt man magische Quadrate schon seit über 2000 Jahren, in Arabien seit dem frühen Mittelalter und in Europa seit der Renaissance. Aber unser Vater kennt sie im 21. Jahrhundert noch immer nicht", sagte Christina. Ohne auf diese respektlose Bemerkung einzugehen, fragte ich weiter: „Und warum nennt man sie magisch?" „Weil man ihnen magische Eigenschaften zuschrieb und sie als Amulette trug", erklärte Christina.

„Wir nehmen die magischen Quadrate in der Schule durch, und unser Mathelehrer hat gesagt, bei einem magischen Multiplikationsquadrat sei nicht die Summe der Zahlen in jeder Zeile, Spalte und Diagonale gleich groß, sondern das Produkt der Zahlen. Wir sollen ein solches Multiplikationsquadrat entwerfen, das 5 mal 5 Felder hat. Ich habe schon einen ganzen Block vollgeschrieben, aber es ist wie bei einem Sudoku: Zu Anfang sieht alles gut aus, und dann passen die letzten paar Zahlen nicht mehr." „Zeig mal!", fordere Christina ihre Schwester auf. Inga schob ihr ein Blatt zu, auf dem ein Quadrat zu sehen war. In einigen Feldern standen bereits Zahlen, andere waren noch frei. Christina warf einen kurzen Blick darauf. „Du brauchst gar nicht weiter zu machen, denn das kann nicht klappen." „Mist!" erwiderte Inga und warf ihren Bleistift weg. „Außerdem kommen in deinem Quadrat die Zahlen mehrfach vor. Müssen sie denn nicht unterschiedlich sein?" „Nein, brauchen sie nicht", entgegnete Inga. „Sie müssen nur positiv und ganzzahlig sein."

Christina dachte einen Moment nach. „Ich kann dein Quadrat noch retten", sagte sie, nahm den Bleistift und schrieb hinter jeder Zahl, die bereits in Ingas Quadrat stand, ein x. „Wenn du jede deiner 15 Zahlen mit x multiplizierst, kannst du für die freien Felder Zahlen finden, durch die das Quadrat magisch wird." „Doch wie groß ist x?", fragte ich. „Aber Papa, das ist noch wirklich kinderleicht!", empörte sich meine große Tochter. „Es gibt unendlich viele mögliche Werte für x. Wenn du ein wenig nachdenken würdest, könntest du schnell den kleinsten dieser Werte finden." Ich versuchte es gar nicht erst. Aus langjähriger Erfahrung wusste ich, dass Aufgaben, die Christina kinderleicht nannte, für mich, der ich das Mathematikschulwissen längst vergessen hatte, unlösbar waren.

Kennen Sie den kleinstmöglichen Wert für x?

52

Der Würfelkundler

Vor einiger Zeit bin ich mit meinen Töchtern für ein verlängertes Wochenende an die Nordseeküste gefahren, um ein paar Tage am Strand in der Sonne zu liegen und mit den Kindern durchs Watt zu wandern. Leider meinte es Petrus nicht gut mit uns und schickte uns drei Tage Dauerregen. Die Ostfriesen behaupten zwar immer, es gebe kein schlechtes Wetter, sondern nur falsche Kleidung – aber auch mit einem Ostfriesennerz ist man nach einer zweistündigen Wanderung durch den Regen nass und durchgefroren.

Darum saßen wird am Samstagnachmittag in der Gaststube unseres Hotels und spielten Mensch-ärgere-dich-nicht. Die Mädchen tranken heißen Kakao und ich einen starken Grog, um die Kälte aus den Knochen zu vertreiben. Unser Spiel zog sich schon über eine Stunde hin, da alle Spielmännchen immer kurz vor dem Ziel geschlagen wurden, und es war noch kein Ende abzusehen. „Können wir nicht ein bisschen schneller spielen?", fragte Inga etwas genervt und warf den Würfel mit Schwung auf den Tisch. Er rollte quer über die Platte, fiel auf der anderen Seite hinunter und blieb schließlich unter dem Nachbartisch liegen.

Der Mann, der dort saß, hatte Ingas Missgeschick mitbekommen und sagte: „Alea iacta est." „Wie bitte?", fragte ich. „Alea iacta est", wiederholte er. „Der Würfel ist gefallen. Das sagte Julius Cäsar, als er mit seinem Heer den Rubikon überschritten hatte, um in Richtung Rom zu marschieren." Dann beugte er sich unter seinen Tisch, nahm den Würfel und gab ihn Inga zurück. „Ich habe etwas, womit man Mensch-ärgere-dich-nicht schneller spielen kann", sagte er zu ihr, zog einen kleinen Kunststoffgegenstand aus der Tasche und gab ihn ihr. „Das ist ein zwölfseitiger Spielwürfel, mit dem man alle Zahlen von 1 bis 12 würfeln kann. Er hat die Form eines regulären Dodekaeders, dessen zwölf Seiten regelmäßige Fünfecke sind."

Dann wandte er sich mir zu und sagte: „Gestatten, mein Name ist Kowalewski. Ich bin Würfelkundler." Er kratzte sich am Kopf und ergänzte etwas verlegen: „Naja, eigentlich bin pensionierter Finanzbeamter, aber ich erforsche die Eigenschaften der verschiedenen Arten von Spielwürfeln, die es auf der Welt gibt." „Sehr interessant", sagte ich – und meinte das Gegenteil. „Nicht wahr?", sagte der Würfelkundler erfreut. „Ein gewöhnlicher Spielwürfel hat sechs Flächen, auf denen die Augenzahlen von 1 bis 6 so verteilt sind, dass die Summe der Zahlen auf sich gegenüberliegenden Flächen jeweils 7 ergibt. Ist Ihnen schon einmal aufgefallen, dass unter diesen Bedingungen zwei verschiedenen Verteilungen der Zahlen auf den Flächen möglich sind? Hält man einen Würfel so, dass man genau auf die Ecke schaut, an der die Flächen mit den Zahlen 1, 2 und 3 zusammenstoßen, können die Zahlen 1, 2 und 3 diese Ecke im oder gegen den Uhrzeigersinn umlaufen. Wir Würfelkundler sprechen von rechts- und linksdrehenden Würfeln."

Inga drehte nachdenklich den dodekaedrischen Würfel zwischen den Fingern. „Bei diesem Würfel beträgt die Augenzahl auf den sich gegenüberliegen Flächen immer zusammen 13." „Das hast du richtig beobachtet", lobte sie der Würfelkundler. „Weißt du denn auch, wie viele verschiedene Anordnungen der Augenzahlen unter dieser Bedingung beim dodekaedrischen Würfel möglich sind?" Leider wusste es keiner von uns.

Aber Sie vielleicht?

53

Die amerikanischen Schwestern

Jakob war in den USA gewesen und hatte ein Semester Volkswirtschaftslehre an der University of Georgia in Athens studiert. Er war erst seit einigen Tagen zurück, als ich ihn in der Dorfkneipe traf. Bei ein paar Gläsern Bier erzählte er mir von seinen Erlebnissen in Amerika. „Im Großen und Ganzen unterscheidet sich das Leben in den USA kaum von dem in Europa, aber der Teufel steckt im Detail", sagte er.

Dann berichtete er von einem kuriosen Erlebnis: „Ich kam aus einem Supermarkt, als ich sah, wie sich eine junge Frau mit einer schweren Getränkekiste abmühte. Ich bot ihr meine Hilfe an und trug ihr die Kiste ins Auto. Dann lud ich sie zu einer Tasse Kaffee ein. Sie nahm die Einladung an. Es wurde ein wundervoller Nachmittag in dem Café und als ich Rachel – so hieß die junge Frau – zum Abschied fragte, ob wir uns wiedersehen könnten, sagte sie zu, nahm einen Zettel und schrieb darauf ihren Namen und ihre Adresse und fügte auch noch ihr Geburtsdatum hinzu.

Als ich Rachel am nächsten Tag anrufen wollte, fand ich den Zettel nicht wieder. Erst Wochen später entdeckte ich ihn in der Tasche einer Hose, die ich in die Waschmaschine stecken wollte. Zufällig zeigte der Kalender genau das Datum, das mir Rachel als ihren Geburtstag aufgeschrieben hatte. Ich traute mich nicht, nach so langer Zeit bei ihr anzurufen. Darum ließ ich ihr über ein Blumengeschäft einen Strauß Blumen bringen und schrieb auf die Begleitkarte, dass ich dem Geburtstagskind alle Gute wünsche und mich freuen würde, wenn wir uns am Nachmittag um drei Uhr in unserem Café treffen könnten. Ich war schon eine halbe Stunde früher dort und wartete auf Rachel. Kurz nach drei trat eine Frau an meinen Tisch, die bei Weitem nicht so hübsch und jung war wie Rachel, aber ihr doch sehr ähnlich sah. ‚Hallo‘, sagte sie. ‚Ich bin Lea Laban. Vielen Dank für die Einladung.‘ ‚Ich hatte eigentlich … äh… Setz dich doch‘, stammelte ich. Es stellte sich heraus, dass Lea Rachels ältere Schwester war und tatsächlich an diesem Tag Geburtstag hatte. Lea hatte sich über die Einladung des unbekannten Deutschen gewundert, aber Rachel hatte ihr gesagt, ich sei nett und völlig harmlos und sie solle ruhig hingehen. ‚Wann hat denn deine Schwester Geburtstag?‘, fragte ich Lea. Als sie mir das Datum nannte, wurde mir schlagartig klar, welchen Fehler ich gemacht hatte. Die Amerikaner schreiben bei einem Datum zuerst den Monat und dann den Tag. Mein Geburtstag, der 5. November, wird in Europa als 5. 11. geschrieben und in den USA als 11. 5. Daran hatte ich nicht gedacht, als ich Rachels Zettel gelesen hatte – und ihr Geburtstagsdatum europäisch gedeutet. Der Zufall wollte es, dass man Leas Geburtstagsdatum erhält, wenn man bei Rachels Geburtstagsdatum Monats- und Tageszahl vertauscht. ‚Es gibt noch einen weiteren Zufall‘, sagte Lea. ‚Mein Geburtstag fällt immer auf den gleichen Wochentag wie der einige Zeit darauf folgende nächste Geburtstag meiner Schwester.‘"

Ich war nicht sonderlich daran interessiert, fragte aber doch aus Höflichkeit: „Wann hat denn Lea eigentlich Geburtstag?". Jakob reagierte unwirsch: „Das kannst du dir doch leicht selbst überlegen!" Ich dachte nach und erwiderte: „Nein. Dazu fehlen mir noch Informationen." Jakob antwortete nach kurzer Überlegung: „Du hast recht. Aber wenn ich dir verriete, in welchem Jahresdrittel Leas Geburtstag liegt, dann könntest du es eindeutig herausbekommen."

Wissen Sie, auf welches Datum Leas Geburtstag fällt?

54

Der verpasste Zug

Wenn man untrainiert eine lange Radtour macht, heißt es, täte einem am nächsten Tag der Hintern weh und man habe Muskelkater in den Oberschenkeln. Bei mir und meinen beiden Freunden Karl und Ulrich war das aber anders. Uns schmerzten am Morgen nach unserer Tour nicht die Beine und die Hintern, sondern die Köpfe. Und das kam so: Unsere Frauen wollten am letzten Samstag für einen ganzen Tag in die Stadt fahren, um einzukaufen. Da wir Männer dabei nur gestört hätten, beschlossen wir, eine Radtour nach Frenswegen zu machen und das berühmte Augustinerkloster zu besichtigen.

Um neun Uhr morgens brachen wir auf. Der Himmel war strahlend blau und die Sonne brannte auf der Haut. Radfahren bei einem solchen Wetter macht durstig. Als wir kurz nach zehn durch Hestrup kamen, entdeckten wir einen Biergarten, in dem wir Rast machten und ein paar Glas Bier tranken. Dann ging es weiter. Auch in Brandlecht, Hesepe und Altendorf waren die Biergärten schon offen und wir konnten unseren Durst von der mühsamen Strampelei löschen. In Frensdorf aßen wir zu Mittag. Die Jägerschnitzel und die Bratkartoffeln spülten wir mit ein paar Glas Bier nach. Dann machten wir ein kurzes Nickerchen auf einer Bank auf dem Dorfanger und radelten weiter.

Schließlich erreichten wir Frenswegen gut gelaunt, aber nicht mehr ganz nüchtern. „Wenn wir heute wieder nach Hause zurückkehren wollen, müssen wir das Kloster sofort besichtigen und uns dann unverzüglich auf den Rückweg machen", sagte ich nach einem Blick auf die Uhr. „Wir können aber auch die Besichtigung ausfallen lassen, noch ein paar Bierchen trinken und dann mit dem Zug zurückfahren", schlug Ulrich vor. Seine Idee fand unsere Zustimmung. Also radelten wir zum Bahnhof, erkundigten uns nach dem nächsten Zug und kauften Fahrkarten für uns und unsere Drahtesel. Dann setzten wir uns in den Biergarten direkt gegenüber dem Bahnhof und vertrieben uns die Wartezeit mit ein paar Glas Bier.

Wir saßen dort bereits über eine Stunde, als Ulrich und mir auffiel, dass Karl schon eine ganze Weile schweigend auf die große Uhr starrte, die über dem Eingangsportal des Bahnhofs hing. „Was gibt es dort zu sehen?", fragte ich ihn. „Ist euch schon aufgefallen …", begann Karl mit schwerer Stimme. Da unterbrach ihn Ulrich. „Wir haben unseren Zug verpasst! Er ist vor fünf Minuten abgefahren." „Das meine ich gar nicht. Nun hört mir doch mal zu", begann Karl erneut. „Ist euch schon aufgefallen, dass der Stundenzeiger der Bahnhofsuhr dreimal solange braucht, bis er das nächste Mal auf der Sechs steht, wie der Minutenzeiger, bis er das nächste Mal auf der Sechs steht." „Nein", sagte Ulrich, „aber darauf müssen wir trinken" und winkte die Kellnerin herbei. Ich hatte von uns Dreien noch den klarsten Kopf und ging zum Bahnhof hinüber, um den Fahrplan zu studieren. „Um 17 Uhr fährt der nächste Zug", sagte ich zu meinen Freunden, als ich in den Biergarten zurückkam. Diesen Zug erreichten wir glücklicherweise rechtzeitig.

Wissen Sie, um welche Uhrzeit der Zug, den wir verpasst hatten, in Frenswegen abgefahren war?

55

Das Grab des Metrodorus

Meine Nichte Sarah hatte in den Monaten zwischen Abitur und Studienbeginn als Hilfskraft bei einer Ausgrabung im Nildelta gearbeitet. „Finanziell hat es sich nicht gelohnt, aber Unterkunft und Verpflegung waren frei, sodass ich nur die Flüge bezahlen musste", erzählte sie mir, als sie wieder in Deutschland war. „Trotzdem war es voll krass." „Das freut mich für dich", sagte ich mehr aus Höflichkeit als aus Überzeugung, denn ich hätte sicherlich nicht für eine warme Mahlzeit und ein Feldbett den ganzen Tag über im Staub gewühlt. „Weißt du, dass wir das Grab des Metrodorus gefunden haben?", fragte mich Sarah. „Ich weiß nicht einmal, wer das war", antwortete ich. Sarah verdrehte die Augen über so viel Unbildung. „Die Anthologia Graeca ist eine Sammlung von fast 4000 griechischen Gedichten, die aus der Zeit von der Antike bis zum byzantinischen Reich stammen. Darunter sind auch 44 mathematische Denksportaufgaben, die ein völlig unbekannter Mathematiker namens Metrodorus um 500 n. Chr. verfasst haben soll." „Ach ja. Jetzt erinnere ich mich wieder", log ich.

Unbeeindruckt fuhr Sarah fort: „Als wir in der Nähe eines Steinbruchs, der schon seit dem frühen Mittelalter nicht mehr benutzt wird, Schutt beiseite räumten, stießen wir auf eine Pyramide aus Kalkstein. Darauf entdeckten wir eine griechische Inschrift, die übersetzt lautet: ‚Wanderer, wisse, ich bin das Grabmal des Metrodorus, Lehrer der arithmetischen Kunst.' Die Pyramide hatte, genau wie die großen Pyramiden in Gizeh, eine quadratische Grundfläche und gleichschenklige Dreiecke als Seitenflächen. Als wir die Pyramide vermaßen, stellten wir zu unserer Überraschung fest, dass alle acht Kanten und die Höhe der Pyramide ganzzahlige Werte in Fuß hatten. Wir haben vorsichtig einen schmalen Gang unter die Pyramide getrieben, und stießen dann tief im Boden, genau unterhalb der Spitze auf eine kleine Marmorplatte. Sie war der Deckel eines Ossuars." „Was ist denn ein Ossuar?", fragte ich. „Das ist ein Knochenkasten", erklärte Sarah. „Vermutlich hatte man Metrodorus zuerst an einer anderen Stelle beigesetzt. Später wurde das Grab geöffnet, und man legte seine Gebeine in ein Ossuar. Als wir dieses öffneten, fanden wir tatsächlich Knochen und einen Schädel. Spätere Untersuchungen ergaben, dass sie von einem etwa 60-jährigen Mann stammten, der um 520 n. Chr. gestorben war." „Es spricht also sehr viel dafür, dass ihr tatsächlich den Metrodorus der Anthologia Graeca gefunden habt", sagte ich. Sarah nickte. „Es gab noch eine Besonderheit, die darauf hinweist, dass es ein Mathematikergrab ist. Das Ossuar befand sich an einer Stelle im Erdreich, die von allen fünf Ecken der Pyramide genau neun Fuß entfernt war." „Wie groß war den eigentlich das Grabmal?", fragte ich Sarah. „Das, mein lieber Onkel", sagte meine Nichte, „kannst du dir doch leicht selbst überlegen."

Wissen Sie, wie viel Fuß die vier Grundflächenkanten und wie viel Fuß die vier Seitenkanten der Pyramide lang waren?

56

Die Umleitung

Als ich im letzten Sommer in einem Café im Stadtpark saß, sprach mich ein Mann vom Nebentisch an: „Kennst du mich nicht mehr?" Das Gesicht kam mir vage bekannt vor und ich kramte in meinem Gedächtnis. „Werner?", fragte ich. „Ja, wer denn sonst?" Er nahm seine Tasse und setzte sich an meinen Tisch. Wir waren zusammen zur Schule gegangen, und ich hatte ihn seit dieser Zeit nicht mehr gesehen. Aus dem blassen, schmalen Jüngling mit dem langen Haar war ein braun gebrannter, kräftiger Glatzkopf geworden – kein Wunder, dass ich ihn nicht gleich erkannt hatte.

Werner erzählte mir, dass er seit vielen Jahren auf einer Gasbohrstation in Algerien arbeite und nur alle zwei Jahre für ein paar Wochen nach Deutschland komme, um seine Eltern zu besuchen. Meine Firma arbeitet mit einem algerischen Unternehmen zusammen und ich fliege hin und wieder zu Besprechungen nach Algier. „Komm mich doch das nächste Mal in Abu Telfan besuchen", lud mich Werner ein.

Und heute war es tatsächlich so weit. Ich war mit dem Bus 15 Stunden lang von Algier bis in eine Kleinstadt namens Hessasna gefahren, wo Werner mich abholte. Jetzt saßen wir in seinem Geländewagen und fuhren aus der Stadt heraus. Am Ortsausgang gabelte sich die Straße. An der rechten Abzweigung stand auf einem Schild „Abu Telfan 21 km" und an der linken „Souk Alhad 33 km". Werner hatte den Blinker gesetzt und wollte rechts abbiegen, als er plötzlich laut fluchend bremste. „So ein Mist! Die Straße ist gesperrt, dabei war sie auf dem Hinweg noch frei." Quer über die Fahrbahn standen einige Pylone und ein mit einem arabischen Wort beschrifteter Pfeil wies in die linke Straße. „Wir müssen über die Umleitung über Souk Alhad nehmen." Werner wollte gerade wieder anfahren, als ein bärtiger alter Mann an die Scheibe klopfte. „Fahren Sie nach Abu Tefan?", fragte er auf Französisch. Werner nickte und sagte: „Wenn Sie mitfahren wollen, steigen Sie ein."

Während der Fahrt erklärte Werner: „Hier in der Wüste sind die Straßen zwischen den Orten alle schnurgerade. Die drei Straßen, die Hessasna, Souk Alhad und Abu Telfan miteinander verbinden, bilden also ein perfektes Dreieck. Zufällig sind ihre Längen sogar ganzzahlige Kilometerwerte." Wir waren erst ein paar Minuten unterwegs, als unser Mitfahrer sagte: „Sie brauchen nicht ganz bis Souk Alhad zu fahren. Es gibt eine Schotterpiste, die diese Straße mit der Straße von Hessasna nach Abu Telfan verbindet. Mit dem Geländewagen ist sie gut befahrbar." „Das nützt uns nichts, denn die Straße von Hessasna nach Abu Telfan ist doch gesperrt", wandte Werner ein. „Die Baustelle ist direkt hinter Hessasna, danach ist die Straße frei", sagte unser Mitfahrer.

Wir waren genau eine ganze Zahl von Kilometern auf der Straße von Hessasna nach Souk Alhad gefahren, als uns der bärtige Mitfahrer auf eine kaum erkennbare Piste wies. „Hier müssen wir abbiegen", sagte er. Wir nahmen die

Piste und fuhren schnurgerade durch die Wüste. Nach einiger Zeit stießen wir auf die Straße von Hessasna nach Abu Telfan. Von dort aus erreichten wir ohne weitere Behinderungen Abu Telfan. Als wir das Ortsschild passierten, warf ich einen Blick auf den Kilometerzähler und stellte überrascht fest, dass die drei geraden Abschnitte unseres Weges von Hessasna nach Abu Telfan genau gleich lang gewesen waren.

Wissen Sie, wie lang unser Weg von Hessasna nach Abu Telfan war?

57

Der Teppichboden

„Wir brauchen für das Wohnzimmer unbedingt einen neuen Teppichboden", sagte meine Frau vor ein paar Tagen beim Frühstück. „Enzianblaue Böden sind schon seit Jahren aus der Mode. Ich werde heute einen neuen kaufen. Miss doch mal rasch aus, wie groß er sein muss." Ich fand unseren alten Teppichboden zwar noch immer schön, aber meine Meinung war nicht gefragt und so holte ich einen Zollstock und machte mich an die Arbeit.

© Springer Fachmedien Wiesbaden GmbH, ein Teil von Springer Nature 2019
H. Hemme und M. Schwoerer, *Euklids Wohnzimmer*

Am Abend erzählte mir meine Frau, sie habe einen wunderschönen, stahlblauen Teppichboden gekauft. Er sei zwar nicht ganz billig gewesen, aber jeden Cent wert und werde am Freitag geliefert. Wir könnten ihn dann am Wochenende verlegen. Wenn meine Frau „wir" sagt, meint sie damit meistens nur mich allein.

So war es auch diesmal. Ich räumte am Samstagvormittag alle Möbel aus dem Wohnzimmer und riss den alten Teppichboden heraus. Als ich dann den neuen Boden ausrollte, stellte ich fest, dass er zu schmal und zu lang war. Ich ging zu meiner Frau und sagte: „Unser Teppichboden hat die falschen Maße." „Dann hast du dich vermessen, denn ich habe ihn in genau der Größe gekauft, die du mir genannt hast." „Der Teppichboden ist rechteckig und die Grundfläche unseres Wohnzimmers ist ein Quadrat von 5 m mal 5 m Größe", erklärte ich. „5 mal 5 ist 25, und 25 Quadratmeter Teppichboden habe ich auch gekauft", erwiderte meine Frau. „Aber es kommt nicht nur auf die Größe an, sondern auch auf die Seitenlängen", wandte ein. „Papperlapapp!", sagte meine Frau. „Ihr Männer seid doch alle kleinkarierte Krämerseelen." Damit war die Angelegenheit für sie geklärt, und sie ließ mich mit dem Teppichboden allein. Ich überlegte, was ich machen könnte. Dass es, ohne den Teppichboden zu zerschneiden, nicht gehen würde, war klar. Aber wie, ohne ihn in Dutzende von Stücke zerschnippeln zu müssen?

Meine Tochter hatte mich in meiner Ratlosigkeit schon eine ganze Weile beobachtet. Schließlich erbarmte sie sich. „Warte einen Moment. Ich werde dir helfen", sagte sie und verschwand. Nach ein paar Minuten kehrte sie mit einem Zollstock, einem Stück Schneiderkreide und einer Dachlatte zurück. Sie markierte mit der Schneiderkreide einen Punkt auf dem Teppichboden, der genau einen Meter von der hinteren langen Seite entfernt war. Dann benutzte sie die Dachlatte als Lineal und zog mit der Kreide zwei Linien von der vorderen linken Ecke durch den Punkt zur hinteren Seite und vom Punkt zur vorderen rechten Ecke. „So, das war's!", sagte Christina und stand auf. „Du brauchst jetzt nur noch mit dem Teppichmesser den Teppichboden entlang der beiden Linien in drei Stücke zu zerschneiden und diese dann auf dem Boden zu verlegen." Obwohl mir nicht ganz wohl dabei war, den teuren Teppich auf so seltsame Weise zu zerschneiden, tat ich es dennoch. Und tatsächlich: Die drei Stücke passten haargenau.

Wissen Sie, wie lang und wie breit der Teppichboden war, den meine Frau gekauft hatte?

58

Die Reise durch Lomoral

„Zum Wohle, meine Herren", sagte Baron Hieronymus von Münchhausen und hob sein Glas. „Lasst Euch den Wein schmecken. Er stammt von den sonnigen Hügeln Lomorals." Als seine Gäste getrunken hatten, fragte er: „Habe ich Euch eigentlich jemals von meiner Reise durch Lomoral erzählt?" „Nein", erwiderte General von Oorde, und die anderen Herren schüttelten den Kopf.

© Springer Fachmedien Wiesbaden GmbH, ein Teil von Springer Nature 2019
H. Hemme und M. Schwoerer, *Euklids Wohnzimmer*

„Es war im Herbst des Jahres 1764, als ich auf meiner Reise nach Abu Telfan durch das kleine Königreich Lomoral kam", begann Münchhausen zu erzählen. „Ich hatte mich gerade in ein Gasthaus in der Hauptstadt Frenswegen einquartiert, als mich der König zu sich rief. Natürlich ließ ich den Herrscher nicht warten und machte mich unverzüglich auf den Weg ins Schloss. Der König war ein alter Mann, den das Zipperlein plagte. Er war in seinen jungen Jahren in Mannheim gewesen und von der Stadt der Quadrate so angetan, dass er die Idee für sein Land übernahm und perfektionierte. ,Mein ganzes Reich ist mit einem Netz von Straßen überzogen', sagte er. ,Die einen verlaufen von Osten nach Westen und die anderen von Norden nach Süden. Sie unterteilen das Reich in lauter Quadrate von einer Meile Seitenlänge. Doch dem nicht genug: Ich habe entlang der beiden Diagonalen jedes Quadrats noch zwei weitere Straßen bauen lassen.'

Dann berichtete der König, es gebe in seinem Reich einen Titanenbaum, dessen Wipfel bis zu den Sternen reiche. Ich beschloss, zu diesem Baum zu reisen und ihn zu besteigen. Der König hatte mir den Standort des Baums verraten. Er wuchs an einer Kreuzung einer Nordsüd- und einer Ostweststraße. Auch mein Gasthaus lag an einer solchen Kreuzung. Am nächsten Morgen stand ich dort vor meinem Gasthaus und schaute genau in die Richtung, in der in weiter Entfernung der Titanenbaum stehen musste. Dann wählte ich die Straße, die dieser Richtung am nächsten kam. An der darauffolgenden Kreuzung einer Ostwest- mit einer Nordsüdstraße wiederholte ich dieses Verfahren, und so machte ich es an jeder weiteren Kreuzung einer Ostwest- mit einer Nordsüdstraße, bis ich schließlich den Titanenbaum erreichte. Ich kletterte so hoch auf den Baum, bis ich mit einem kleinen Sprung auf den Mond gelangen konnte. Dort fand ich die kleine silberne Axt, die Ihr dort an der Wand hängen seht."

Der alte Graf von Hesepe hob etwas ungläubig die Augenbrauen. „Wie weit war denn der Weg vom Gasthaus zum Titanenbaum?", wollte er wissen. Münchhausen nahm einen Schluck Wein und dachte nach. „Es waren 300 Meilen und 500 Doppelschritte, kaufmännisch gerundet auf ganze Doppelschritte." „Und wie weit, entlang der Luftlinie gemessen, war der Titanenbaum von Eurem Gasthaus entfernt?", fragte General von Oorde. „Das, meine Herren, werde ich Euch nicht verraten", sagte Münchhausen, „denn, wie unser hochverehrter Geheimrat Goethe schon sagte, wird man nur Langeweile erregen, wenn man nichts zu denken übrig lässt."

Wie lautet die Antwort, auf den Doppelschritt genau? Übrigens: Eine Meile hat 1000 Doppelschritte, und die Breite der Straßen darf vernachlässigt werden.

59

Pentominos

Meine Tochter saß am Küchentisch und packte kleine, schwarze, seltsam geformte Plättchen in eine flache Schachtel. Ich beobachtete Christina dabei über den Rand meiner Zeitung. Als sie fast fertig war, rief sie verärgert „Mist!" und kippte die Schachtel wieder aus. „Was machst du da?", fragte ich neugierig und legte meine Zeitung beiseite. „Ich versuche, ein kniffliges

Pentomino-Problem zu lösen", erwiderte sie. „Pentomino? Nie gehört", sagte ich. „Hat das etwas mit Domino zu tun?" „Da liegst du gar nicht so falsch", erwiderte Christina. „Ein Monomino ist ein einzelnes Quadrat. Ein Domino hingegen ist ein Doppelquadrat, wie du es vom Dominospiel her kennst. Triominos bestehen aus jeweils drei, Tetrominos aus vier und Pentominos aus fünf gleichen Quadraten, die an den Kanten miteinander verbunden sind. Insgesamt gibt es zwölf verschiedene Pentominos, die nach ihren Formen mit Großbuchstaben bezeichnet werden. Spiegelbildliche Formen gelten nicht als unterschiedlich." Christina legte die zwölf Plättchen so auf den Tisch, dass ich mit etwas Fantasie die Buchstaben I, L, T, F, Z, P, U, X, W, N, Y und V erkennen konnte. „Diese Schachtel ist zehn Monominoseiten lang und sechs breit, und man soll versuchen, alle zwölf Pentominos dort hinein zu packen. Dabei dürfen sie auch umgeklappt werden, sodass die Unter- zur Oberseite wird. Obwohl es dafür fast zweieinhalbtausend verschiedene Möglichkeiten gibt, ist es gar nicht so einfach, auch nur eine einzige davon zu finden."

„Lass es mich mal probieren", sagte ich und begann die Plättchen in die Schachtel zu legen. Aber so oft ich es auch versuchte, die letzten zwei oder drei Pentominos wollten nie hineinpassen. Nach einer Viertelstunde gab ich auf.

„Ich habe mir schon gedacht, dass dich das überfordert", sagte meine Tochter mit einem etwas überheblichen Grinsen. „Lass uns doch ein Pentominospiel spielen, das eher deinem Niveau entspricht." Christina nahm ein Blatt Papier und zeichnete darauf ein Raster von 5 mal 5 Quadraten, die jeweils die Größe eines Monominos hatten. „Wie legen jetzt immer abwechselnd ein Pentomino auf das Raster. Wer zuerst kein Pentomino mehr dazulegen kann, hat verloren. Du darfst anfangen." „Kann ich die Plättchen auch schräg in das Raster legen?", fragte ich. „Nein. Jedes Pentominoquadrat muss genau ein Quadrat des Rasters abdecken. Die Pentominos dürfen auch nicht über den Rand des Rasters hinausragen. Das Spiel ist also nach spätestens fünf Zügen zu Ende." Ich nahm völlig willkürlich ein Pentomino und legte es auf das Raster. „Ha!", rief meine Tochter triumphierend. „Du hast schon verloren." Dann legte sie selbst ein Pentomino hinzu. Und tatsächlich: Keines der zehn restlichen Pentominos passte noch auf die freien Quadrate des Rasters.

Wissen Sie, welche beiden Pentominos meine Tochter und ich auf den Spielplan gelegt hatten?

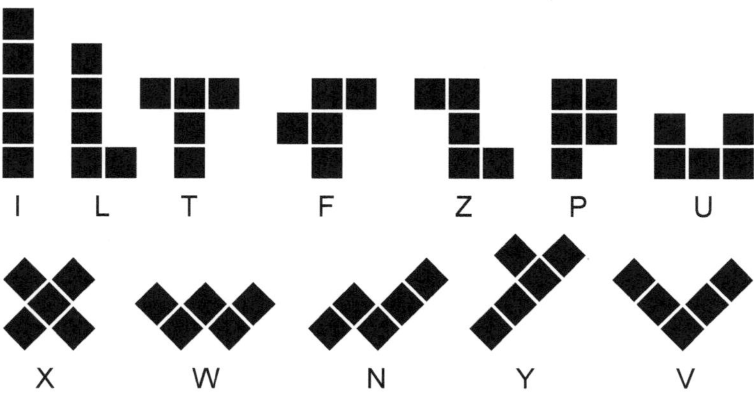

60

Jagdschloss Artemishof

Es war ein gemütlicher Sonntagnachmittag. Ich las die Zeitung, meine Frau ein Buch und unsere beiden Töchter saßen am Tisch und spielten. „Wald", sagte Christina und Inga erwiderte: „Kinn". Dann rief Christina: „Auf die Plätze, fertig, los!" Sofort begannen beide Mädchen hastig etwas aufzuschreiben. Nach wenigen Sekunden rief Christina „Stopp!". „Oh, nein", stöhnte Inga. „Ich war auch fast fertig." „Meine Wörter sind Wald, Wild, Wind, Kind und Kinn."

Ich war neugierig geworden. „Was spielt ihr da?", fragte ich. „Wir denken uns beide ein vierbuchstabiges Wort aus. Dann muss man das eigene Wort schrittweise und so schnell wie möglich so verändern, dass das Wort der anderen entsteht. Man darf bei jedem Schritt immer nur einen Buchstaben gegen einen anderen austauschen, und es muss dabei immer ein gültiges deutsches Wort entstehen", erklärte Inga. Ich musste wohl etwas verständnislos dreingeschaut haben, denn Christina ergänzte: „Mein Wort war ‚Wald'. Ich habe im ersten Schritt das a durch ein i ersetzt und dadurch das Wort ‚Wild' erhalten."

Meine Frau blickte von ihrem Buch auf und fragte ungläubig: „Hast du dieses Spiel als Kind nie gespielt?" „Nein", sagte ich, „wir haben immer nur Fußball gespielt." „Das Spiel erinnert mich an die Türen des Artemishofs", sagte meine Frau. „Als Kind habe ich einmal einen Schulausflug zu diesem Jagdschloss gemacht, das sich irgendein Fürstbischof, dessen Namen ich vergessen habe, im 17. Jahrhundert im Odenwald errichten ließ. Der Speisesaal im Zentrum des Schlosses ist zwölfeckig und hat in jeder Wand eine Tür. In den Sturz jeder Tür ist eine römische Zahl eingemeißelt worden. Nun könnte man erwarten, doch die Türnummern wären von I bis XII laufen, aber das ist nicht so. Der Fürstbischof hatte scheinbar völlig willkürlich zwölf verschiedene, sehr große Zahlen ausgewählt. Schaut man sie sich genauer an, entdeckt man aber schnell ein System, das an das Spiel unserer Töchter erinnert. Alle zwölf Zahlen bestehen aus sechs verschiedenen Zahlenzeichen und die kleinste dieser Zahlen ist MCXLIV. Sie steht über der Tür in der Nordwand. Die Zahlen auf direkt benachbarten Türen unterscheiden sich immer nur durch ein einziges Zeichen. Ich weiß nicht mehr, wie die einzelnen Zahlen lauten, aber ich kann mich erinnern, dass die größtmögliche Zahl, die sich aus sechs verschiedenen Zeichen bilden lässt, darunter ist."

Wissen Sie, welche Zahl über der Tür in der Südwand des Speisesaals steht? – In einer römischen Zahl werden die Ziffern von links nach rechts nach absteigenden Werten geordnet. Das heißt, normalerweise steht links von einer Ziffer keine kleinere Ziffer. Die Subtraktionsregel in ihrer Normalform, die auch in dem Jagdschloss verwendet wurde, besagt, dass die Ziffern I, X und C einem ihrer nächst oder übernächst größeren Zahlenzeichen vorangestellt werden dürfen und dann in ihrem Zahlwert von dessen Wert abzuziehen sind.

61

Die goldene Mondsichel

Als sich die siebenhunderteinundvierzigste Nacht sich dem Ende zu neigte, fragte Scheherazade König Scharayâr: „Kennt Ihr die Geschichte des geldgierigen Goldschmieds Bedr ed-Din Hasan?" Der König verneinte dies, und Scheherazade begann zu erzählen:

„In der großen Stadt Samarkand herrschte einst ein König namens Amir ar-Raschid. Zur Verherrlichung Allahs ließ er inmitten der Stadt eine große und prächtige Moschee errichten. Die Wände waren mit roten und blauen

Fliesen aus Saba bedeckt, die Kuppel glänzte von purem Gold und im Vorhof plätscherte kühles Wasser aus zahlreichen Brunnen. Da ließ der König eines Tages seinen Wesir kommen und sagte: ‚Meiner Moschee fehlt noch eine Krönung, die mich im Gedächtnis des Volkes unsterblich machen wird. Lasse auf die Spitze der Kuppel eine große goldene Mondsichel anbringen, die bei Tag in der Sonne und bei Nacht im Fackelschein glänzt.'

Der Wesir ging zu Bedr ed-Din Hasan, dem geschicktesten Goldschmied in ganz Samarkand, und erzählte ihm vom Befehl des Königs. ‚Der Mond soll eine kreisrunde, fünf Zoll dicke Scheibe aus purem Gold sein und einen Durchmesser von sechs Ellen haben. In die Scheibe muss ein kreisrundes Loch geschnitten werden, das an einer Stelle den Rand der Scheibe berührt. So wird dann aus dem Vollmond eine Mondsichel. Kannst du dies für deinen König herstellen?' ‚Ja, Herr', erwiderte der Goldschmied und verneigte sich tief. ‚Du erhältst von mir für das Gold und für deine Arbeit zwei Millionen Dirham.'

Rasch überschlug Bedr ed-Din Hasan, wie viel Gold er für die Mondsichel benötigen würde. Dann stahl sich ein Lächeln auf seine Lippen. Der Wesir hatte nicht gesagt, welchen Durchmesser das Loch haben sollte. Er würde ihn also sehr groß wählen und dadurch nur wenig Gold benötigen und viel Geld in seine Taschen streichen können. ‚In einem Monat bringe ich Euch den Mond, Herr', sagte der Goldschmied und verbeugte sich erneut.

Der Wesir verließ die Werkstatt. Als er schon in der Tür stand, drehte er sich noch einmal um und sagte: ‚Ach, ich vergaß noch ein Kleinigkeit. Da der Mond auf die Kuppel der Moschee stehen wird, soll sein Schwerpunkt im Inneren der Sichel liegen und nicht im Inneren des Loches.' ‚Ja, Herr', sagte der Goldschmied und verzog seine Mundwinkel. Sein Gewinn würde wohl doch nicht so groß ausfallen, wie er gehofft hatte.

„Wie groß konnte Bedr ed-Din Hasan das Loch denn machen?", unterbrach König Scharayâr Scheherazades Erzählung. In diesem Augenblick blitzten die ersten Sonnenstrahlen durch das Palastfenster, die Nacht war vorüber. „Das, mein Herr und Gebieter", antwortete Scheherazade, „verrate ich Euch morgen Nacht."

Wissen Sie, wie groß der Durchmesser des Loches höchstens sein durfte?

62

Rallye in New York

Die Route 66, die Mutter aller Straßen, läuft von Chicago am Michigansee 4000 km weit quer durch die USA nach Santa Monica am Pazifik in Kalifornien. Schon als Schuljungen hatten Günter, Karl und ich davon geträumt, eines Tages mit Motorrädern auf dieser Straße Amerika von Nordosten nach Südwesten zu durchfahren. Unsere Kindheit liegt weit zurück, aber der Traum von der Freiheit und den Abenteuern auf der Route 66 war geblieben. Schließlich hatten wir im letzten Sommer den Jugendtraum zur Wirklichkeit werden lassen.

Wir flogen nach Chicago und mieteten uns Motorräder. Dann fuhren wir gemächlich durch Illinois, Missouri, Kansas, Oklahoma, Texas, New Mexico, Arizona und Kalifornien auf den Pazifischen Ozean zu. Große touristische Attraktion liegen nicht an der Route 66, aber das störte uns nicht, denn für uns war der Weg das Ziel. Ich fuhr einen Chopper von Harley-Davidson und fühlte mich wie Peter Fonda in dem legendären Road Movie „Easy Rider" von 1969.

Wir mieden die großen Städte und übernachteten in einfachen und preiswerten Motels auf dem Land. Eines Tages, als wir knapp die Hälfte unserer Reise zurückgelegt hatten und durch die weiten Ebenen Oklahomas fuhren, entdeckten wir gegen Abend ein Schild am Straßenrand auf dem „New York – 15 Miles" stand. Wir hielten an. „New York ist doch Tausende von Meilen entfernt und nicht nur 15", sagte Günter. „In Oklahoma scheint es also auch einen Ort namens New York zu geben. Wie wär's, wenn wir dort übernachten würden?"

New York hatte höchstens ein paar Tausend Einwohner und sah aus, wie auf dem Reißbrett entworfen. Alle Straßen waren schnurgerade und unterteilten die Stadt in lauter gleichgroße quadratische Häuserblocks. Wie bei ihrer großen Schwester am Atlantik waren die Straßen nummeriert und hießen in Ost-West-Richtung Streets und in Nord-Süd-Richtung Avenues.

Wir fanden ein preiswertes Motel am Stadtrand und gingen am Abend in eine Kneipe, um ein Bier zu trinken. Die Schankstube war voll mit lärmenden Jugendlichen, doch um Schlag neun verließen sie alle die Kneipe. Wir waren überrascht und fragten den Wirt, ob die Jugendlichen in Oklahoma so früh ins Bett gingen. „Nein", lachte er, „die halten schon bis zum Morgengrauen durch. Sie fahren jetzt eine Rallye." Dann holte er uns drei neue Glas Bier und sagte: „Seit Generationen ist bei den jungen Leuten unserer Stadt ein Spiel sehr beliebt. Die Kreuzungen, Einmündungen und Abbiegungen unterteilen die Straßen in 40 gleichlange Abschnitte. Die jungen Leute starten mit ihren Autos an einer Häuserblockecke ihrer Wahl und versuchen dann, möglichst viele der 40 Straßenabschnitte zu fahren. Dabei dürfen sie keinen Abschnitt mehrfach befahren, und sie dürfen auch nicht ihren eigenen Weg kreuzen." „Kann man denn dann alle Abschnitte schaffen?", fragte Karl. „Tja", sagte der Wirt und kratzte sich am Kopf. „Manche Leute meinen, es ginge, andere sagen, es sei unmöglich. Aber wie viele Abschnitte man tatsächlich schaffen kann, weiß ich nicht."

Wissen Sie es?

63

Die defekte Digitaluhr

Sunny ist ein Hippie der Flower-Power-Generation und einer der letzten seiner Art. Seit den 60er-Jahren lebt er auf einem heruntergekommenen Bauernhof in einem emsländischen Moor, baut heimlich und nur für den Eigenbedarf Marihuana an und lebt von gelegentlichen Aushilfsjobs. Den

Sprung ins Erwachsenenleben hat er nie geschafft. Eigentlich heißt er Werner, ist mein Onkel und wird im nächsten Jahr 70 Jahre alt. Als ich vor einiger Zeit beruflich in Papenburg zu tun hatte, besuchte ich ihn auf dem Rückweg.

„Peace!", begrüßte er mich. Sunny hat zwar nur noch wenige Haare, aber die trägt er schulterlang und zu einem Zopf gebunden. Sein viel zu weites geblümtes Hemd hing über die orangefarbene Schlabberhose, und vor seiner Brust baumelte an einer Kette ein großes metallenes Friedenssymbol. Trotz des kalten Wetters ging er barfuß. Durch die Wohnung krähte Janis Joplin ihren Song „Me and Bobby McGee". Die Musik kam von einer alten Stereoanlage mit einem Plattenspieler, auf dessen Teller sich eine Schallplatte drehte. So etwas hatte ich seit mindestens 20 Jahren nicht mehr gesehen.

„Ich wollte gerade etwas essen", sagte Sunny. „Du hast doch sicher auch Hunger." Ich blickte verstohlen zum Herd, auf dem einer Topf stand, in dem ein unangenehm riechender grauer Brei blubberte. Obwohl ich einen recht robusten Magen habe, griff ich zu einer Notlüge. „Nein, danke. Ich habe gerade gegessen." „Aber ein Glas Apfelwein trinkst du doch sicher mit? Ich habe ihn selbst gekeltert." Das konnte ich schlecht ablehnen. Der Wein war sehr mild, schien mehr Alkohol zu enthalten als üblich und schmeckte überraschend gut. Es blieb nicht bei einem Glas.

Ich musste noch einen weiten Weg fahren, und als es zu dämmern begann, fragte ich: „Wie spät ist es eigentlich?" Wortlos wies Sunny auf eine uralte Digitaluhr mit rot leuchtenden Zahlen, die neben seiner Stereoanlage stand. Die Ziffern wirken etwas verstümmelt. „Die Uhr ist defekt", sagte ich. „Nein, nicht wirklich", winkte Sunny ab. „Das Uhrwerk ist in Ordnung. Nur einige Segmente der Anzeigen funktionieren nicht mehr. Trotzdem kann man die Uhrzeit meistens eindeutig ablesen."

Auf der Heimfahrt musste ich an die Uhr meines Onkels denken. Sie hatte eine vierstellige Zeitanzeige und lief im 24-h-Modus. Die ersten beiden Stellen zeigten die Stunden an, die letzten beiden die Minuten. Die vier Ziffern wurden durch Sieben-Segment-Anzeigen dargestellt. Bei einer Stunden- bzw. Minutenzahl, die kleiner als 10 war, wurde als Zehnerstelle eine 0 angezeigt.

Wenn bei einer solchen Uhr etliche Segmente der Anzeiger defekt sind, man aber nicht weiß, wie viele und welche, gibt es dennoch unter Umständen Uhrzeiten, die man auf der Uhr eindeutig ablesen kann.

Wissen Sie, wie viele der 28 Segmente einer solchen Uhr höchstens defekt sein dürfen, damit es in Lauf eines Tages mindestens eine eindeutige Anzeige gibt? Wären keine Segmente der Anzeigen defekt, sehen die zehn Ziffern so aus, wie es das Bild zeigt.

64

Die goldene Kette

Mein Großonkel Albert war bis zu seinem Ruhestand Empfangschef eines kleinen, aber luxuriösen Hotels in Berlin und weiß unzählige Anekdoten aus seinem langen Hotelleben zu berichten. „Eines Tages", so erzählte er bei seinem letzten Besuch, „betrat eine ältere Dame in einem Nerzmantel mit einem kleinen Pudel auf dem Arm das Hotel und ging auf den Empfang zu. Die wenigen Sekunden, die sie zum Durchqueren der Halle brauchte, reichten mir als erfahrenem Empfangschef, um sie richtig einschätzen zu können. Der Nerz war unecht und schon etwas abgetragen. Die Lippen waren mit

© Springer Fachmedien Wiesbaden GmbH, ein Teil von Springer Nature 2019
H. Hemme und M. Schwoerer, *Euklids Wohnzimmer*

Botox aufgespritzt und das Gesicht geliftet und zu stark geschminkt. Die Dame machte den Eindruck, 30 Jahre jünger wirken zu wollen und kein Geld zu besitzen.

„Ich verlange ein großes und ruhig gelegenes Zimmer", sagte sie arrogant und mit starkem französischem Akzent, bei dem ein geübtes Ohr einen ganz leichten Ruhrgebietsklang heraushören konnte. „Sie haben sicherlich reserviert, Madame?", fragte ich. „Nein, das brauche ich nicht", erwiderte sie überheblich und stellte ihren Pudel auf den Empfangstresen. „Ich bin Christine Chartres."

Ich hatte den Namen noch nie gehört, sagte aber dennoch mit einer leichten Verbeugung: „Ja, natürlich", und bot ihr ein Zimmer an, das kurz vorher ein Gast abgesagt hatte. Während ich die Dame einbuchte, erzählte sie mir von Filmen, in denen sie die Hauptrolle gespielt hätte. Ich kannte keinen davon. Dann fragte ich sie, wie sie bezahlen möchte. „Mit meiner Kreditkarte", sagte sie und schob mir eine Platinum Card zu. Ich warf einen Blick darauf. „Verzeihung, Madame, die Karte ist seit zehn Jahren abgelaufen." „Oh, da muss ich wohl versehentlich die falsche Karte eingesteckt haben. Ich zahle in bar bei meiner Abreise." Ich machte der Filmdiva höflich, aber bestimmt klar, dass ich das nicht akzeptieren dürfe. Sie erklärte, dass sie im Moment ein wenig knapp mit Bargeld sei und zog dann eine kurze goldene Kette mit elf Gliedern aus ihrer Handtasche. Wir vereinbarten, dass sie mir jeden Tag für die Übernachtung im Voraus ein Kettenglied als Pfand geben würde. Doch am Morgen nach der elften Nacht, als schon alle Kettenglieder im Hoteltresor lagen, trat sie zusammen mit einem vornehmen älteren Herrn an den Empfang und löste ihre Kette wieder aus."

Onkel Albert zündete sich umständlich eine Zigarre an und paffte ein paar Züge. Dann fuhr er fort: „Obwohl jede Nacht ein Kettenglied mehr in Tresor lag als in der Nacht zuvor, hatte die Filmdiva nicht alle elf Glieder aufgetrennt, denn wir konnten ja an jedem Abend Kettenteile tauschen. Ich weiß nicht mehr genau, wie es tatsächlich war, aber sie hätte mir beispielsweise am dritten Abend ein Stück Kette aus drei zusammenhängenden Gliedern geben können und dafür die zwei Glieder der beiden Vorabende zurückerhalten." „Wie viele Glieder hatte sie denn insgesamt auftrennen müssen?", fragte meine Frau. „Das weiß ich nicht, aber sie sagte mir, es sei die kleinstmögliche Zahl gewesen."

Wissen Sie, wie viele und welche Glieder der Kette die Filmdiva aufgetrennt hatte?

65

Mietwagenpreise

Es war später Samstagnachmittag des Jahres 2014: Der Rasen war gemäht, das Unkraut gejätet und ich wollte mir in unserer Dorfkneipe ein Bier gönnen. Sie war fast leer, als ich sie betrat. Nur mein Nachbar Willi saß an der Theke mit sechs leeren Schnapsgläsern vor sich und blies Trübsal.

„Welche Laus ist dir denn über die Leber gelaufen?", fragte ich und setzte mich zu ihm. „Ach!", seufzte Willi leidvoll. „Meine Freundin hat mich verlassen." Er nickte dem Wirt zu, wies auf die Schnapsgläser und hob zwei

Finger. „Als ich heute Mittag aus Rosenheim kam, war Annette samt ihren Sachen verschwunden. Auf dem Küchentisch lag ein Zettel, auf dem stand, dass sie auf einen Mann, den sie nur am Wochenende für ein paar Stunden sehe, gut verzichten könne, und dass ich mir die Bratkartoffeln, die im Kühlschrank stünden, gut schmecken lassen solle.“

Wir leerten in einem Zug die Schnapsgläser, die der Wirt vor uns auf die Theke gestellt hatte und starrten eine Weile schweigend auf die Flaschen in dem Regal hinter der Theke. Dann sagte Willi mit leicht belegter Stimme: „Wie soll ich denn häufiger zu Hause sein? Ich bin bei einer Unternehmensberatung angestellt, und die Firmen, die ich berate, befinden sich nun mal nicht in unserem Dorf, sondern sind über ganz Deutschland verstreut.“

„Kannst du nicht während der Woche für einen Abend nach Hause fahren?“ „Das ist schwierig“, sagte Willi. „Wir dürfen nicht mit dem eigenen Auto fahren, und mit der Bahn schafft man es in der Regel abends nicht. Wenn wir für mehrere Tage oder Wochen an einem Ort sind, bekommen wir zwar einen Mietwagen, aber den dürfen wir nicht für private Fahrten nutzen.“

Mit einen Handbewegung bestellte Willi zwei weitere Schnäpse. „Meine Firma ist da sehr geizig. Ich war einmal für einen ganzen Monat in Berlin. Unsere Reiseabteilung hatte für mich einen Leihwagen gebucht bei einer Firma, die damit warb, die Miete stundenweise abzurechnen. Jede angefangene Stunde kostete zwei Euro. Ich holte den Wagen an meinem ersten Tag in Berlin um 8 Uhr morgens ab und gab ihn genau einen Monat später um 7 Uhr 59 wieder ab. Als die junge Dame, der ich den Autoschlüssel gegeben hatte, meine Abrechnung machte, sah sie überrascht von ihrem Computer auf. ‚Sie haben Glück‘, meinte sie. ‚Die Miete wäre in diesem Jahr für jeden anderen Zeitraum von einem Monat höher gewesen. Es ist sogar die kleinstmögliche Monatsmiete, seit wir diesen Tarif Anfang des Jahres 2000 eingeführt haben.‘“ „Wie hoch war denn die Rechnung?“, fragte ich. „Tja“, sagte Willi, „daran kann ich mich nicht mehr erinnern. Ich bin so viel auf Reisen, dass ich nicht einmal mehr weiß, wann ich in Berlin war.“

Wissen Sie, an welchem Datum – Tag, Monat und Jahr – sich Willi den Wagen ausgeliehen hatte? Mit einem Zeitraum von einem Monat ist das Intervall von 8 Uhr am x-ten Tag eines Monats bis um 8 Uhr am x-ten Tag des Folgemonats gemeint.

66

Die neun Springer

Vor langer Zeit – sie war noch ein kleines Mädchen gewesen, war Alice in ihrem Elternhaus durch den Spiegel über dem Kamin gestiegen und in das Reich der schwarzen Königin gelangt. Dort hatte sie fantastische Abenteuer erlebt. Nun waren Alices Eltern schon lange tot, und sie selbst war eine alte Frau geworden. Sie wohnte noch immer in dem Haus, das sie von ihren Eltern geerbt hatte. Auch der Spiegel hing noch über dem Kamin.

An einem verschneiten Wintertag holte sich Alice eine Trittleiter aus dem Keller, stellte sie vor den Kamin und stieg hinauf. Dann machte sie einen großen Schritt in den Spiegel hinein. Das Glas war wie ein weicher Nebelschleier, und ohne Mühe gelangte sie auf die andere Seite des Spiegels. Sie verließ das Haus, das hinter dem Spiegel lag, und ging in den Garten. Dort

© Springer Fachmedien Wiesbaden GmbH, ein Teil von Springer Nature 2019
H. Hemme und M. Schwoerer, *Euklids Wohnzimmer*

hatte sie bei ihrem letzten Besuch die schwarze Schachkönigin getroffen, die auf einem riesigen Schachbrett gestanden hatte.

„Du bist du ja endlich!", sagte eine strenge Stimme. „Ich warte schon seit sechzig Jahren auf dich." Dann trat die schwarze Königin hinter einem Baum hervor. „Guten Tag, Majestät", sagte Alice höflich und versuchte einen Knicks zu machen, aber ihre alten Gelenke ließen nur eine leichte Verbeugung zu. Dann sah sie sich nach dem Schachbrett um, konnte es aber nicht entdecken. „Wo ist Ihr Reich geblieben, Majestät?", fragte sie. „Komm mit!", befahl die Königin und führte Alice hinter eine hohe Hecke. Dort befand sich ein kleines Schachbrett von drei mal drei Feldern, von denen jedes nicht breiter und nicht länger war als ein Schritt. „Da ist es", sagte die schwarze Königin etwas verlegen. „Auch auf dem Schachbrett werden die Zeiten schlechter. Mein Mann hat sich zur Ruhe gesetzt und züchtet Zwergkaninchen, und die Bauern haben eine Revolution gegen die Monarchie angezettelt und eine Republik gegründet."

Vor dem Brett lungerten fünf schwarze und vier weiße Springer herum. „Achtung!" schrie die schwarze Königin. „Nehmt die Grundstellung ein!" Die neun Springer eilten auf das Brett und standen einen Moment später regungslos und immer abwechselnd schwarz und weiß auf dem Brett. „Achtung!" schrie die Königin wieder. „Nehmt Stellung 5 ein!" Einige Springer tauschten blitzschnell ihre Plätze, und Sekunden später standen wieder alle still. Danach ließ die schwarze Königin ihre Truppe noch verschiedene andere Aufstellungen einnehmen. Alice langweilte sich. „Majestät", sagte sie. „Gestatten Sie mir eine Frage?" Die Königin nickte gnädig. „Wie viele verschiedene Möglichkeiten gibt es denn, um vier weiße und fünf schwarze Springer auf ein 3-mal-3-Brett zu stellen?", erkundigte sich Alice. „Das ist ein einfache Frage", sagte die Königin. „Es sind genau stockundhutzig." Die Zahl „stockundhutzig" hatte Alice noch nie gehört. In ihr keimte der Verdacht auf, dass die Königin sie sich nur ausgedacht hatte, weil sie die Antwort nicht wusste.

Wissen Sie, wie viele verschiedene Stellungen die Springer einnehmen können, wenn alle, die sich nur durch Spiegelungen oder Drehungen des Musters unterscheiden, als gleich gelten?

67

Die Wetterkröte

Frau Dr. Hella Krothe unterrichtet Physik und Chemie an der Schule meiner Töchter. Sie ist leidenschaftliche Hobbymeteorologin und hat mithilfe ihrer Wetter-AG eine gut ausgestattete Wetterstation auf dem Flachdach der Schule errichtet. Für unsere Tageszeitung schreibt sie jeden Tag eine Wettervorhersage, die erstaunlich häufig zutrifft. Und im Lokalradio hat sie ihre eigene tägliche Dreiminutensendung mit dem Titel „Das Wetter mit Frau Dr. Krothe". Die meisten ihrer Schüler und Schülerinnen wissen aber dieses große Engagement ihrer Lehrerin für die Wetterkunde nicht wirklich zu schätzen und haben ihr den etwas abfälligen Spitznamen Wetterkröte gegeben.

Beim letzten Schulfest hielt Frau Dr. Krothe in der Aula vor der versammelten Schüler- und Elternschaft einen halbstündigen Festvortrag über die Wetterstatistik der letzten hundert Jahre. Da sie leider keine besonders begabte Rednerin ist und mich das Thema nicht interessierte, schlief ich schon nach kurzer Zeit ein und wurde erst durch den Applaus am Ende des Vortrags wieder wach.

Als ich einige Zeit später zur Bar ging, um für meine Frau und mich etwas zu trinken zu holen, stand plötzlich die Wetterkröte neben mir. „Wie hat Ihnen mein Vortrag gefallen?", fragte sie, nach Lob heischend. „Sehr gut", log ich. „Das habe ich schon immer mal wissen wollen." Ich bezahlte die Getränke und sagte dann: „Der Sommer ist in diesem Jahr ja völlig ins Wasser gefallen und hat höchstens einige sonnige Störungen gehabt. Hätten Sie uns nicht etwas schöneres Wetter vorhersagen können?" Frau Dr. Krothe verzog keine Miene über mein Witzchen und sagte: „Wie ich in meinem Vortrag bereits erwähnt habe, ist dieser Juli in unserer Gegend der regenreichste Juli seit 1881 gewesen. Und der August war auch nicht viel besser. In der ersten Augustwoche war die durchschnittliche tägliche Regenmenge von Montag bis Samstag um $16^2/_3$ % höher als die durchschnittliche tägliche Regenmenge von Dienstag bis Sonntag. Die Regenmenge am Montag war gerade so groß wie die durchschnittliche tägliche Regenmenge von Montag bis Sonntag." Mir schwirrte schon der Kopf, doch Frau Dr. Krothe schob noch eine Zahl nach: „Am Dienstag fielen übrigens insgesamt 123 Liter Regen pro Quadratmeter."

Aus Höflichkeit fragte ich: „Und wie viel Regen fiel am Sonntag?" Das hätte ich besser nicht gefragt. Empört plusterte sich die Wetterkröte auf und sagte mit erhobener Stimme: „Haben Sie mir bei meinem Vortrag überhaupt zugehört? Ich habe die Zahl doch mindestens dreimal genannt." „Ja, ja, natürlich", sagte und verabschiedete mich hastig mit der Entschuldigung, dass meine Frau auf die Getränke warte.

Wissen Sie, obwohl Sie Frau Dr. Krothes Vortrag nicht gehört haben, wie viel Liter Regen am Sonntag auf jeden Quadratmeter fiel?

68

Wege zur Mariensäule

Ich bin in einer Kleinstadt in Norddeutschland aufgewachsen. Als ich 14 Jahre alt war, fand mein Vater in Süddeutschland eine neue Stelle. Wir zogen fort, und ich kam nie wieder in den Ort meiner Kindheit zurück. Das aber änderte sich letzte Woche, als ich beruflich in Oldenburg zu tun hatte. Auf der Rückfahrt hörte ich im Radio, dass vor mir auf der A31 ein langer Stau sei. Ich verließ die Autobahn, um den Stau zu umfahren. Da sah ich plötzlich ein Schild, auf dem „Frensdorf 20 km" stand. Das ist mein Geburtsort. Weil ich es nicht eilig hatte, setzte ich den Blinker und bog ab.

Ich hatte Mühe, die Stelle zu finden, wo ich mit meiner Familie gewohnt hatte. Mein Elternhaus war dem Parkplatz eines Supermarkts gewichen. Etwas enttäuscht fuhr ich ins Zentrum. Auf dem Marktplatz gab es in meiner Kindheit ein großes rundes Blumenbeet, in dessen Mitte auf einer hohen Säule eine lebensgroße Marienstatue stand. Sie hielt das Jesuskind im Arm, trug eine goldene Krone auf dem Kopf und war umringt von einem Strahlenkranz mit zwölf Sternen. Den rechten Fuß hatte sie auf eine silberne Mondsichel gestellt, und sie schaute stoisch wie Lord Nelson auf dem Trafalgar Square tagein, tagaus auf die Menschen, die über den Platz gingen. Als Kinder hatten wir uns immer gefragt, warum eine Mondsichel unter dem Fuß der Madonna lag. Unser Pastor hatte es uns mit der Apokalypse des Johannes zu erklären versucht, was aber keiner von uns verstanden hatte. Es ist mir bis heute rätselhaft. Durch das Blumenbeet führten einige ringförmige Wege um die Säule herum und einige gerade Wege auf die Säule zu. Aus Gründen, die niemand kannte, fehlten in allen Kreisen und Strahlen Abschnitte, sodass die ganze Anlage unsymmetrisch wirkte und es auch nur noch einen einzigen Zugang vom Marktplatz aus gab.

Als Kinder spielten wir häufig auf dem Platz. Irgendjemand – vermutlich unser Klassenprimus Ulrich – hatte sich einmal die Aufgabe ausgedacht, herauszubekommen, auf wie vielen verschiedenen Wegen man vom Marktplatz aus zur Mariensäule gelangen konnte. Dabei durfte man auf den gebogenen Wegen nur im Uhrzeigersinn und auf den geraden Wegen nur auf die Säule zu gehen. Wir waren wochenlang mit dem Problem beschäftigt und erhielten Dutzende verschiedener Lösungen. Ob eine davon richtig war, ließ sich nie klären.

Die unvollständigen Wege und die Mariensäule gibt es auch heute noch auf dem Frensdorfer Marktplatz, nur haben die Stadtväter die Blumen durch Rasen ersetzen lassen. Ich ging über die Wege zur Mariensäule und versuchte das Rätsel aus meiner Kindheit zu lösen. Aber ich war genauso erfolglos wie damals.

Kennen Sie die Antwort?

69

Die Bankräuber

Die sechs Dalton-Brüder lebten gemeinsam mit ihrer Mutter auf einer kleinen Farm in der Nähe von Carson City. Man sah sie häufiger in Miss Kittys Saloon als auf dem Feld. Darum wunderte es niemanden in der Stadt, dass die Farm heruntergekommen war und die Familie kaum ernähren konnte.

Eines Tages wurde in Carson City die Bank überfallen. Der Kassierer Paul Newton war so aufgeregt, dass es ihm trotz vorgehaltenem Revolver nicht gelang, den Tresor zu öffnen, und die Bankräuber zogen nach fünf Minuten mit der mageren Beute von 2 US\$ und 75 Cent davon. Die alte Misses Ferguson, die zufällig in der Schalterhalle war, und der Kassierer hatten erkannt, dass die Bankräuber zwei der Dalton-Brüder waren, obwohl diese Tücher vor Mund und Nase gebunden hatten. Um welche beiden der Brüder es sich handelte, konnten sie aber nicht sagen. „Die Daltons sehen doch alle gleich aus“, sagte Misses Ferguson zum Sheriff, und der Kassierer nickte bestätigend.

Sheriff Dillon ritt mit einigen Hilfssheriffs zur Dalton-Farm und nahm fünf der Brüder fest. Der sechste Bruder, Averall, war nicht auf der Farm. „Er ist nach Dodge City geritten, um einige Geschäfte abzuwickeln“, hieß es. Was dies für Geschäfte waren, konnte oder wollte keiner sagen.

Eine Woche später war Gerichtstag. Averall war noch nicht wieder aufgetaucht, und so saßen nur fünf der Brüder auf der Anklagebank. Richter Roy Bean fragte jeden von ihnen, wer die Bank überfallen habe. Jack Dalton sagte: „William und Joe waren es.“ „Nein, das stimmt nicht. Es waren Bob und Averall“, sagte Grat. Bob hingegen sagte: „Ich war nicht dabei. Averall und William haben die Bank überfallen.“ Joe sagte: „Es waren William und Jack.“ und William schließlich sagte: „Bob und Grat sind die Bankräuber.“ Der Richter war verärgert und mahnte: „Als Zeugen sind Sie verpflichtet, die Wahrheit zu sagen.“ Aber die Daltons blieben bei ihren Aussagen, und auch die Drohung des Richters, sie alle fünf in Haft zu nehmen, änderte nichts daran.

„Jetzt reicht es mir aber!“, schimpfte plötzlich eine laute Stimme aus dem Hintergrund. Dann humpelte Ma Dalton aus der letzten Zuschauerreihe bis vor den Tisch der Angeklagten und gab jedem ihrer Söhne eine kräftige Ohrfeige. Danach schlug sie mit ihrem Krückstock dreimal laut auf den Tisch und fragte mit drohendem Unterton: „Wer von euch Bengeln hat nicht die Wahrheit gesagt?“ Ziemlich kleinlaut gaben vier ihrer Söhne zu, jeder einen Schuldigen und einen Unschuldigen der Tat bezichtigt zu haben, und einer gestand sogar, zwei Unschuldige genannt zu haben.

„Ihr Lügner!“, rief Miss Russell, und auch andere Zuschauer begannen, die Daltons zu beschimpfen. „Ruhe!“, donnerte Richter Bean und klopfte mit seinem Hämmerchen auf den Tisch. „Sonst lasse ich den Saal räumen.“ Der Lärm verklang. Der Richter schaute jeden der fünf Dalton-Brüder ein paar Sekunden lang streng an und sagte dann. „Mehr brauche ich nicht zu hören. Ich weiß jetzt, wer die beiden Bankräuber sind.“

Wissen Sie es auch?

70

Der Flaschengeist

Baron Hieronymus von Münchhausen zündete sich seine Pfeife an. Dann begann er zu erzählen: „Im Sommer des Jahres 1763 ritt ich auf einem Kamel von Tunis aus quer durch die Sahara, um auf dem kürzesten Weg zum

Tempel von Karnak am Nil zu gelangen. Ich war schon über eine Woche unterwegs, als ich eines Abends Abu Telfan erreichte. Die kleine Oase war menschenleer. Darum schlug ich mein Nachtlager direkt am Brunnen auf. Als ich Kameldung für ein Feuer sammelte, sah ich in den letzten Sonnenstrahlen des Tages etwas im Sand aufblitzen. Neugierig trat ich näher und fand eine Flasche, die halb im Sand verborgen war. Ich grub sie aus und zog ihr den Stöpsel aus dem Hals. Aber das hätte ich besser nicht gemacht."

Münchhausen nahm einen tiefen Zug aus seiner Pfeife. Dann fuhr er fort: „Kaum war die Flasche offen, quoll dichter blauer Rauch heraus, der sich zu einem wohl fünf Klafter großen Dschinn formte. Der Flaschengeist schwebte über der Oase und sah mit bösem Blick auf mich hinab. ‚Menschlein, du bist des Todes!‘, rief er mit donnernder Stimme und hielt plötzlich ein großes Krummschwert in der Hand. ‚Entschuldigt bitte, hochverehrter Geist, aber damit bin ich nicht einverstanden‘, sagte ich höflich. ‚Soweit ich weiß, müsst Ihr mir drei Wünsche erfüllen, weil ich Euch aus der Flasche befreit habe, und mir lebenslang treu dienen.‘ Der Dschinn begann so laut zu lachen, dass sich die Palmen bogen. ‚Das sind nur Ammenmächen, die Kindern erzählt werden.‘ Unversehens war sein Schwert verschwunden – und er hielt zwei Schatullen aus Ebenholz in den Händen, die er vor mir auf den Boden stellte. Dazu legte er viele kleine steinerne Kugeln, insgesamt 144. Die Hälfte war aus weißem Marmor, die andere aus schwarzem Obsidian. Meine Herren, wie Sie sicherlich wissen, spielen Flaschengeister gerne mit ihren Opfern, wie Katzen mit Mäusen, bevor sie sie fressen. Dies war bei meinem Dschinn nicht anders. Er schlug mir vor, mit ihm um mein Leben zu spielen. ‚Du kannst die 144 Kugeln so auf die beiden Schatullen verteilen, wie du möchtest. In jede Schatulle musst du aber mindestens eine Kugel legen. Dann wird per Los eine der beiden Schatullen ausgewählt und beiseite gestellt. In die andere Schatulle darfst du mit verbundenen Augen greifen und eine Kugel heraus nehmen. Ist sie weiß, schenke ich dir dein Leben, ist sie schwarz, stirbst du.‘ ‚Abgemacht – aber nur wenn Ihr in die Flasche zurückkehrt, wenn ich gewinne‘, entgegnete ich. Damit war der Dschinn einverstanden, und ich verteilte die Kugeln so auf die beiden Schatullen, dass meine Gewinnchance so groß wie möglich war. Dann losten wir eine Schatulle aus, und ich zog eine Kugel. Ich hatte Glück: Sie war weiß. Der Dschinn stieß einen gotteslästerlichen Fluch aus und löste sich wieder in blauen Rauch auf, der sich in die Flasche zurückzog. Ich verschloss die Flasche, vergrub sie tief im Wüstensand und legte mich zur Ruhe."

Wissen Sie, wie groß Münchhausens Überlebenswahrscheinlichkeit bei einer optimalen Kugelverteilung war?

71

Knobeln in Vorpommern

Ich hatte einen Termin bei einer Firma in Anklam an der Peene und machte mich am späten Nachmittag auf den Rückweg. Auf der A20 mitten in Vorpommern streikte mein Auto. Ein gelber Engel vom ADAC schleppte es zur nächsten Werkstatt in einem kleinen Ort in der Nähe von Greifswald. „Tja", sagte der Meister. „Den kriege ich schon wieder flott, aber nicht mehr heute. Morgen früh um zehn können Sie ihn abholen."

Zum Glück gab es in dem Ort einen Landgasthof mit ein paar Fremdenzimmern. „Die Küche schließt um neun", sagte der Wirt, als er mir den Zimmerschlüssel gab. Ich wusch mich rasch und ging in die Gaststube. Die Speisekarte war sehr übersichtlich, und ich konnte mich nur zwischen drei verschiedenen Schnitzelgerichten zu entscheiden. „Nachtisch gibt es nicht", sagte der Wirt, als er abräumte.

Also setzte ich mich an die Theke, wo schon zwei Männer hockten und schweigend ihr Bier tranken. „Jan, gib mal den Knobelbecher rüber", sagte einer der beiden zum Wirt und fragte mich dann: „Machst du mit? Wir spielen über 30 Runden. Wer die meisten Runden verliert, zahlt alle Deckel." Ich wollte nicht unhöflich sein und willigte ein. „Die Regeln sind ganz einfach. Geknobelt wird mit nur einem Würfel. Du entscheidest dich vorher, wie viele Würfe pro Runde du machen willst. Diese Entscheidung gilt für den ganzen Abend, und du kannst sie nicht mehr ändern. Die Augenzahlen deiner Würfe in einer Runde werden zusammengezählt. Auch von uns entscheidet sich jeder für eine Wurfzahl pro Runde. Wer in einer Runde die wenigsten Augen, geworfen hat, hat sie verloren. Hast du das so weit verstanden?" Ich nickte. „Es gibt aber noch einen kleinen Haken", ergänzte der andere Mann. „Wenn du eine Eins würfelst, verfallen deine bisher erworbenen Augen und die Runde endet für dich sofort mit null Punkten. Also: Wie oft willst du würfeln?" Ich überlegte nicht lange und sagte: „13 Mal." Meine Mitspieler nannten auch jeder eine Zahl, und dann begannen wir.

Der Wirt und die beiden Männer waren offensichtlich der Ansicht, dass damit alles gesagt sei, denn in den nächsten zwei Stunden fiel kaum noch ein Wort. Dafür aber wurde umso mehr Bier getrunken. Meine Entscheidung, pro Runde 13 Mal würfeln zu wollen, war wohl nicht optimal gewesen, denn meistens gewann einer meiner Mitspieler. Gegen elf Uhr waren dann die 30 Runden beendet, und ich hatte mit Abstand am häufigsten verloren. Wortlos schoben die beiden Männer mir ihre Bierdeckel zu, sagten „Tschüss" und verließen den Gasthof.

Als ich die drei Bierdeckel bezahlt hatte und auf mein Zimmer ging, fragte ich mich, für welche Zahl von Würfen pro Runde ich mich hätte entscheiden müssen, damit ich die höchstmögliche Chance zu gewinnen gehabt hätte. Aber mein Verstand war vom Bier zu sehr getrübt, um diese Frage zu beantworten.

Wissen Sie es?

72

Scrabble-Zahlen

Am letzten Montag musste ich einen Kunden bei der Firma Mutabor in der nächsten Kreisstadt besuchen. Es war zehn nach sieben und ich wollte gerade losfahren, als mein Kollege Jürgen an die Autoscheibe klopfte. „Ich muss auch zu Mutabor. Darf ich mitfahren?" Die Bitte konnte ich schlecht ablehnen, obwohl ich ein Morgenmuffel bin und am liebsten vor neun Uhr nicht angesprochen werde. „Es ist ein wunderschöner Morgen. Findest du nicht auch?", sagte Jürgen gut gelaunt. Das fand ich überhaupt nicht, und ich würdigte ihn keiner Antwort.

Eine Viertelminute später fragte er: „Spielst du Scrabble?" Wie kam er denn jetzt darauf? „Hm", brummelte ich als Antwort und hoffte, er würde das Thema fallen lassen. Aber ich hatte Pech. Als Kind hatte ich Scrabble mit meinen Geschwistern gespielt und konnte mich noch vage an die Regeln erinnern. Es gab einen Beutel mit quadratischen Spielsteinen, auf denen Buchstaben gedruckt waren. Die Steine mussten auf einem Spielbrett zu Wörtern ausgelegt werden. Jeder Buchstabe hatte einen Punktwert, und der Wert eines Wortes entsprach der Summe seiner Buchstabenpunkte. Ziel des Spiels war es, eine möglichst hohe Punktzahl zu erreichen.

„Seit 2010 werden in Deutschland offizielle Meisterschaften ausgetragen, bei denen ich von Anfang an mitgespielt habe", riss mich Jürgen aus meinen Gedanken. „Und bist du Deutscher Meister geworden?", fragte ich. „Leider hat es bisher noch nicht geklappt", erwiderte er. „Aber eigentlich ist mir das normale Scrabble auch zu langweilig. Ich ziehe Speedscrabbling vor." Ich hatte das Wort noch nie gehört. „Was ist denn das?" „Beim Speedscrabbling muss man nicht nur möglichst viele Punkte bekommen, sondern auch noch möglichst schnell spielen. Wenn man am Zug ist, läuft eine Art Schachuhr mit. Am Ende des Spiels wird die Punktzahl durch die Gesamtzahl der Minuten, die man gespielt hat, geteilt. Gewonnen hat, wer dabei das höchste Ergebnis erzielt hat."

Die Ampel vor uns sprang auf Rot und ich hielt an. „Beim Scrabble müssen doch auch Zahlwörter einen Punktwert haben", sagte ich. „Ja, genau", unterbracht mich Jürgen. „'Eins' zum Beispiel hat den Wert 4, denn die Buchstaben e, i, n und s haben jeweils eine Punktzahl von 1." „Nun könnte es doch sein, dass es Zahlwörter gibt, deren Wert genau gleich der Punktzahl bei Scrabble ist", fuhr ich fort. „Das ist mir neu", erwiderte Jürgen nachdenklich und rieb sich das Kinn. „Na, dann versuche doch mal, alle Zahlen mit dieser Eigenschaft zwischen eins und einer Billiarde zu finden." Ich hoffte, damit Jürgen für den Rest der Fahrt zum Schweigen zu bringen, aber ich hatte ihn unterschätzt. Kaum sprang die Ampel wieder auf Grün, rief er: „Ich hab's!" Dann nannte er mir einige wenige Zahlen und behauptete, das seien die einzigen, die es gebe. Ob er Recht hatte, konnte ich nicht überprüfen.

Wissen Sie, welche Zahlen diese Eigenschaft haben? Dabei können Sie von folgender Bepunktung der Buchstaben ausgehen: 1 Punkt: A, D, E, I, N, R, S, T, U; 2 Punkte: G, H, L, O; 3 Punkte: B, M, W, Z; 4 Punkte: C, F, K, P; 6 Punkte: Ä, J, Ü, V; 8 Punkte: Ö, X; 10 Punkte: Q, Y. Das „ß" gibt es beim Scrabble nicht und muss durch zwei S ersetzt werden.

73

Das Brautschuhgeld

Es war Sonntagnachmittag. Ich saß in meinem Sessel und las die Zeitung, als Inga mit einer 3-Liter-Flasche, die einmal Cognac enthalten hatte, ins Wohnzimmer kam. Sie setzte sich an den Esstisch, drehte den Deckel von der Flasche und kippte daraus einen Berg Münzen auf die Tischplatte. Dann begann sie, die Münzen zu Mustern anzuordnen und summte dabei die Melodie von „Taler, Taler, du musst wandern".

„Was machst du da?", fragte ich meine Tochter nach einer Weile. „Ich sehe mir mein Brautschuhgeld an", erwiderte sie. Hatte meine Tochter wirklich „Brautschuhgeld" gesagt oder hatte ich mich verhört? „Willst du schon heiraten? Du bist doch erst elf Jahre alt." „Papa, natürlich nicht", sagte Inga empört und stemmte ihre Arme in die Seiten. „Wir Frauen planen von langer Hand und treffen keine Hauruck-Entscheidungen wie die Männer. Würden wir uns so verhalten wie ihr, wäre die Menschheit längst untergegangen." Als Ehemann und Vater zweier Töchter hatte ich schon vor langer Zeit gelernt, dass man ein wesentlich ruhigeres Familienleben führt, wenn man solchen Äußerungen nicht widerspricht. Also sagte ich nur: „Da hast du vermutlich recht." „Wie du sicherlich weißt, bezahlt man Brautschuhe mit Centmünzen", sagte Inga. „Und da Brautschuhe teuer sind, muss man früh mit Sparen beginnen. Darum stecke ich schon seit über einem Jahr jede 1-Cent-Münze, die ich bekomme, in diese Flasche."

Dann widmete sich Inga wieder ihrem Geld. Trotz ihrer altklugen Bemerkungen war sie immer noch Kind genug, um gerne zu spielen. Sie hatte die Münzen schachbrettartig zu einigen Quadraten angeordnet. Nun blickte sie nachdenklich auf die Muster, runzelte die Stirn und ordnete einige Münzen um. Dann nahm sie ein Blatt Papier und schrieb ein paar Zahlen auf. „Das ist ja verblüffend", sagte sie leise zu sich selbst. Ich legte meine Zeitung beiseite und wollte wissen, was denn so verblüffend sei.

„Die Zahl der Münzen in jedem dieser Quadrate ist natürlich eine Quadratzahl", erklärte Inga. „Diese Quadratzahlen haben zusammen insgesamt neun Stellen, und wenn man die Quadratzahlen alle aufschreibt, muss man jede Ziffer von 1 bis 9 genau einmal schreiben." Dann schob sie mit beiden Händen rasch alle Münzen zu einem Haufen zusammen und begann, sie wieder in die Flasche zu stecken. „Wie viel Geld hast du denn schon für deine Brautschuhe gespart", fragte ich. Inga dachte einen Moment nach. Dann sagte sie: „Das verrate ich dir nicht."
Wissen Sie, wie viel Geld es mindestens war?

74

Eine Woche im Wunderland

Vor einem Haus stand unter einem Baum ein gedeckter Tisch, an dem der Hutmacher und der Märzhase saßen und Tee tranken. Zwischen ihnen hockte die Haselmaus und schlief, während sich ihre Nachbarn mit den Ellenbogen auf sie stützten und sich über ihren Kopf hinweg unterhielten.

© Springer Fachmedien Wiesbaden GmbH, ein Teil von Springer Nature 2019
H. Hemme und M. Schwoerer, *Euklids Wohnzimmer*

Alice trat an den Tisch und fragte, ob sie sich setzen dürfe. „Nein“, sagte der Hutmacher und hob mit abgespreiztem kleinen Finger seine Tasse an den Mund. „Warum nicht?“, fragte Alice. „Weil heute Märztag ist“, erklärte der Märzhase. „Du schwindelst!“, sagte Alice empört. „Es gibt gar keinen Märztag.“ „Natürlich gibt es einen Märztag.“ Der Märzhase war beleidigt. „Er liegt zwischen dem Sonntag und dem Montag.“ „Dann hat die Woche bei euch also acht Tage“, stellte Alice verwundert fest. „Das kann man so nicht sagen“, meinte der Hutmacher und schenkte sich und dem Märzhasen aus einer großen grünen Kanne Tee nach. „Manchmal ist die Woche kürzer und manchmal ist sie länger.“

Ohne dass Alice es gemerkt hatte, war die Haselmaus erwacht und hatte der Unterhaltung gelauscht. Nun deklamierte sie mit piepsiger Stimme: „Der Zwölf-Elf hebt die linke Hand: Da schlägt es Mitternacht im Land.“ „So ist es“, bestätigte der Hutmacher und der Märzhase nickte. „Das verstehe ich nicht“, sagte Alice. „Sie ist dumm“, flüsterte der Märzhase dem Hutmacher zu.

„Ich will es dir erklären.“ Der Hutmacher setzte sich eine Brille auf und sah gleich viel klüger aus. „Du musst dir die acht Wochentage vorstellen wie die Ziffern auf einer Uhr. Ganz oben steht der Märztag. Dann folgen im Uhrzeigersinn Montag, Dienstag, Mittwoch, Donnerstag, Freitag, Samstag und Sonntag. Jeden Abend kurz vor Mitternacht wirft der Zwölf-Elf eine Münze. Zeigt sie Kopf, hebt er um Mitternacht die rechte Hand. Dann folgt auf den gerade vergangenen Wochentag der im Uhrzeigersinn nächste Tag. Zeigt die Münze aber Zahl, hebt er die linke Hand und es folgt der gegen den Uhrzeigersinn nächste Tag.“

Alice legte den Zeigefinger auf ihre Nasenspitze und dachte nach. „Du meinst also, wenn heute um Mitternacht der Zwölf-Elf seine rechte Hand hebt, dann ist morgen Montag, wenn er aber seine linke Hand hebt, ist morgen Sonntag.“ „Das hast du richtig verstanden“, bestätigte der Hutmacher.

„Wie groß ist denn die Wahrscheinlichkeit, dass in acht Tagen wieder ein Märztag ist?“, fragte Alice. Die Hutmacher und der Märzhase sahen sich an und zuckten mit den Schultern. „Wir wissen es nicht.“ Die Haselmaus gab keine Antwort, sie war wieder eingeschlafen.

Können Sie Alices Frage beantworten?

Vier Brüder

Onkel Konrad ist ein Großonkel meiner Frau. Er lehrt und forscht an einer Schweizer Universität, ist unverheiratet und hat als Assyriologe den größten Teil seines Lebens damit verbracht, Keilschrifttafeln aus Mesopotamien zu entziffern. Onkel Konrad gilt in der Familie als eigenbrötlerischer Sonderling, der jedem Kontakt aus dem Weg geht. Deswegen waren wir sehr überrascht, als er vor ein paar Tagen anrief und sagte, er müsse nach Hamburg zu einer Tagung und wolle uns auf dem Weg dorthin besuchen.

Tatsächlich stand er zwei Tage später vor der Tür, drückte meiner Frau einen Strauß Blumen in die Hand und gab mir und den Kindern einen Bildband über die Ruinen antiker Städte des Zweistromlands. „Ich muss erst morgen in Hamburg sein. Kann ich bei euch übernachten?", war das Erste, was er sagte. Natürlich hatten wir nichts dagegen. Onkel Konrad war viel aufgeschlossener, als sein Ruf es hatte erwarten lassen. Er erzählte Geschichten von seiner Arbeit. Und während meine Frau und ich in der Küche das Abendbrot vorbereiteten, half er den Kindern bei den Hausaufgaben.

Als wir wieder ins Wohnzimmer kamen, um den Tisch zu decken, hörte ich, wie er zu Inga sagte: „Das, was ihr gerade im Mathematikunterricht durchnehmt, kannten die Babylonier schon vor fast 4000 Jahren. Ich habe vor einiger Zeit eine Keilschrifttafel aus Uruk in der Hand gehabt, auf der ging es um genau die Flächenberechnungen von Drei- und Vierecken, die du gerade lernst." Er nahm eine Kladde aus seiner Aktentasche, leckte an seinem Zeigerfinger und begann zu blättern. „Ah, hier ist es. Ich übersetze es dir einmal", sagte er. „Vier Brüder erbten einen Acker. Da erhob sich Bruder über Bruder. Was er sich erhoben hat, weiß ich nicht." Onkel Konrad unterbrach sich und sah von seiner Kladde auf. „,Was er sich erhoben hat' kann man wohl als ,Wie viel er mehr bekommen hat' interpretieren", sagte er. „Der Text ist schwer verständlich und für moderne Maßstäbe alles andere als eindeutig. Man kann eigentlich nur aus der Lösung erschließen, wie die Aufgabe gemeint war. Darum werde ich sie nicht weiter übersetzen, sondern euch das Problem erklären."

Er wies auf die Zeichnung in seiner Kladde. „Der Acker ist ein rechtwinkliges Trapez, bei dem die obere Seite 270 und die rechte 160 Ellen lang ist. Dass sich Bruder über Bruder erhob, bedeutet offenbar: Der älteste Bruder bekam das größte Stück, der zweitälteste das zweitgrößte, der drittälteste das drittgrößte und der jüngste das kleinste Stück. In der Zeichnung seht ihr die Aufteilung, wobei die vier babylonischen Zahlen die vier Brüder dem Alter nach darstellen. Das Ackerstück des drittältesten Bruders hat eine Größe von 50 Sar, und man soll berechnen, wie groß das Ackerstück des ältesten Bruders ist."

„Was ist denn ein Sar?", fragte meine Frau. „Das Sar ist ein babylonisches Flächenmaß und entspricht 180 Se, ein Se wiederum ist eine Fläche von einer Elle Breite und einer Elle Länge", erklärte Onkel Konrad. „Aha! Dann kann man das Problem ja ganz einfach im Kopf lösen", sagte meine Frau und ging ohne ein weiteres Wort in die Küche. Ich hatte keine Ahnung, wie sie das anstellen wollte, aber um mich nicht vor den Kindern zu blamieren, nickte ich weise.

Wissen Sie, wie viel Sar das Erbstück des ältesten Bruder umfasste?

76

Die Skulptur

Karl gehört zu den wenigen Menschen, die so viel Geld besitzen, dass sie nicht mehr wissen, wie sie es halbwegs sinnvoll ausgeben können. Sein Vater war Bäcker und betrieb in einem Dorf an der holländischen Grenze eine kleine Bäckerei, von der die Familie mehr schlecht als recht lebte. Auch Karl wurde Bäcker und erbte die Bäckerei von seinem Vater. Als ihm auffiel, dass viele Holländer zu ihm kamen, um sein Brot und seine Brötchen zu kaufen, gründete er eine Zweigstelle in der Kleinstadt jenseits der Grenze. Sie wurde ein großer Erfolg. Inzwischen besitzt Karl 93 Filialen in allen Teilen der Niederlande. Karl leitet seine Bäckereien schon lange nicht mehr selbst. Er hat eine Geschäftsführerin angestellt und verbringt seine Zeit auf dem Golfplatz und auf seiner Yacht. Da es ihm trotzdem nicht gelingt, sein Geld auszugeben, sammelt er seit einiger Zeit Kunstwerke.

Ich kenne Karl seit unserer gemeinsamen Schulzeit. Auch wenn unsere Wege längst getrennt sind, so haben wir uns doch nie aus den Augen verloren und gehen hin und wieder ein Bier trinken. Als wir uns das letzte Mal trafen, fragte Karl: „Warst du schon einmal auf einer Kunstauktion?" Ich verneinte und er lud mich ein, ihn am nächsten Tag zu einer Versteigerung nach Düsseldorf zu begleiten.

Es war faszinierend, zu beobachten, mit welch gleichgültigen Mienen die etwa 30 Bieter Kunstwerke für mehrere Millionen Euro in kurzer Zeit ersteigerten. Karl bot nur auf eine einzige Plastik, für die er bei 208.000 EUR dann auch den Zuschlag erhielt. Es handelte sich um ein Würfelskelett, dem sechs der zwölf Kanten fehlten. Das Werk stammte von dem 2007 gestorbenen amerikanischen Künstler Sol LeWitt, dessen Namen ich noch nie zuvor gehört hatte, der aber in der Kunstwelt sehr bekannt sein soll. LeWitt hatte seine Skulptur aus etwa ein Meter langen Aluminiumrohren mit quadratischem Querschnitt zusammengeschweißt und anschließend weiß lackiert.

„Du hast dein Geld zum Fenster hinaus geworfen", erklärte ich Karl. „Dieses Gestell hätte dir jede Schlosserei für 100 Euro gebaut." „Du bist ein Banause", sagte Karl und lachte über mein fehlendes Kunstverständnis. „Übrigens hat LeWitt nicht nur dieses eine Würfelskelett geschaffen, sondern noch eine ganze Reihe weiterer, die alle unterschiedlich aussehen, aber auch nicht billiger zu haben sind als meines. Er nannte sie ‚incomplete open cubes'."

„Wie viele verschiedene solche unvollständige Würfelskelette mit genau sechs Kanten sind überhaupt möglich?", wollte ich wissen. Karl konnte mir das nicht beantworten.

Können Sie es? Dabei zählen Skelette, die durch Drehungen und Spiegelungen ineinander übergehen, nicht als verschieden. Länge, Form, Farbe und so weiter spielen bei den Kanten keine Rolle – es geht nur um ihre Anordnung.

Die Primzahluhr

Die Marienkirche in Bergen auf Rügen ist eines der ältesten Bauwerke der Insel. Fürst Jaromar I. begann mit der Errichtung der romanischen Basilika um 1180. Meine Frau und ich hatten sie besichtigt.

Nun saß ich seit einer Dreiviertelstunde auf einer Bank vor der Kirche und wartete auf meine Frau, die noch rasch eine Kleinigkeit einkaufen wollte. Auf dem Platz vor mir werkelte ein älterer Mann mit einer teuer aussehende Kamera und einem Stativ herum und versuchte etwas oben am Kirchturm zu fotografieren. Es schien nicht so zu klappen, wie er es sich vorstellte, denn leise vor sich hin schimpfend wechselte er ständig seine Position. Schließlich stand er direkt neben meiner Bank. „Nicht perfekt, aber so mag es gehen", knurrte er. Ich war neugierig geworden und fragte ihn, was er da fotografiere. „Die Kirchturmuhr", sagte der Mann. „Seit ich Rentner bin, reise ich durch die Welt und fotografiere kuriose Uhren. Vielleicht wird in einigen Jahren sogar ein Buch daraus."

Ich schaute zur Kirchturmuhr hinauf, konnte aber nichts Auffälliges entdecken. „Was ist denn so besonders an dieser Uhr?", fragte ich. Der Mann lachte. „Man muss schon ganz genau hinsehen, damit es einem auffällt. Diese Uhr ist weltweit die einzige, deren Ziffernblatt nicht in 60, sondern in 61 Minuten unterteilt ist. Da die Stunde in Bergen genauso lange dauert wie überall sonst, hat die Minute hier nur etwa 59 Sekunden." Ich versuchte die goldenen Minutenmarken auf dem Ziffernblatt zu zählen, aber ich verzählte mich und musste immer wieder von Neuem beginnen. Schließlich gab ich auf.

„Sie haben sicher schon einmal gehört, dass die Uhren in Bayern anders ticken. Dass das wortwörtlich gemeint ist, kann man am Isartor in München sehen. Auf einer der beiden Uhren des Torturms laufen die Zahlen des Ziffernblatts und die Zeiger gegen den Uhrzeigersinn."

Der Mann schraubte seine Kamera vom Stativ und fuhr dann fort: „Im Foyer des mathematischen Instituts einer Universität in Brasilien hängt eine große Uhr an der Wand, deren Zeiger sich genauso drehen, wie bei jeder anderen Uhr auch. Auf dem Ziffernblatt stehen auch die Zahlen von 1 bis 12, nur sind sie nicht alle dort, wo sie hingehören. Sechs auf einer gewöhnlichen Uhr direkt nebeneinanderstehende Zahlen sind auch bei dieser Uhr direkt nebeneinander und an den richtigen Stellen. Von den anderen sechs Ziffern haben einige oder vielleicht auch alle – daran kann ich mich nicht mehr genau erinnern – ihre Plätze vertauscht. Ich weiß nur noch, dass im Uhrzeigersinn die 5 vor der 6 stand. Der Leiter des Instituts hat mir erklärt, für Mathematiker seien die Primzahlen dasselbe wie für Chemiker die chemischen Elemente. Denn aus den Elementen seien alle Moleküle und aus den Primzahlen alle Zahlen zusammengesetzt. Darum habe man die Zahlen auf dem Ziffernblatt so angeordnet, dass die Summe jedes Paares nebeneinanderstehender Zahlen eine Primzahl ergebe."

Wissen Sie, wie die Zahlen auf dieser brasilianischen Uhr angeordnet sind? Geben Sie die zwölf Zahlen im Uhrzeigersinn an, beginnend mit der Zahl, die dort steht, wo sich normalerweise die 1 befindet.

78

Poppinga und Nanninga

Noch im späten 19. Jahrhundert war der größte Teil des afrikanischen Kontinents für die Europäer und Amerikaner Terra incognita. Unzählige Abenteurer und Wissenschaftler brachen auf, um den Schwarzen Kontinent zu erforschen. Viele von ihnen verschwanden für immer spurlos im Dschungel.

Auch der berühmte schottische Missionar und Afrikaforscher David Livingston war auf einer Expedition, zu der er 1869 aufgebrochen war, verschollen. 1870 machte sich der bekannte amerikanische Journalist und Forscher Henry Morton Stanley auf die Suche nach seinem berühmten Forscherkollegen, den er nie zuvor gesehen hatte. Am 10. November 1871 traf er in Ujiji im westlichen Tansania in der Nähe des Tanganjikasees einen Europäer und begrüßte ihn mit den Worten: „Doctor Livingstone, I presume?" Und tatsächlich: Er hatte den Wissenschaftler gefunden.

Eine andere Geschichte einer eigentümlichen Begegnung spielt im heutigen Ostfriesland. Jan Poppinga und Onno Nanninga sind beide große Angler. Über die zwei sind mehrere Artikel in Anglerzeitschriften erschienen und selbst ein führendes amerikanisches Magazin für Hobbyfischer hat über sie berichtet. Überraschenderweise waren sich diese berühmten Angler aber nie begegnet. Das änderte sich erst im letzten Sommer, als die beiden eines Sonntags im Morgengrauen an den gegenüberliegenden Ufern der Jümme ihre Ruten auslegten. Ostfriesen reden nicht viel und Angler sind sowieso schweigsam. Da ist es nicht erstaunlich, dass ostfriesische Angler besonders maulfaule Menschen sind.

Poppinga und Nanninga saßen sich also stundenlang gegenüber, ohne ein Wort gewechselt oder sich auch nur zugenickt zu haben. Am späten Vormittag schließlich sagte Poppinga: „Ich habe heute Geburtstag." Die Antwort auf diesen bemerkenswerten Gruß ließ anderthalb Stunden auf sich warten. Dann erwiderte Nanninga: „Mein nächster Geburtstag wird auch ein Sonntag sein." Anschließend verfielen beide wieder in Schweigen. Am Nachmittag packten Poppinga und Nanninga ihre Angelsachen zusammen und verließen die Jümme, ohne dass noch ein weiteres Wort gefallen war.

Und nun das Rätsel: Den Ausgangspunkt dafür bilden zwei beliebige Menschen, die beide älter sind als 30 Jahre, und von denen einer im Frühling und einer im Herbst geboren wurde. Wie groß ist die Wahrscheinlichkeit dafür, dass irgendwann im bisherigen Leben dieser beiden Menschen der eine an einem Sonntag Geburtstag hatte und der auf diesen Tag folgende nächste Geburtstag des anderen auch auf einen Sonntag fiel? Der Einfachheit halber seien Gleichverteilungen aller Geburten übers Jahr und der Wochentage über Frühling und Herbst angenommen.

79

Die Barbarossawiese

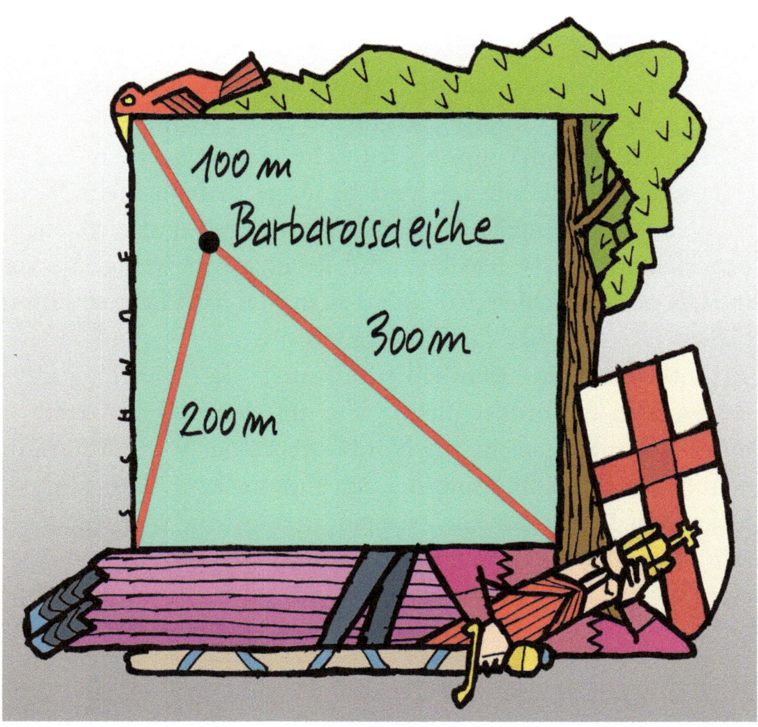

Als der alte Bauer Oltkamp starb, vererbte er Haus und Hof und alles was er besaß zu gleichen Teilen an seine drei Söhne. Nur über eine große quadratische Wiese, die außerhalb des Dorfs lag, hatte er anders in seinem Testament verfügt. Auf dieser Wiese stand eine uralte Eiche. Sie war ein Naturdenkmal und wurde im Dorf Barbarossaeiche genannt, weil angeblich Kaiser Friedrich Barbarossa auf einer Reise unter ihr sein Lager aufgeschlagen hatte. Die Wiese wurde von drei schnurgeraden Wegen in drei unterschiedlich große Teile zerschnitten. Die Wege führten von der Nordwest-, der Südwest- und der Südostecke zur Barbarossaeiche. Den kleinsten der drei Teile sollte der älteste Sohn Albert bekommen, den zweitkleinsten der mittlere Sohn Bernhard und den größten der jüngste Sohn Christian.

Die drei Söhne waren über 40 Jahre alt und noch unverheiratet, als ihr Vater starb. Innerhalb von nur zwei Jahren hatten sie ihr ganzes Erbe verprasst – bis auf die Barbarossawiese, die sich wegen der denkmalgeschützten Eiche nur schlecht zu Geld machen ließ.

Da starb durch einen Treckerunfall der Bauer Feldmann. Seine Witwe war zwar nicht schön, aber reich und darum machten ihr alle drei Oltkampsöhne den Hof. Sie entschied sich für den Jüngsten – und kaum war das Trauerjahr verstrichen, traten Emma und Christian vor den Traualtar. Wenn Christian geglaubt hatte, nun wieder in Saus und Braus leben zu können, hatte er sich geirrt. Emma gab ihm nur ein schmales Taschengeld, das kaum für ein paar Glas Bier samstagabends im Dorfkrug reichte.

Eines Tages lud Emma ihre beiden Schwäger zu sich ein und eröffnete ihnen, sie wolle Pferde züchten und benötige deshalb mehr Weidefläche. „Ich kaufe euch eure Anteile der Barbarossawiese ab und biete euch 10.000 Euro pro Hektar." Das war Albert und Bernhard zu wenig. Sie verlangten 20.000 EUR pro ha. Schließlich einigte man sich nach langem Hin und Her und etlichen Flaschen Bier auf 15.000 EUR pro ha.

„Wie groß sind denn eigentlich eure Anteile der Wiese?", fragte Emma, doch das wussten die Brüder nicht. Sie erinnerten sich nur daran, dass der Weg von der Barbarossaeiche zur Nordwestecke der Wiese 100 m lang war, der zur Südwestecke 200 m und der zur Südostecke 300 m. Nun war guter Rat teuer, denn keiner der Vier verstand genug von Mathematik, um aus diesen drei Weglängen den Kaufpreis ermitteln zu können.

Wissen Sie, wie hoch der Gesamtpreis der beiden Wiesenteile von Albert und Bernhard war?

80

Die Eisenbahnbrücke

Der Tag war heiß und staubig. Erschöpft ritt Winnetou auf die untergehende Sonne zu. Er hoffte, noch vor Einbruch der Nacht das Pueblo der Mescalero-Apachen zu erreichen. Als er um eine Felsnase bog, sah er sich plötzlich einem Trupp Comanchen gegenüber, die dort lagerten. Sie erkannten ihn sofort, sprangen auf und schossen. Glücklicherweise verfehlten sie ihn. Winnetou wendete sein Pferd und floh in vollem Galopp vor der Übermacht. Die Comanchen sprangen auf ihre Pferde und nahmen die Verfolgung des Apachenhäuptlings auf. Winnetous Pferd Iltschi war ebenso erschöpft wie sein Reiter, ihr Vorsprung vor den Feinden schrumpfte.

Nach wenigen Minuten traf Winnetou auf eine Eisenbahnstrecke. Er ritt an den Schienen entlang nach Osten und hoffte, auf einen Schuppen der Eisenbahngesellschaft zu treffen, in dem er sich verschanzen könnte. Doch er hatte Pech. Schließlich gelangte er zum Rio Pecos, den die Bahnstrecke auf einer hohen und schmalen Brücke eingleisig überquerte. Winnetou lenkte Iltschi auf den Bahndamm und ritt vorsichtig zwischen den beiden Schienen über die Brücke. Sie hatte keine Geländer, und links und rechts ging es tief hinab in eine Schlucht, durch die der reißende Rio Pecos strömte. Winnetous Verfolger blieben am Westufer des Flusses stehen und schickten ihm ein paar Pfeile hinterher, die ihn aber nicht erreichten.

Winnetou hatte die Brücke gerade zu vier Siebteln überquert, als am gegenüberliegenden Ufer ein zweiter Trupp Comanchen auftauchte, die auf ihn zu warten schienen. Winnetou hielt sein Pferd an. Plötzlich hörte er den Pfiff einer Lokomotive. Ein Zug ratterte mit hoher Geschwindigkeit von Osten her auf die Brücke zu.

Das gefährliche Leben in der Prärie hatte Winnetous Sinne geschärft, und er konnte Entfernungen, Zeiten und Geschwindigkeiten sehr gut abschätzen. Er wusste, dass Iltschi auf dem groben Schotter zwischen den Schienen nicht schneller als 15 Meilen pro Stunde laufen konnte. Ritte er mit diesem Tempo auf den Zug zu, könnte er gleichzeitig mit ihm das Ostende der Brücke erreichen, ritte er aber mit diesem Tempo in die andere Richtung, würde er gleichzeitig mit dem Zug das Westende der Brücke erreichen. Selbst wenn es ihm gelänge, einen Bruchteil einer Sekunde eher als der Zug ein Brückenende zu erreichen und von den Schienen zu springen, wären da immer noch die Comanchen, die sein Leben bedrohten. Was sollte er also machen?

Es gab nur eine Chance: Er musste in den Rio Pecos springen. Er spähte hinab und entdeckte schräg unter sich eine Stelle, die tief aussah, und aus der keine Felsen ragten. Iltschi schien die Gefahr durch den Zug zu spüren und genau zu wissen, wohin er springen sollte. Winnetou brauchte ihn nur leicht mit den Knien zu drücken und schon flogen Ross und Reiter durch die Luft und in den Fluss hinein. Unverletzt tauchten sie wieder auf und ließen sich noch ein paar Meilen von der Strömung treiben, bevor sie sich ans Ufer retteten.

Wissen Sie, wie schnell der Zug auf Winnetou zugerast war?

81

Das Höllentor

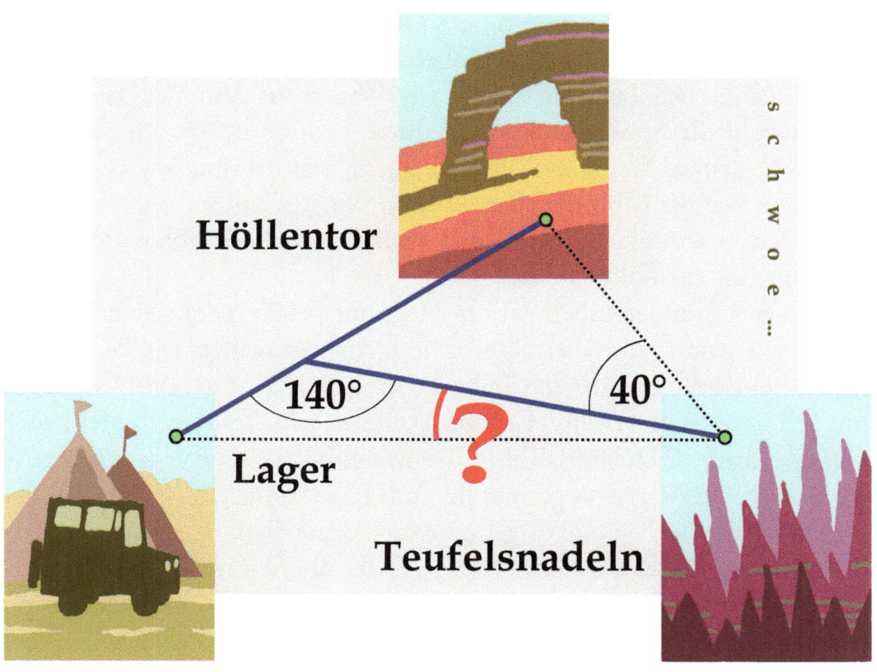

Als Student trank Benno literweise Bier und Schnaps, rauchte Tabak und Haschisch und war auf jeder Feier der Letzte, der ging. Er wusste alles besser und beinahe nichts richtig und führte bei jeder Diskussion das große Wort. Als er schließlich nach 21 Semestern sein Diplom in der Tasche hatte, heiratete er – und wurde unverzüglich von seiner Frau domestiziert. Nun hat er schon seit vielen Jahren dem Alkohol abgeschworen, raucht nicht mehr und benutzt die Toilette nur noch im Sitzen.

Zu seinem 40. Geburtstag bekam Benno von seiner Frau die Erlaubnis, mit ein paar Freunden, zu denen ich auch gehörte, eine Safari in der Sahara zu machen. Unser Basislager war eine kleine Oase im Großen Erg etwa 100 km östlich von Beni Abbes. Kaum hatten wir es erreicht, wurde aus dem neuen Benno wieder der alte Benno. Er rauchte wie ein Schlot und zog am Lagerfeuer einen Flachmann aus der Tasche.

Eines Morgens sagte unser Führer Karim: „Heute fahren wir zum Höllentor. Das ist ein Felsen, den Wind und Sand zu einem riesigen Bogen geschliffen haben. Es ist genau 50 Kilometer von hier entfernt." Wir waren zu sechst und mussten mit zwei Geländewagen fahren. Als wir aufbrechen wollten, merken wir, dass an einem Auto ein Reifen platt war. „Fahrt ruhig schon vor", sagte Benno. „Ich wechsle das Rad und dann komme dann nach. Ich brauche ja nur eurer Spur zu folgen, und außerdem habe ich einen perfekten Orientierungssinn." Ich blieb bei Benno. Eine halbe Stunde später war die Panne behoben und auch unser Wagen auf dem Weg zum Höllentor. Obwohl die Spur schnurgerade durch die Sandwüste auf das Höllentor zulief, glaubte Benno eine Abkürzung zu kennen und bog von der Spur ab. Schon wenige Minuten später hatten wir uns hoffnungslos verirrt. Ich wollte Karim anfunken, aber Benno winkte ab. „Null Problemo! Ich finde das Höllentor auch ohne Hilfe."

Nach drei Stunden sahen wir am Horizont Felsen auftauchen. Erleichtert fuhren wir darauf zu. Aber als wir sie erreichten, sahen wir keinen Steinbogen, sondern nur einzelne hohe Felsnasen. Jetzt riss mir Geduldsfaden und ich funkte die zweite Gruppe an. „Ihr seid bei den Teufelsnadeln", erklärte Karim, nachdem ich ihm die Felsen beschrieben hatte. „Fahrt jetzt genau nach Westen, dann gelangt ihr zum Lager zurück."

„Ich habe eine Peilung vorgenommen", sagte Benno. „Genau dort liegt das Höllentor." Er wies mit der Hand in die Wüste. „Wir müssen uns jetzt nur um 40 Grad gegen den Uhrzeigersinn drehen und schauen dann genau nach Westen." Ich hatte da zwar meine Zweifel, aber keine bessere Idee. Darum fuhren wir in die Richtung, die Benno berechnet hatte. Sie war natürlich falsch, denn nach 50 km trafen wir auf die Spur von Karims Wagen auf dem Weg vom Lager zum Höllentor. Wir bogen um 140 Grad ab und folgten der Spur zum Lager, das wir schließlich am späten Nachmittag erreichten.

Um wie viele Grad hatte sich Benno bei seiner Peilung vertan? Wie groß ist also der Winkel, der in dem Bild mit einem Fragezeichen markiert ist?

82

Das Rätsel der Sphinx

Baron Hieronymus von Münchhausen blickte in die Runde und begann zu erzählen: „Im Herbst des Jahres 1761 führte mich meine Reise nach Athen durch Böotien. Ich nutzte die Gelegenheit, um die Ruinen der siebentorigen Stadt Theben zu besuchen. Viel gab es dort nicht mehr zu sehen. Darum wanderte ich ziellos über die Hügel vor den Mauern der Stadt. Als ich um eine Felswand bog, sah ich mich plötzlich einem Ungeheuer gegenüber, das in der Sonne schlief. Es hatte den Körper eines Löwen, die Flügel eines Adlers und den Kopf einer schönen Frau. Leise wollte ich den Rückzug antreten, aber es war zu spät. Das Ungeheuer schlug die Augen auf und sagte mit einer angenehmen Altstimme: ‚Ich werde dir ein Rätsel stellen.

Löst du es, kannst du weiter gehen, löst du es aber nicht, werde ich dich verspeisen.' Offensichtlich war ich auf die berühmte Sphinx getroffen. ,Nur zu!', sagte ich gelassen, weil ich glaubte, das Rätsel zu kennen, das sie mir stellen würde. Doch ich wurde enttäuscht. Die Sphinx zog aus einem Felsloch eine Schachtel hervor, die alle 55 Dominosteine eines Doppelneunersatzes enthielt."

„Was ist ein Doppelneunersatz", wurde der Baron von General von Oorde unterbrochen.

„Die Steine eines Doppelneunersatzes enthalten alle denkbaren Paare der Augenzahlen von 0 bis 9", erklärte Münchhausen und fuhr fort: „Die Sphinx sagte: ,Wähle fünf Dominosteine aus, auf denen alle Augenzahlen von 0 bis 9 einmal vorkommen. Dann lege die fünf Steine zu einer Reihe aus.' Sie machte es mir vor. ,Nun multipliziere die 0 mit der 1 und mit der Zahl der Felder, die in der Reihe zwischen der 0 und der 1 liegen. In meiner Reihe sind dies sechs Felder. Das Produkt ist also $0 \cdot 1 \cdot 6 = 0$. Dann berechnest du das Produkt aus der 1, der 2 und der Zahl der Felder, die in der Reihe zwischen der 1 und der 2 liegen. Dies ergibt in meiner Reihe $1 \cdot 2 \cdot 5 = 10$. Entsprechende Produkte bestimmst du auch für alle andere Paare aufeinanderfolgender Zahlen. Zum Schluss addierst du alle neun Produkte zur Sphinxzahl auf. In meinem Beispiel ist dies $0 \cdot 1 \cdot 6 + 1 \cdot 2 \cdot 5 + 2 \cdot 3 \cdot 7 + 3 \cdot 4 \cdot 4 + 4 \cdot 5 \cdot 3 + 5 \cdot 6 \cdot 2 + 6 \cdot 7 \cdot 2 + 7 \cdot 8 \cdot 0 + 8 \cdot 9 \cdot 2 = 448$.'

Die Sphinx tat ihre Steine wieder in die Schachtel zurück. Dann sagte sie: ,Du sollst jetzt die fünf Steine so wählen und zu einer Reihe legen, dass sie die größtmögliche Sphinxzahl ergeben.' Ich dachte ein paar Sekunden nach und wählte fünf Dominosteine aus. ,Voilà!', sagte ich und legte sie der Sphinx in einer Reihe vor die Pranken. Das Ungeheuer warf einen Blick darauf, stieß einen schrecklichen Schrei aus, den man in ganz Böotien hören konnte, und stürzte sich vom Felsen hinab in den Tod. Ich schloss daraus, dass ich die richtige Lösung gefunden hatte."

„Wie groß war denn Eure Sphinxzahl?", fragte Herr von Frenswegen. „Das, meine Herren", sagte Baron Münchhausen, „könnt Ihr Euch leicht selbst überlegen?"

Wissen Sie es? Wie lautet die größtmögliche Sphinxzahl?

83

Die Alhambra

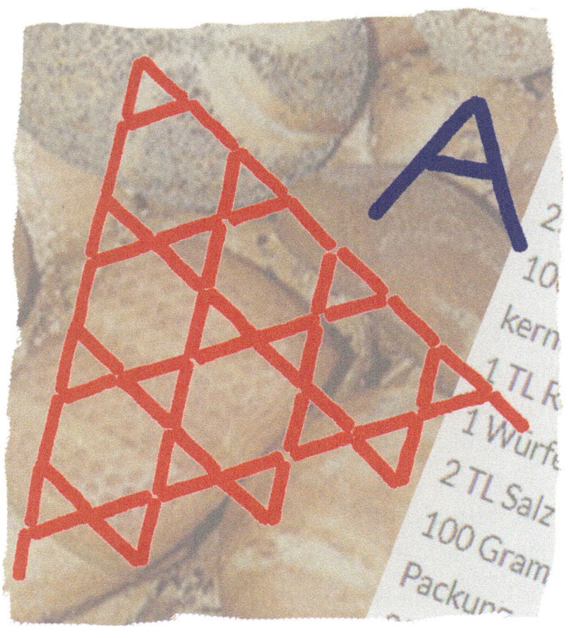

Manche Menschen neigen dazu, eine einfache Frage nicht nur mit „ja" oder
„nein" zu beantworten, sondern mit einem langen Vortrag, der bei Adam
und Eva beginnt. Mein Nachbar Frank gehört zu ihnen. Als ich ihn neulich
beim Bäcker traf und mehr aus Höflichkeit als aus Interesse fragte, wo er im
Urlaub gewesen sei, sagte er: „Ich war in Granada." „Es war sicherlich schön

dort", erwiderte ich rasch, nahm mir ein Exemplar der „Bäckerblume" von Tresen und wollte den Laden schnell verlassen. Doch es war zu spät.

Er zog mich zu einem kleinen Tisch und begann zu dozieren: „Wie du vermutlich weißt, landeten im Jahre 711 Araber und Mauren auf der bis dahin von den Westgoten beherrschten Iberischen Halbinsel und eroberten sie in den darauffolgenden Jahren fast vollständig. Beinahe 800 Jahre lebten sie im heutigen Spanien, wenn auch ihr Herrschaftsgebiet ständig kleiner wurde, bis es schließlich zu einem schmalen Streifen um Granada im Süden der Halbinsel geschrumpft war. 1492 wurden sie vollständig aus Spanien vertrieben. Sie haben großartige Bauwerke hinterlassen, die man zum Teil noch heute bewundern kann. Die Alhambra, die Stadtburg in Granada, ist ein solches Meisterwerk maurischer Baukunst und seit 1984 Weltkulturerbe."

Ich unterbrach Franks Redefluss. „Du, ich muss los. Meine Familie wartet auf die Brötchen." Doch er hielt mich am Ärmel fest und erzählte begeistert: „Viele Wände der Alhambra sind mit bunten Fliesen gekachelt. Die Muster sind rein geometrisch und dennoch wunderschön und fantasievoll. Grandios, sage ich dir! Es gibt dreieckige, quadratische, sechseckige, sternartige und noch ganz anders geformte Fliesen. Eine Wand war lückenlos mit gleichseitigen Dreiecken und regelmäßigen Sechsecke gekachelt." Ich unterbrach Frank erneut. „Mit lauter Dreiecken und Sechsecken ist das doch gar nicht möglich." „Glaubst du etwa, ich schwindele? Natürlich geht das." Frank war empört. Er nahm meine „Bäckerblume", zog einen roten Filzstift aus der Tasche und skizzierte mir ein Muster aus Dreiecken und Sechsecken auf der Rückseite. Er hatte recht: Es ging tatsächlich.

Ein etwa sechsjähriges Mädchen, das auch an unserem Tisch saß und eine Tasse Kakao trank, blickte neugierig auf Franks Zeichnung. „Das sind doch gar keine Dreiecke und Sechsecke, sondern viele Buchstaben A", sagte es plötzlich. „Wie bitte?", wandte sich Frank an das Mädchen, etwas verärgert darüber, dass es ihn unterbrochen hatte. „Schaut doch mal", sagte es und fuhr mit dem Zeigefinger die Linien in Franks Zeichnung ab. „Hier ist ein großes A und da ist ein großes A und da ist noch eines. Und es gibt noch viel mehr." Die Gelegenheit war günstig. Ich stand auf, schnappte meine Brötchen und meine „Bäckerblume" und verließ die Bäckerei.

Wissen Sie, wie viele rote A in Franks Zeichnung zu sehen sind? Alle A müssen die gleiche Form und gleichen Proportionen haben wie das neben der Zeichnung stehende einzelne blaue A. Die A dürfen unterschiedlich groß sein und brauchen nicht aufrecht zu stehen.

84

Darts

Mein Kollege Manfred fährt mit seiner Familie seit vielen Jahren jeden Sommer nach Schottland. „Die Highlands sind wunderschön", schwärmte er immer wieder. „Ihr müsst unbedingt dort einmal Urlaub machen."

Schließlich war ich überzeugt und buchte ein Ferienhaus in der Nähe des Loch Ness.

Die schottischen Highlands sind die ideale Urlaubsregion für Sonnenallergiker. Wer allerdings Tiefdruckgebiete nicht mag, sollte seine Ferien doch lieber am Mittelmeer verbringen. Bei Dauerregen kann in einem Ferienhaus ohne Fernseh- und Internet-Anschluss die Zeit lang und die Laune schlecht werden.

Als an unserem sechsten Urlaubstag beim Frühstück immer noch der Regen gegen die Fensterscheiben prasselte, verkündete meine Frau: „Ich fahre heute mit Christina und Inga nach Inverness. Wir werden durch die Geschäfte bummeln. Willst du mit?" Lieber wandere ich bei strömendem Regen über schlammige Bergpfade als in Kaufhäusern und Boutiquen stundenlang vor den Umkleidekabinen auf meine Frau und meine Töchter zu warten, um anschließend als Packesel für Kleidertüten zu dienen. Ich lehnte also dankend ab.

Als meine Frauen im Bus nach Inverness saßen, zog ich meine Regenkleidung an und machte mich auf den Weg zu einem abgelegenen Bergdorf. Völlig durchnässt erreichte ich es am späten Nachmittag. Gegenüber der Kirche gab es einen Pub. Ich ging hinein und bestellte mir ein Pint Bier. Außer dem Wirt und mir waren nur noch zwei Männer in dem Pub. Sie spielten Darts, aber nach Regeln, die mir völlig fremd waren. Ich sah einige Zeit zu, wie sie ihre Pfeile auf die Scheibe warfen.

Eine Dartscheibe ist in 20 Sektoren geteilt, die die Werte von 1 bis 20 haben. Durch alle Sektoren laufen drei schmale Ringe. Trifft der Pfeil einen Sektor im äußeren Double-Ring, verdoppelt sich der Wert des Sektors und trifft er im mittleren Triple-Ring, verdreifacht er sich sogar. Der innerste Ring heißt Bull und hat den Wert 25. Er umschließt einen kleinen Kreis, der das Zentrum der Dartscheibe bildet, Bull's Eye genannt wird und den Wert 50 hat.

Ich fragte die beiden Männer, nach welchen Regeln sie spielten. „Sie sind ganz einfach", erwiderte einer von ihnen. „In der ersten Runde hat jeder Spieler einen Pfeil. Der erste Spieler muss damit eine 1 werfen, der zweite eine 2, dann der erste eine 3, danach der zweite eine 4 – und so geht dies abwechselnd immer weiter, bis eine Zahl prinzipiell nicht erreicht werden kann." „Welche Zahl ist das?", fragte ich ihn. „Die 20 Sektoren ergeben die Zahlen von 1 bis 20. Anschließend kann man noch die Triple-7 = 21 und die Double-11 = 22 werfen. Die kleinste Zahl, die man nicht erreichen kann, ist also 23." Der Mann trank einen Schluck Bier und fuhr dann fort. „Wenn keiner der beiden einen Fehlwurf hatte, beginnt die zweite Runde mit zwei Pfeilen. Jeder Spieler wirft nacheinander beide Pfeile auf die

Scheibe und sie müssen auch beide treffen. Dann werden die zwei erreichten Zahlen zusammengezählt. Die kleinstmögliche Zahl, die man erreichen kann, ist 2. Sie muss vom ersten Spieler geworfen werden. Danach geht es abwechselnd weiter mit 3, 4, 5 und so weiter, bis eine Zahl prinzipiell nicht erreicht werden kann. Wenn auch dann noch kein Spieler einen Fehlwurf hatte, geht es in die nächste Runde nach den gleichen Regeln, aber mit drei Pfeilen und einem Startwert von 3. Bei jeder weiteren Runde kommt dann ein Pfeil hinzu und der Startwert erhöht sich um 1. Die Runden werden immer länger, denn die kleinste nicht erreichbare Zahl wird immer größer. Der Rekord in unserem Pub sind fünf vollständige Runden."

„Wie groß ist denn bei fünf Pfeilen nach der 4 die kleinste nicht erreichbare Zahl?" „Tja", sagte der Mann und kratzte sich am Hinterkopf. „Daran kann ich mich nicht mehr erinnern."

Wissen Sie es?

85

Yin, Yon, Yun und Yang

Samarkand liegt an der Seidenstraße in einer Flussoase des Serafschan. Dort prallten über tausend Jahre lang die Kulturen des Ostens und des Westens aufeinander und gingen manche Verbindung miteinander ein. Mitten im Zweiten Weltkrieg entdeckte der belgische Archäologe Pieter ten Velde bei Ausgrabungen in der Nähe der Stadt eine farbig glasierte, runde, etwa handtellergroße Tonscheibe. In einem Brief an einen Kollegen in Cambridge erwähnte er seine Entdeckung, beschrieb die Scheibe als vierfeldiges Yin und Yang und vermutete, dass sie ein Symbol einer Verschmelzung des chinesischen Taoismus mit der westlichen Lehre von den vier Elementen Feuer, Wasser, Luft und Erde sei. In den Wirren des Krieges ging die Scheibe verloren und geriet schließlich in Vergessenheit.

Vor ein paar Jahren fand ein Enkel des Archäologen beim Aufräumen seines Dachbodens dessen Notizbücher. Eines davon enthielt eine Zeichnung der mysteriösen Tonscheibe. Der Enkel gab das Notizbuch weiter an eine nicht ganz seriöse pseudowissenschaftliche Zeitschrift, die das Symbol Yin, Yon, Yun und Yang taufte, in knalligen Farben auf ihre Titelseite druckte und einen reißerischen Artikel über die Symbiose östlicher und westlicher Kultur im frühen Mittelalter veröffentlichte. Daraufhin trat Yin, Yon, Yun und Yang einen Siegeszug unter den Esoterikern dieser Welt an, der durch nichts mehr aufzuhalten war. Inzwischen kann man Amulette mit dem Symbol kaufen, die vor dem bösen Blick schützen sollen, Frauen lassen es sich als Tattoo auf den Bauch stechen, um eine Schwangerschaft zu fördern, und es gibt Volkshochschulkurse zu seiner heilenden Wirkung.

Zu meinem letzten Geburtstag erhielt ich von meiner Schwiegermutter eine kleine tönerne Yin-Yon-Yun-Yang-Scheibe an einem Seidenfaden. „Du musst dir die Scheibe in deinem Auto an den Rückspiegel hängen, dann schützt sie dich vor Unfällen", erklärte sie mir. Am Abend sah ich mir die Scheibe genauer an. Das Symbol war ein Kreis, der durch zwei kleine, zwei mittelgroße und zwei große Halbkreise in vier Flächen geteilt wurde. Die vier Flächen schienen nach meinem Augenmaß gleich groß zu sein.

Angenommen, sie waren es tatsächlich, wie groß war dann das Verhältnis aus dem Durchmesser des großen Halbkreises zum Radius des Außenkreises?

86

Dominoketten

Es war ein lauer Sommerabend. Meine Frau besuchte ihre Eltern, und meine beiden Töchter saßen auf der Terrasse, spielten Domino und unterhielten sich flüsternd miteinander. Ich hatte mich mit einer Flasche Bier und einer Packung Erdnüsse in die Hollywoodschaukel zurückgezogen und genoss den stillen Abend. Nur hin und wieder drang ein leises Kichern der Mädchen an mein Ohr.

© Springer Fachmedien Wiesbaden GmbH, ein Teil von Springer Nature 2019
H. Hemme und M. Schwoerer, *Euklids Wohnzimmer*

Plötzlich war es mit der Ruhe vorbei. „Auf die Plätze, fertig, los!", rief Inga laut, und kurz danach sagte sie: „48 Sekunden." Einen Moment später rief auch Christina: „Auf die Plätze, fertig, los!" und kurz darauf: „52 Sekunden." So ging das eine Viertelstunde lang hin und her, und die Zeiten, die Inga und Christina für irgendetwas, das ich nicht erkennen konnte, zu benötigen schienen, wurden immer kürzer.

Schließlich wurde ich neugierig, stand auf und ging zu den Mädchen. „Was macht ihr da?", fragte ich. „Wir spielen Speed Domino", sagte Inga. „Speed Domino? Nie gehört", meinte ich. „Das haben wir auch nicht anders erwartet", entgegnete Christina spitz. Da ich zum Schreiben einer SMS viel Zeit benötige, kein Smartphone besitze und folglich auch keinen Zugang zu Whatsapp habe, gelte ich in den Augen meiner Töchter als weltfremd und nur begrenzt lebenstauglich. Und weil ich nie weiß, wer bei „Germany's Next Topmodel" eine Runde weiter gekommen ist, halten die Mädchen mich auch noch für völlig ungebildet. Da hilft es gar nichts, dass ich, wie ich bei aller Bescheidenheit sagen darf, ausgesprochen gute Fußballkenntnisse habe.

„Ich erkläre es dir", sagte Inga. „Es ist ganz einfach. Man muss so schnell wie möglich alle Dominosteine des Spiels zu einer langen Reihe aneinander legen. Dabei gilt natürlich die übliche Dominoregel, dass die beiden Felder, die von zwei verschiedenen Steinen aneinanderstoßen, die gleichen Augenzahlen haben müssen." „Das kann doch nicht so schwer sein", meinte ich. „Dann versuch's doch mal", forderte mich Christina auf und schob mir die Steine zu. Inga nahm die Stoppuhr in die Hand und sagte: „Auf die Plätze, fertig, los!" Das erste Dutzend Steine hatte ich schnell aneinandergelegt und ich fand, dass ich sehr gut in der Zeit lag. Aber dann ging es nicht weiter. Ich nahm wieder einige Steine von der Kette fort, aber es nützte mir nichts. Schließlich fing ich noch einmal ganz vor vorne an, doch wieder klappte es nicht. Nach fünf Minuten gab ich auf und gestand zerknirscht, zu dumm für das Spiel zu sein.

Da fingen die Mädchen an zu lachen und Christina tröstete mich. „Nimm's dir nicht zu Herzen. Ganz so dumm, wie du glaubst, bist du nicht." Dann zog sie einige Dominosteine unter dem Tisch hervor. „Ich habe ein paar Steine, ohne dass du es gemerkt hast, aus dem Spiel genommen. Damit war es unmöglich, die restlichen Steine zu einer Kette auszulegen." „Ihr seid gemein zu eurem armen Vater", sagte ich schmollend. Ich zog mich wieder in meine Hollywoodschaukel zurück und dachte über das hinterhältige Spiel meiner Töchter nach.

Ein vollständiger Dominosatz besteht aus 28 Steinen, auf deren Feldern alle möglichen Zweierkombinationen der Augenzahlen von 0 bis 6 gedruckt sind. Ich fragte mich, wie viele Steine Christina aus dem Satz mindestens entfernt haben musste, damit ich die restlichen Steine nicht mehr alle zu einer regelgerechten Kette auslegen konnte.

Wissen Sie es?

Die Zahl des Tieres

Meine Frau ist Deutschlehrerin und trifft sich gelegentlich abends mit drei etwa gleichaltrigen Kolleginnen ihrer Schule. Sie stellt zusammen mit Josefine, die Religion unterrichtet, die geisteswissenschaftliche Fakultät dieses Damenkränzchens dar. Den Gegenpol dazu bilden die beiden Mathematiklehrerinnen

Gerda und Karin, die wegen ihres Scharfsinns von den Schülern gleicherma-
ßen bewundert und gefürchtet werden. Ehemänner sind bei diesen Treffen,
außer zum Kellnern, nicht zugelassen.

Am letzten Freitag fand das Kränzchen bei uns zu Hause statt. Meine
Frau hatte den ganzen Nachmittag über gebacken. Ich musste kalorien-
reduzierte Süßigkeiten kaufen, Sahne schlagen und den Eierlikör kalt stellen.
Nachdem die drei Kolleginnen eingetroffen waren, und ich sie mit Kuchen
und Getränken versorgt hatte, zog ich mich ins Gästezimmer zurück und
sah ein wenig fern.

Gegen neun Uhr kam meine Frau zu mir und fragte, ob ich mich um
Nachschub kümmern könne. Als ich ins Wohnzimmer trat, hörte ich, wie
Josefine die Mathematiklehrerinnen fragte: „Wisst ihr eigentlich, was die
Schüler von euch beiden behaupten?" Gerda und Karin schüttelten die
Köpfe. „Sie sagen, ihr seid perfekte Logikerinnen, überseht nichts und begeht
niemals einen Denkfehler." Die vier Frauen hatten schon etliche Gläschen
Eierlikör mit Schlagsahne geleert, und die Stimmung war ausgelassen. Unter
viel Gekichere beschlossen sie, Gerdas und Karins Denkvermögen zu testen.

Jede der beiden musste sich eine positive ganze Zahl ausdenken und sie
auf einen Zettel schreiben, den dann Josefine bekam. Natürlich durften
Karin und Gerda ihre Zahlen nicht verraten. Dann nahm Josefine zwei
neue Zettel und schrieb auf den einen das Produkt und auf den anderen
die Summe der beiden Zahlen. Die beiden neuen Zettel wurden in einen
Topf geworfen und gut geschüttelt. Dann zog Josefine einen Zettel aus dem
Topf, warf einen Blick darauf und sagte: „Es ist die Zahl des Tieres." Wenige
Sekunden darauf sagte Gerda zu Karin: „Ich kenne deine Zahl nicht." Dar-
auf erwiderte Karin: „Ich kenne deine Zahl auch nicht." Dann sagte Gerda:
„Ich kenne jetzt deine Zahl." Sie nannte eine Zahl, die ich aber nicht ver-
stand, weil gerade in diesem Moment das Telefon klingelte.

Gegen Mitternacht, als die Gäste gegangen waren und wir das Wohnzimmer aufräumte, fragte ich meine Frau, ob Gerda die richtige Zahl
genannt hatte. „Ja, das hat sie." „Mir ist völlig unverständlich, wie sie aus
Josefines kryptischer Bemerkung über irgendeine Tierzahl auf die Zahl
schließen konnte, die sich Karin ausgedacht hatte." Meine Frau drückte mir
eine Stapel schmutziger Teller in die Hand und sagte: „Wenn du ein wenig
bibelfester wärst, wüsstest du, dass in der Offenbarung des Johannes steht:
Wer Verständnis hat, berechne die Zahl des Tieres; denn es ist eines Menschen Zahl; und seine Zahl ist sechshundertsechsundsechzig. Mit dieser
Information solltest du, obwohl du Gerdas Zahl gar nicht kennst, trotzdem
in der Lage sein, Karins Zahl zu ermitteln." Natürlich konnte ich das nicht.

Wissen Sie, welche Zahl Karin auf ihren Zettel geschrieben hatte?

88

Die Tänzer

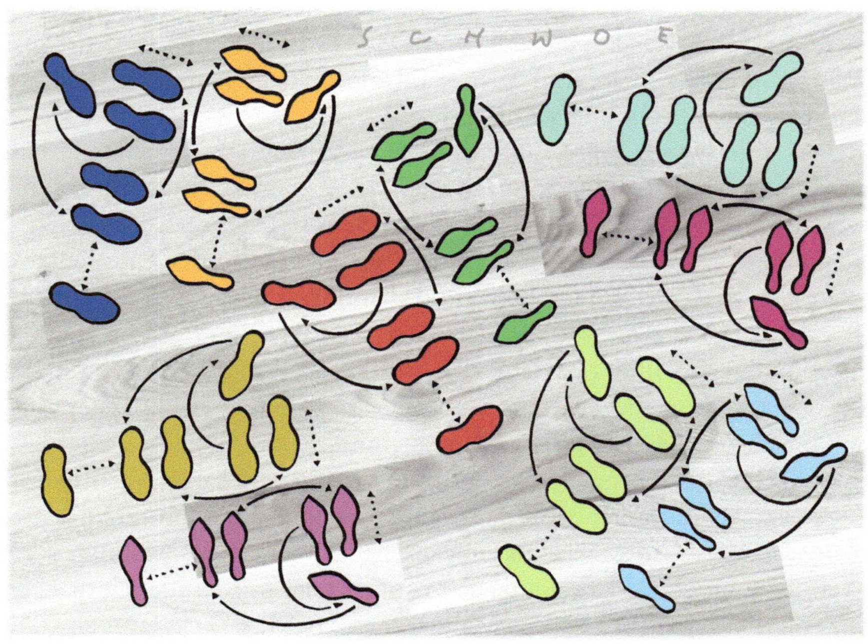

Im nächsten Monat wird mein Vater 70 Jahre alt. Das sei kein Grund zum Feiern, behauptete er vor ein paar Wochen knurrig, und er werde an dem Tag den Keller aufräumen. „Lasst ihn einfach reden", sagte meine Mutter zu ihren Enkelkindern und verdrehte die Augen. „Wir werden trotzdem ein Fest für ihn organisieren."

Nach langen Überlegungen hatten meine Töchter und meine Nichten und Neffen den Plan gefasst, auf der Geburtstagsfeier eine Fotoschau über ihren Großvater vorzuführen. Aus jedem seiner Lebensjahre sollte ein Foto von ihm mit einem Beamer auf eine Leinwand projiziert und mit Musik aus diesem Jahr untermalt werden. Ein paar Tage später hatten sich die Kinder von meiner Mutter die Alben und Schuhkartons mit Fotos ausgeliehen und wollten die 70 Bilder auswählen. Meine Mutter und ich wurden als Berater hinzugezogen.

Trotz der riesigen Auswahl war es schwer, passende Fotos aus jedem Lebensjahr zu finden. „Schaut euch dieses Bild mal an!", rief Christina. Auf der verblassten Fotografie sah man sechs Paare eng umschlungen tanzen. Mit Mühe erkannte ich meine Eltern, aber sie tanzen nicht miteinander, sondern mit anderen Partnern. Doch wer die übrigen fünf Frauen und fünf Männer waren, konnte ich nicht erkennen.

Meine Mutter nahm das Bild in die Hand, betrachtete es eine Weile und sagte dann: „Das sind Heiner und Thea Bayer, Ludger und Josefin Caspar, Dieter und Silke Dickmann, Uli und Dorothee Eichler und Friedrich und Angelika Franzen." Die fünf Paare sind die besten Freunde meiner Eltern und sie kennen sich schon seit ihrer Jugend.

„Das Bild wurde 1968 aufgenommen. Wir waren Studenten, hatten aber kaum Zeit für unser Studium. Es gab Wichtigeres für uns zu tun, als verstaubte Lehrbücher zu wälzen. Wir protestierten gegen den Vietnamkrieg und gegen den Schah von Persien, skandierten in der Uni ‚Unter den Talaren – Muff von 1000 Jahren' und demonstrierten auf den Straßen für die Frauenrechte. Aber vor allem feierten wir Partys und tanzten zur Musik von Bob Dylan, Jimi Hendrix, den Beatles und den Rolling Stones. Ich war damals schon mit eurem Großvater zusammen, aber die anderen zehn hatten sich noch nicht zu den Paaren gefunden, die sie heute sind." Meine Mutter nahm die Fotografie wieder in die Hand und sah sie sich eine Zeit lang etwas wehmütig an. „Auf dem Bild tanzt keine Frau mit ihrem späteren Ehemann. Euer Großvater tanzt mit der heutigen Frau des Mannes, der mit Thea Bayer tanzt. Der Mann, dessen heutige Frau mit Ludger Caspar tanzt, tanzt mit der heutigen Frau des Mannes, der mit Silke Dickmann tanzt."

Meine Mutter war bis zu ihrer Pensionierung Mathematiklehrerin gewesen und beherrscht es immer noch perfekt, sich korrekt, aber völlig unverständlich auszudrücken. „Und übrigens tanzt die heutige Frau des Mannes, der mit Dorothee Eichler tanzt, nicht mit Friedrich Franzen", ergänzte meine Mutter. „Und wenn ihr mir genau zugehört habt, könnt ihr mir jetzt bestimmt sagen, mit wem Heiner Bayer tanzt und mit wem Friedrich Franzen."

Können Sie die Frage meine Mutter beantworten?

89

Schweinekauf im Reich der Merowinger

Onkel Erich arbeitet ehrenamtlich als Bürgermeister in seinem Dorf in der Hallertau und verdient sein Geld als Restaurator für wertvolle Bücher. Als Restaurator genießt er ein hohes Ansehen in der Fachwelt, als Politiker hingegen ist er sehr umstritten. Vor ein paar Wochen stand er plötzlich abends mit einem Koffer vor unserer Tür und teilte mir mit, als ich ihm öffnete, er müsse am nächsten Tag in der Universitätsbibliothek der Nachbarstadt einige Kodizes abholen und werde deshalb bei uns übernachten.

Onkel Erich ist ein anspruchsvoller Gast und erwartet, dass man für ihn kocht, selbst wenn er unangekündigt ins Haus schneit. Schicksalsergeben machte sich meine Frau in der Küche an die Arbeit. Währenddessen trank Onkel Erich im Wohnzimmer meinen besten Wein, den ich eigentlich für unseren Hochzeitstag gekauft hatte, und erzählte mir und den Kinder von seiner Arbeit.

„Pergament war im Mittelalter sehr wertvoll und wurde darum oft mehrfach benutzt. Wenn ein Buch nicht mehr gebraucht wurde, nahm man es auseinander, kratzte die Tinte von den Seiten und beschrieb sie neu. Ein solches abgekratztes und neu beschriebenes Pergament nennt man Palimpsest. Mit den technischen Mittel, die uns heute zur Verfügung stehen, kann man den abgekratzten Text wieder sichtbar machen, und manchmal ist er viel bedeutender als der spätere."

Onkel Erich trank sein Glas aus und schenkte sich nach. „Vor ein paar Monaten musste ich einen Kodex restaurieren, der ursprünglich aus der Bibliothek des Klosters Reichenau stammt. Keines der Blätter war schon vorher einmal beschrieben gewesen, bis auf das letzte Blatt. Aber das hatte es in sich. Dort hatte auf der Rückseite ursprünglich ein lateinisch verfasstes mathematisches Rätsel aus dem Merowingerreich gestanden. Es wurde im frühen achten Jahrhundert vermutlich in einem Kloster im westlichen Austrasien geschrieben."

„Wie ging denn das Rätsel?", fragte Christina. „Tja, lasst mich mal überlegen", sagte Onkel Erich und kratzte sich das Kinn. „Frei übersetzt lautet es: Drei Männer gehen mit ihren Frauen auf den Markt, um Schweine zu kaufen. Die Männer heißen Chilperich, Chlothar und Dagobert und die Frauen Arnegund, Ragnetrud und Fredegard. Wer mit wem verheiratet ist, geht aus der Reihenfolge der Namen nicht hervor. Jeder Mann und jede Frau geht zu einem anderen Händler und handelt mit diesem einen Schweinepreis aus. Dann kauft jeder der sechs gerade so viele Schweine, wie er oder sie Schillinge für jedes einzelne Schwein bezahlen muss. Dagobert kauft dreiundzwanzig Schweine mehr als Arnegund, und Chlothar kauft elf Schweine mehr als Fredegard. Außerdem gab jeder Mann drei Pfund und drei Schilling mehr aus als seine Frau. Wie viele Schweine kauft Ragnetrud?" Und er ergänzte: „Um das Rätsel lösen zu können, müsst ihr noch wissen, dass bei den Merowingern ein Pfund zwanzig Schillinge hatte. Übrigens war auf dem Palimpsest keine Lösung angegeben. Die müsst ihr schon selbst finden."

Ich war mir keineswegs sicher, ob Onkel Erich nicht flunkerte. Er nahm es mit der Wahrheit nicht so genau und passte sie stets seinen Bedürfnissen an. Das Rätsel konnte also durchaus tausend Jahre jünger sein, als er behauptete.

Wissen Sie, wie viele Schweine Ragnetrud kaufte?

90

Leonardos Zahlen

Auf einer Reise durch Italien war ich in ein kleines toskanisches Dorf geraten, das abseits der großen touristischen Ströme an der Flanke eines Hügels zu kleben schien. Ich saß im Schatten einer Pinie vor einer Taverne und trank ein Glas Wein, als mich ein älterer Mann am Nachbartisch auf Deutsch ansprach. Er sei Deutsch- und Mathematiklehrer an einem Gymnasium in Lucca gewesen und nach seiner Pensionierung hierher in sein Heimatdorf zurückgekehrt. Und er freue sich, endlich mal wieder mit jemanden Deutsch reden zu können. Wir kamen ins Gespräch.

Als ich ihn fragte, was ich mir in seinem Ort unbedingt ansehen müsse, sagte er: „Unser Dorf brachte keine berühmten Söhne oder Töchter hervor, denen man ein Denkmal bauen könnte, und vor seinen Toren wurde niemals eine bedeutende Schlacht geschlagen, die seinen Namen in die Schulbücher gebracht hätte. Das einzige erwähnenswerte Ereignis in der Geschichte unseres Dorfes geschah 1231. In diesem Jahr übernachtete hier der große Rechenmeister Leonardo aus Pisa auf einer Reise nach Rom. Der Wirt der Herberge hieß Carlo. Er konnte zwar kaum ein Wort lesen oder schreiben, aber er bildete sich viel auf seine Rechenkünste ein, mit denen es jedoch auch nicht weit her war, und prahlte damit vor seinem berühmte Gast. Leonardo hörte ihm lange Zeit geduldig und wortlos zu, doch schließlich unterbrach er ihn und sagte: ‚Meister, ich möchte Euch einen Vorschlag machen.' Dann zog er zwei Bögen Pergament aus seiner Reisetasche und zerschnitt beide in je 100 kleine Schnipsel. Auf die ersten 100 Pergamentschnipsel schrieb er die Zahlen 1 bis 100 und steckte sie in einen kleinen Tonkrug. Die anderen 100 Schnipsel schob er dem Wirt zu. ‚Ihr dürft jetzt, ohne hinzuschauen, zwei Schnipsel aus dem Krug ziehen. Die beiden Zahlen, die darauf stehen, zählt Ihr zusammen, addiert dann noch deren Produkt hinzu und schreibt das Ergebnis auf einen von Euren Schnipseln. Die beiden gezogenen Schnipsel werft Ihr weg und steckt den neuen in den Krug. Jetzt sind also 99 Schnipsel darin. Das gleiche Spiel wiederholt Ihr noch 98 Mal, sodass sich zum Schluss nur noch ein einziger Schnipsel in dem Krug befindet. Wenn Ihr mir binnen einer halben Stunde sagen könnt, wie die beiden letzten Ziffern dieser letzten Zahl lauten, bezahle ich Euch für das Zimmer und die Bewirtung den doppelten Preis. Wenn Ihr mir die Ziffern nicht nennen könnt, bekommt Ihr gar nichts. Seid Ihr damit einverstanden?' ‚Ja', sagte der Wirt und freute sich über die vermeintlich leichte Aufgabe. Doch schon nach wenigen Minuten gab er auf, und Leonardo brauchte nichts für Bett, Brot und Wein zu zahlen."

„Ich verstehe nicht, wie der Wirt das Spiel verlieren konnte. So schwer sind die Rechnungen nun doch wirklich nicht", meinte ich. „Sie können es gerne einmal selbst versuchen", schlug der Mann vor. „Schaffen Sie es, bezahle ich Ihren Wein, wenn nicht, bezahlen Sie meinen." Ich erklärte mich einverstanden, und der Mann bereitete das Spiel vor. Ich begann, doch schon nach wenigen Runden wurden die Zahlen so groß, dass mein Kopf beim Rechnen versagte und kurz darauf auch die Taschenrechner-App meines Handys. Ich musste aufgeben.

Wissen Sie, wie die beiden letzten Ziffern der Zahl lauten, die nach der letzten Runde noch im Krug sein müsste?

Celsius und Fahrenheit

Jeden Montagmorgen um zehn findet in meiner Firma die wöchentliche Abteilungsbesprechung statt. Sie könnte oft schon nach einer halben Stunde zu Ende sein, wenn mein Chef nicht zur Geschwätzigkeit neigen und uns mit Nichtigkeiten langweilen und von der Arbeit abhalten würde. Vor einigen

Wochen hatte er einen Kunden in den USA besucht und berichtete davon am folgenden Montag in der Besprechung. Als er nach wenigen Minuten alles für uns Wichtige erzählt hatte, gab er noch zum Besten, dass er in New York in einer Bar im John F. Kennedy International Airport mit zwei Amerikanern ins Gespräch gekommen wäre, die auch auf ihren Abflug warteten.

„Es sei kalt in New York, sagte ich zu den beiden", erzählte unser Chef. „Darauf meinte der Mann, der links neben mit saß, er komme aus Springfield und habe gerade von seiner Frau am Telefon erfahren, dass es dort auch nicht besonders warm sei. Dann nannte er mir eine Temperatur. Mein rechter Nachbar verriet uns daraufhin, er stamme aus Midway und nannte uns die aktuelle Temperatur seines Heimatortes.

Mir fiel auf, dass die Temperatur in Springfield ein ganzzahliges Vielfaches der Temperatur in Midway war. Allerdings kann ich mich nicht mehr daran erinnern, ob dieses Vielfache positiv oder negativ war, ich weiß nur noch, es war nicht 0 oder 1. Sie wissen ja, dass die Amerikaner Temperaturen in Grad Fahrenheit angeben. Um mir eine Vorstellung davon zu machen, wie warm oder kalt es in Springfield und Midway tatsächlich war, rechnete ich die Angaben der beiden Männer in Grad Celsius um. Zu meiner Überraschung stellte ich fest, dass das Verhältnis dieser beiden Celsiustemperaturen dieselbe ganze Zahl war wie bei den Fahrenheittemperaturen. Doch ich weiß nicht mehr, ob es auch tatsächlich das Verhältnis der Springfield-Temperatur zur Midway-Temperatur war oder umgekehrt das Verhältnis der Midway-Temperatur zur Springfield-Temperatur."

Werner, der das Büro neben meinem hat, schrieb etwas auf seinen Block. Neugierig schielte ich darauf und las „Bla, bla, bla, spotz, bla". Ich konnte mir ein Grinsen nicht verkneifen, was mir sofort einen vorwurfsvollen Blick von Sabine einbrachte. Sie ist unserem Chef gegenüber immer ausgesprochen höflich und heuchelt stets Interesse an seinem Geplapper. Darum fragte sie ihn: „Wie warm war es denn in den beiden Orten?"

„Tja", erwiderte unser Chef und kratzte sich hinter dem Ohr. „Das weiß ich leider nicht mehr. Ich kann mich nur noch daran erinnern, dass von den vier Werten, also von den beiden Fahrenheit-Temperaturen und den beiden entsprechenden Celsius-Temperaturen, drei Werte ganzzahlig waren."

Wissen Sie, wie groß das Verhältnis der Fahrenheit-Temperatur in Springfield zur Fahrenheit-Temperatur in Midway war? Übrigens: Eine Fahrenheit-Temperatur F kann in eine Celsius-Temperatur C mit der Gleichung $C = 5(F - 32)/9$ umgerechnet werden.

92

Der Mond aus grünem Käse

Baron Hieronymus von Münchhausen stopfte seine Pfeife und zündete sie an. Dann nahm er ein paar tiefe Züge und begann zu erzählen: „Während der Türkenkriege verließ mich mein Glück. Ich geriet in Gefangenschaft und musste als Sklave die Bienen des Sultans hüten. Als eines Abends zwei Bären meinen Bienen den Honig stehlen wollten, warf ich meine silberne

Axt nach den Dieben und konnte sie zum Glück vertreiben. Doch ich hatte der Waffe so viel Schwung gegeben, dass sie bis zum Mond flog und in ihm stecken blieb. Wie sollte ich sie zurückbekommen?

Da fiel mir ein, dass türkische Bohnen sehr geschwind und bis zu einer erstaunlichen Höhe wachsen. Augenblicklich pflanzte ich eine solche Bohne, die sofort emporwuchs und den Mond umrankte. Dann kletterte ich zu ihm hinauf. Oben angelangt, wäre ich vor Erstaunen beinahe wieder zur Erde gestürzt – denn ich sah, dass der Mond ein großes konvexes Polyeder aus grünem Käse war."

„Herr Baron, Ihr nehmt uns auf den Arm", unterbrach General von Oorde den Redefluss. „Ich sehe doch jeden Abend, dass der Mond gelb und rund ist und nicht grün und eckig."

„Da fallt Ihr einer optischen Täuschung zum Opfer, ähnlich einer Fata Morgana", erwiderte Münchhausen. „Ich kann Euch beweisen, dass ich recht habe." „Unmöglich!", rief Graf von Frenswegen.

Münchhausen brachte ihn mit einer Handbewegung zum Schweigen. „Wenn diese Behauptung richtig ist, dann ist der Mond ein konvexes Polyeder aus grünem Käse", sagte er mit Nachdruck. Er blickte in die Runde und erklärte: „Der erste Satzteil meiner Behauptung beschreibt den gesamten Satz. Darum gibt es nur die beiden Möglichkeiten, dass entweder der erste Satzteil und auch der gesamte Satz wahr sind oder dass der erste Satzteil und auch der gesamte Satz falsch sind. Da ein Wenn-Dann-Satz aber nur dann falsch ist, wenn der erste Satzteil wahr und der zweite falsch ist, muss im ersten Fall der zweite Satzteil wahr sein. Den zweiten Fall hingegen kann es gar nicht geben, denn er ist widersprüchlich. Also ist der Mond ein Polyeder aus grünem Käse. Quod erat demonstrandum."

„Mir schwirrt der Kopf von Eurem Beweis, aber ich glaube Euch natürlich", sagte General von Oorde zögernd.

„In gewissen Weise habt Ihr natürlich recht mit Eurem runden Mond", gab Münchhausen zu. „Mich haben auch die Ecken am Käse gestört. Also habe ich meine silberne Axt genommen und sie alle abgeschlagen. Dann zählte ich die Flächen, Ecken und Kanten des so gekappten Mondes. Leider kann ich mich nicht mehr an alle drei Zahlen erinnern. Ich weiß nur noch, das mindestens eine der Zahlen eine Elf war."

Angenommen, Münchhausen hatte die Wahrheit gesagt und jede Ecke des Mondes durch einen ebenen Schnitt gekappt, aber dabei immer nur so wenig abgeschlagen, dass keine der ursprünglichen Kanten ganz verschwand. Wie viele Flächen, Ecken und Kanten hatte der Mond dann anschließend?

93

Till Eulenspiegel und die Königin der Wissenschaften

Die Astrologie ist die Königin der Wissenschaften. Wer sie beherrscht, dem sind Ruhm und Reichtum sicher. Wer sich ihrer aber bedient, ohne sie zu verstehen, läuft Gefahr, sein Leben zu verlieren. Das musste auch Till Eulenspiegel leidvoll erfahren, und nur mit knapper Not entkam er dem Beil des Henkers.

Als Till Eulenspiegel im Jahre der Herrn 1331 durch die Grafschaft Frenswegen wanderte, hörte er in jedem Dorf, Graf Johann suche dringend einen Astrologen. „Das ist genau das Richtige für meines Vaters Sohn", sagte er sich und machte sich auf den Weg zum Schloss. Dort angekommen, ließ er sich beim Grafen als berühmter Astrologe aus Abu Telfan melden. Bereits am nächsten Tag stand er im gräflichen Dienst.

Bedauerlicherweise kümmerten sich die Sterne entweder nicht um Graf Johanns Schicksal oder Eulenspiegel verstand es nicht, ihre Botschaft richtig zu lesen. Jedenfalls trafen seine Horoskope nie zu. Der Graf wurde zunehmend unzufriedener mit seinem Sterndeuter. Als er dann die Schlacht am Isterberg gegen die Neerlager verlor, obwohl ihm Eulenspiegel prophezeit hatte, Mars stehe günstig für ihn und er werde siegen, riss ihm der Geduldsfaden. Er ließ seinen Astrologen in Ketten legen und zu sich bringen. „Du bist ein Scharlatan und hast den Tod verdient!", schimpfte der Graf. „Aber ich gebe dir noch eine Chance, dein Leben zu retten. Ich habe hier 119 quadratische Elfenbeinplättchen zu einem 7-mal-17-Rechteck angeordnet. Auf der Rückseite jedes Plättchens steht eine ganze Zahl. Diese Zahlen sind nicht unbedingt alle verschieden. Wenn du mir die Summe der 119 Zahlen nennst, lasse ich dich frei. Ansonsten wird dir der Henker morgen früh deinen Kopf vor die Füße legen. Du darfst eines der Plättchen umdrehen und dir dessen Zahl ansehen." Dann grinste er boshaft und sagte: „Lass dir von den Sternen helfen!"

Natürlich schwiegen die Sterne wie immer, wenn man sie brauchte, doch Gräfin Mathilde, die einen Narren an Eulenspiegel gefressen hatte, flüsterte ihm zu: „Die Summe der Zahlen jedes 3-mal-4-Rechtecks und jedes 4-mal-3-Rechtecks in dem Muster beträgt 202." Eulenspiegel war zwar ein Schlitzohr, aber kein Dummkopf. Er dachte kurz nach und drehte dann ein Plättchen um. Auf der Rückseite stand eine 7. Dann nannte er die richtige Summe der Zahlen auf allen 119 Plättchen.

Wissen Sie, welches Plättchen Eulenspiegel umdrehte und wie groß die Summe aller Zahlen war?

94

Das schwere Leben in Wyoming

Je einfacher der Umriss eines Staates zu zeichnen ist, umso schwieriger ist es angeblich, in ihm zu leben. Wie wahr diese goldene Regel ist, mussten die drei Brüder Adam, Ben und Carl Dalton oft schon leidvoll erfahren. Sie bewirtschaften eine kleine Farm in Wyoming. Die Fläche dieses Staates ist ein perfektes Viereck – und sein Umriss darum sehr leicht zu zeichnen.

In den Great Plains im Osten des Staates, wo das Farmhaus der Brüder steht, leben nur wenige Menschen. Die Orte liegen weit auseinander.

Als die drei Brüder wieder einmal in der einzigen Kneipe ihres Dorfs ihre von der Feldarbeit staubigen Kehlen spülten, kam es wegen eines verschütteten Biers an der Theke zu einem handgreiflichen Streit mit anderen Farmern, und der Wirt setzte sie kurzerhand vor die Tür. Adam, Ben und Carl fanden das völlig überzogen und fühlten sich ungerecht behandelt. Die paar zu Bruch gegangenen Barhocker waren doch ohnehin wackelig und abgestoßen gewesen und hatten genau genommen nur noch als Brennholz getaugt. Und der Spiegel über der Bar war so hässlich, dass der Wirt ihnen eigentlich hätte dankbar sein müssen, dass sie eine Flasche hinein geworfen hatten. Und die wenigen kleinen Schrammen, die die anderen Farmer abbekommen hatten, waren auch nicht der Rede wert gewesen und würden in ein paar Wochen verheilt sein. Doch alle Einwände nützten ihnen nichts, denn der Wirt hatte mit einer Winchester, Kaliber 22, das deutlich bessere Argument.

Der Ärger der drei Brüder war groß, aber ihr Durst war noch größer. „Lasst uns ins Joe's Bar gehen", schlug Adam vor. „Dort ist man nicht so kleinkariert wie hier." Ben und Carl waren einverstanden.

Joe's Bar ist zwar die nächstgelegene Kneipe, aber sie befindet sich im Nachbarort Bakers Creek, elf Meilen entfernt. Adam hatte ein Fahrrad dabei, seine beiden Brüder waren zu Fuß. Das Rad besaß einen Gepäckträger, auf dem Adam einen seiner Brüder mitnehmen konnte. Die drei überlegten sich nun, wie sie das Fahrrad so nutzen konnten, dass sie alle drei gleichzeitig und dazu noch so schnell wie möglich zu Joe's Bar gelangen würden. Sie wussten, dass sie zu Fuß drei Meilen pro Stunden gehen konnten. Saß einer alleine auf dem Rad, konnte er damit fünfzehn Meilen pro Stunde fahren. Saßen sie jedoch zu zweit auf dem Rad, schafften sie nur zwölf Meilen pro Stunde. Vielleicht war es ja nur reiner Zufall, aber es gelang ihren vom Alkohol vernebelten Gehirnen tatsächlich, das optimale Verfahren zu finden.

Wissen Sie, wie lange die drei Brüder für ihren Weg zu Joe's Bar brauchten?

95

Fußball im Wunderland

Bekanntlich verhalten sich Kinder und Elementarteilchen, wenn sie beobachtet werden, oft ganz anders, als wenn sie unbeobachtet sind. Und genauso machen es die Schachfiguren im Wunderland. Als Alice vor vielen Jahren durch den Spiegel stieg und so auf ein riesiges Schachbrett gelangte, traf sie dort die schwarze Königin. Diese nahm Alice mit auf eine Reise durch ihr Reich und stellte ihr ihren Hofstaat und ihre Armee vor. Die 16 schwarzen Figuren trieben zwar allerhand Unsinn, spielten aber ansonsten Schach gegen die 16 weißen Figuren. Mal gewann die schwarze Armee und mal die weiße, aber sonst passierte nicht viel. Als es Abend wurde, verabschiedete sich Alice und stieg wieder in den Spiegel. Sie war schon fast auf der anderen Seite, als ihr die schwarze Königin noch eine Frage stellte: „Ist 42 Prozent viel oder wenig?" „42 ist zwar eine bemerkenswerte Zahl", dachte Alice, „aber besonders groß ist sie nicht." Darum rief sie „Wenig!" über ihre Schulter und war im Nu auf der Vorderseite des Spiegels.

„Unser Besuch ist fort", stellte die schwarze Königin fest. „Wir können wieder Fußball spielen." Die vier Türme stellten zwei Tore auf und ein weißer Springer holte einen Ball. Die beiden Könige, die nicht gerne übers Spielfeld rannten, wurden in die Tore gestellt, und aus jeder Mannschaft wurden fünf Bauern auf die Reservebank gesetzt. In der Vergangenheit waren die Zwillinge Tweedledum und Tweedledee immer abwechselnd Schiedsrichter bei den Spielen gewesen. Leider trafen beide nur mit einer Wahrscheinlichkeit von 42 % die richtigen Entscheidungen. „Ihr habt es alle gehört", sagte die schwarze Königin mit Nachdruck. „42 Prozent ist wenig. Wir brauchen deshalb einen besseren Schiedsrichter." Aber woher nehmen? Es gab im Wunderland keinen besseren. Deshalb verkündete die schwarze Königin nach kurzer Beratung mit ihrer weißen Kollegin, dass in Zukunft stets drei Schiedsrichter gleichzeitig die Spiele pfeifen sollten, nämlich beide Zwillinge und der verrückte Hutmacher. Und falls die drei in einer Situation unterschiedlich entschieden, sollte die Entscheidung der Mehrheit gelten. Gesagt, getan, und das Spiel begann. Leider stellte sich heraus, dass der Hutmacher überhaupt nichts von Fußball verstand und jede Entscheidung durch das Werfen einer Münze traf.

Wissen Sie, wie groß die Wahrscheinlichkeit ist, dass beim Fußball im Wunderland mit diesen drei Schiedsrichtern eine Entscheidung richtig getroffen wurde? Die Entscheidungen waren stets Ja-Nein-Entscheidungen wie „Foul oder kein Foul" oder „Abseits oder kein Abseits".

Die Würfelschlange

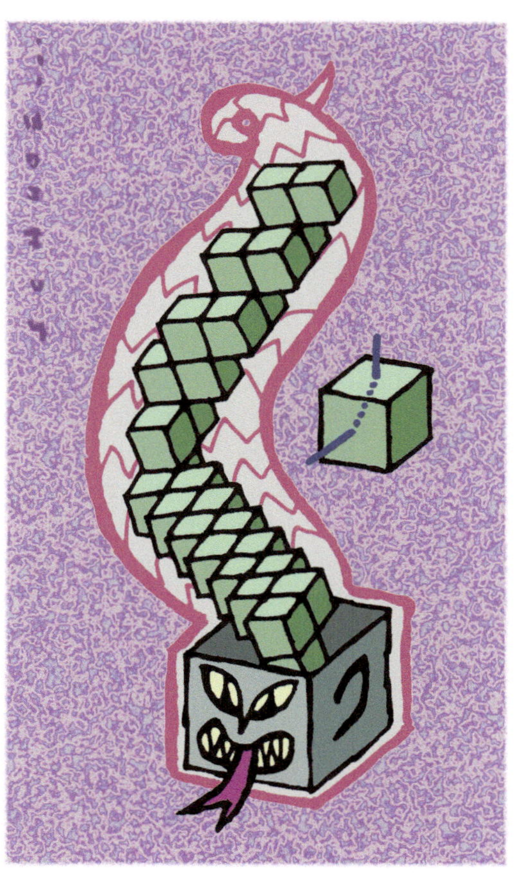

Eleftheria ist erst seit einem Jahr in der Firma. Sie teilt mit mir das Büro und hat ihren Schreibtisch genau vor meinem, sodass wir uns gegenseitig sehen können. Eleftheria ist Griechin, jung, bildhübsch und – ich gebe es nur ungern zu – besser bei der Arbeit als ich. Noch habe ich das Sagen, aber ich werde das beunruhigende Gefühl nicht los, dass sie bereits an meinem Stuhl sägt.

Meine Kinder haben mir vor einiger Zeit eine Würfelschlange geschenkt, mit der ich meine Hände beschäftige, wenn ich nachdenken muss. Sie besteht aus 27 Holzwürfeln von drei Zentimeter Kantenlänge. Der erste Würfel weist in einer Seitenmitte eine kleine Bohrung auf, in der ein Ende einer langen Schnur verklebt ist. Die nächsten 25 Würfel sind alle schräg von der Mitte einer Seite bis zur Mitte einer benachbarten Seite durchbohrt und auf die Schnur gefädelt worden. Der letzte Würfel besitzt – wie der erste – eine kleine Bohrung in einer Seitenmitte, in der das andere Ende der Schnur verklebt ist. Die Schnur ist straff gespannt, sodass die durchbohrten Flächen der Würfel einander berühren und man die Schnur an keiner Stelle sehen kann. Die Würfel sind zwar um die Schnur drehbar, doch weil diese sie schräg durchläuft, können drei benachbarte Würfel niemals in einer Reihe, sondern stets nur in L-Form liegen.

Eleftheria stört es, wenn ich mit der Schlange spiele, und das Knarzen des aufeinander reibenden Holzes geht ihr auf die Nerven. Mein Argument, dass das Spiel meine Konzentration fördere, entkräftigt sie immer mit der Behauptung: „Du vergeudest mit deiner Spielerei nur Arbeitszeit, die die Firma bezahlen muss." Schon manches Mal musste ich meine Schlange aus dem Papierkorb fischen, in den sie auf unerklärliche Weise geraten war.

Eines Morgens sagte Eleftheria, sie habe ein Geschenk für mich und gab mir eine würfelförmige Schachtel. „Die Innenkanten sind neun Zentimeter lang. Die 27 Würfel deiner Schlange sollten also genau hineinpassen." Ich nickte. Da hatte sie recht. „Ich mache dir einen Vorschlag. Wenn es dir gelingt, innerhalb von zehn Minuten deine Schlange vollständig in die Schachtel zu packen, werde ich nie wieder etwas gegen deine Spielerei sagen. Wenn es dir aber nicht gelingt, nimmst du sie mit nach Hause." „Kein Problem", dachte ich und sagte: „Einverstanden." Doch es gelang mir nicht. So oft ich es auch versuchte, immer ragten zum Schluss noch einige Würfel aus der Schachtel heraus. Allmählich kam mir der Verdacht, dass das Problem unlösbar sei und Eleftheria mich reingelegt hatte. Ich hätte auf den römischen Dichter Vergil hören sollen, der schon vor über 2000 Jahren schrieb, er fürchte die Griechen, auch wenn sie Geschenke bringen.

Wissen Sie, wie viele Würfel der Schlange höchstens in die Schachtel passen?

97

Die Seilbrücke über den Mbano

Als ich Karl nach 30 Jahren auf einem Klassentreffen erstmals wiedersah, wurde mir bewusst, wie unterschiedlich die Lebenswege doch verlaufen können. Ich habe eine Familie gegründet, arbeite jeden Tag acht Stunden und verbringe meinen Urlaub stets auf Mallorca. Mein Bauchumfang ist größer und meine Haarpracht kleiner geworden. Karl hingegen sah immer noch blendet aus, war Junggeselle geblieben und arbeitete als Tierfotograf in exotischen Ländern. Natürlich umschwärmten ihn alle Frauen und hingen an seinen Lippen, als er von seiner letzten Reise erzählte.

„Ich war im Kongo und hatte mich im Dschungel an eine Gruppe Gorillas herangeschlichen. Plötzlich tauchten Wilderer auf und erschossen die Tiere. Ich zog mich leise zurück. Doch die Wilderer hatten mich bereits entdeckt und schossen auf mich. Ich floh so schnell ich konnte, aber die Männer verfolgten mich. Meine Kondition ist gut, und so gewann ich einen immer größeren Vorsprung. Als ich an den Mbano kam, dämmerte es bereits. Vor mir spannte sich eine Seilbrücke über den Fluss. Sie schwankte im Wind und hatte als Boden nur einzelne Bretter im Schrittabstand. Ohne Licht wäre die Überquerung lebensgefährlich gewesen, doch ich hatte eine Stirnbandlampe. Aber als ich sie einschalten wollte, brannte sie nicht. ‚Mist!‘, dachte ich. ‚Die Batterien sind schon wieder leer.‘ Glücklicherweise hatte ich eine Packung mit vier neuen Batterien dabei. Für die Lampe brauchte ich zwei Batterien, und sie leuchtete nur, wenn auch tatsächlich beide voll waren. Ich hatte an den Tagen zuvor bereits zweimal die Batterien gewechselt, und da man seinen Abfall nicht einfach in den Dschungel wirft, hatte ich die vier leeren Batterien in meinen Rucksack gesteckt. Als ich die Packung mit den vier neuen Batterien aufriss, fielen sie zu den leeren Batterien. Ich nahm die acht Batterien heraus, konnte jedoch nicht erkennen, welche voll und welche leer waren. Nun stand ich da mit zwei leeren Batterien in der Lampe, vier vollen und vier leeren Batterien in der Hand – und einer Gruppe mordlüsterner Wilderer im Nacken. Ich musste so schnell wie möglich meine Stirnlampe wieder funktionsfähig machen. Die einzige Möglichkeit war, systematisch so oft die beiden Batterien auszutauschen, bis in der Lampe zwei volle steckten. Dafür musste ich mir also blitzschnell ein Verfahren überlegen, das mir garantierte, nach möglichst wenigen Batteriewechseln die Lampe zum Leuchten zu bringen. Glücklicherweise gelang mit dies auch rasch, und ich konnte in letzter Sekunde die Brücke überqueren und mich in Sicherheit bringen.“

Angenommen, Karl hatte tatsächlich das optimale Verfahren gefunden, das ihm garantierte, höchstens n-mal zwei Batterien in die Lampe setzen zu müssen, um sicher sein zu können, dass sie anschließend leuchtete. Wie groß ist dann das kleinstmögliche n?

98

Briefmarken

Christina, die in die zehnte Klasse geht, musste in den Osterferien ein einwöchiges Schülerpraktikum im Büro einer Schlosserei machen. Als sie nach ihrem ersten Arbeitstag am späten Nachmittag nach Hause kam, fragte ich sie: „Wie war's?" „Echt öde", seufzte sie, ließ sich aufs Sofa fallen und schloss die Augen. Ich hatte keine andere Antwort erwartet. Meine Tochter findet zurzeit alles „echt öde", was nicht direkt ihre Freundinnen und Freunde betrifft. „Erzähl doch mal", forderte ich sie auf.

„Oh, Mann", stöhnte sie. „Ich habe fast den ganzen Tag über nur Papier gelocht und abgeheftet und Ordner von Pontius zu Pilatus geschleppt. Davon werde ich heute Nacht noch träumen. Das Interessanteste war da noch mein Gang zur Post." Christina setzt sich auf und legte die Füße auf den Tisch.

„Mein Chef sagte, ich solle zur Post gehen und soundso viele Zwei-Cent-Briefmarken kaufen und noch zwei Drittel so viele Marken zu drei Cent wie zu zwei Cent und dann noch zwei Drittel so viele Marken zu acht Cent wie zu drei Cent und noch zusätzlich zehn Marken zu 28 Cent. Dann gab er mir einen Geldschein und meinte, der passe ganz genau. Als ich dann bei der Post sagte, ich wolle Briefmarken kaufen, meinte der Grufti hinter dem Schalter: ‚Junge Frau, wir führen keine Briefmarken. Möchten Sie vielleicht Postwertzeichen?' Postwertzeichen? Das Wort hatte ich noch nie gehört. Also sagte ich: ‚Nein, ich möchte Briefmarken.'

‚Briefmarken, junge Frau, darf man, wie der Name schon sagt, nur auf Briefe kleben. Mit Postwertzeichen kann man aber auch Postkarten und Päckchen freimachen.' Ich begriff, dass Postwertzeichen der amtsdeutsche Name der Briefmarke ist und sagte dem Typen, dass ich dann doch Postwertzeichen nehme und wie viele ich von welchen Sorten brauche. ‚Junge Frau, Sie möchten also PWZ mit den Ergänzungswerten zwei, drei und acht Cent und PWZ für die Dialogpost zu achtundzwanzig Cent?' Die Abkürzung PWZ machte das Wort Postwertzeichen auch nicht schöner, und der Typ hinter dem Schalter stammte offensichtlich noch aus der Zeit, als die Post eine Behörde und der Kunde ein Bittsteller war. ‚Ja, sag ich doch', erwiderte ich und musste mir Mühe geben, nicht die Augen zu verdrehen. Aber dann ging überraschenderweise alles ganz schnell. Ich bekam meine Marken in einem großen Umschlag und mit einer Quittung, die meine Kauf detailliert auflistete."

„Warum ein großer Umschlag? Wie viele Marken hast du denn gekauft?", fragte ich. „Ach, Papa!", seufzte Christina. „Sei nicht so denkfaul. Das kannst du dir doch leicht selbst ausrechnen." Das konnte ich leider nicht.

Können Sie es?

99

Lämpels letzter Wille

Lehrer Lämpels Frau war kurz nach der Geburt seines Sohnes gestorben, und er hatte seine beiden Kinder alleine großgezogen. Seine Tochter war sein ganzer Stolz. Sie hatte Mathematik und Physik studiert und war Lehrerin an dem Gymnasium geworden, an dem auch er bis zu seiner Pensionierung unterrichtet hatte. Seinem Sohn hingegen wollte nichts so recht gelingen. Nach mehreren abgebrochenen Ausbildungen hatte er aber schließlich nach vielen Semestern doch noch mit Ach und Krach ein BWL-Studium geschafft.

Vor einigen Wochen war der alte Lämpel gestorben, und sein Sohn und seine Tochter erfuhren, dass er ein Testament hinterlassen hatte. Nun saßen sie bei einem Notar, der ihnen den letzten Willen ihres Vaters vorlas. „Mein Haus, mein Geld und mein gesamtes sonstiges Eigentum hinterlasse ich zu gleichen Teilen meiner Tochter Hypatia und meinem Sohn Leonhard. Ausgenommen davon sind nur die Goldmünzen, die ich schon von meinem Großvater väterlicherseits erbte und die in einem Schließfach meiner Bank liegen."

Der Notar unterbrach sich und blickte über den Brillenrand zu den Geschwistern auf. „Der nächste Abschnitt des Testaments ihres Vaters ist recht ungewöhnlich." Er rückte seine Brille zurecht und las weiter. „Mein Sohn Leonhard ist leider kein besonders heller Stern am Himmel der Mathematik. Dies ist mein letzter Versuch, ihn doch noch zum Leuchten zu bringen. Nach dem Verlesen meines Testaments durch den Notar Dr. Berstermann hat mein Sohn Leonhard eine halbe Stunde Zeit, um nur mit Bleistift, Papier und seinem Verstand und ohne fremde Hilfe und weitere Hilfsmittel alle Paare ganzer Zahlen x und y zu finden, die den folgenden unendlich tiefen Kettenbruch lösen."

Der Notar unterbrach sich erneut und gab Leonhard einen Zettel. „Ich habe den Kettenbruch aus dem Testament auf dieses Blatt kopiert", erklärte er und fuhr fort zu lesen. „Danach soll mein Sohn die beiden Zahlen jedes Paares so durch einander teilen, dass alle Ergebnisse zwischen 0 und 1 liegen. Er möge dabei bedenken, dass eine Division durch 0 verboten ist. Das größte Ergebnis, dass er dabei erhält, ist der Anteil, den er von den Goldmünzen erhalten soll. Die restlichen Münzen sind für meine Tochter. Kann mein Sohn die Aufgabe in der vorgegebenen Frist nicht oder nur falsch lösen, bekommt er keine einzige Münze und meine Tochter alle Münzen."

Wie nicht anders zu erwarten, konnte Leonhard diese letzte Aufgabe, die ihm sein etwas boshafter Vater nach dem Tod gestellt hatte, nicht lösen. Wie viel Prozent der Goldmünzen hätte Leonhard bekommen, wenn er erfolgreich gewesen wäre?

100

Musterhafte Legosteine

Wir hatten über ein verlängertes Wochenende eine Tante meiner Frau in Österreich besucht. „Ihr fahrt doch über die A8 zurück. Da kommt ihr an Günzburg vorbei und könnt noch ein paar Stündchen ins Legoland gehen. Das wäre doch was für die Kinder", sagte sie mir beim Abschied. „Pssst", zischte ich ihr zu, denn ich hasse Freizeitparks, aber es war bereits zu spät. Die Kinder hatten es auch gehört. „Toll! Das machen wir!", jubelten Inga und Christina. „Nein, das werden wir nicht", entschied ich streng. „Wir wollen pünktlich zu Hause sein, denn morgen müsst ihr wieder zur Schule."

Natürlich fuhren wir dann doch ins Legoland. Stundenlang stand ich mit den Kindern bei Achterbahnen an, um dann kurze Fahrten damit zu machen, bei denen mir nicht nur übel wurde, sondern ich auch noch nass gespritzt wurde. Die Modelle von Neuschwanstein, dem Reichstag und dem Dogenpalast, die komplett aus Legosteinen errichtet wurden, sind jedoch wunderschön und weckten in mir die Lust, wieder einmal selbst mit Legosteinen etwas zu bauen.

Erst als der Park am Abend schloss, setzten wir uns wieder ins Auto und machten uns auf den zweiten Teil der Heimfahrt. Meine Frau fuhr, und ich war auf die Rückbank zu meiner kleinen Tochter verbannt worden. Alle waren müde und still und ich nickte ein. Ich weiß nicht wie lange ich geschlafen hatte, aber ich wurde wach, weil ein ständiges Klicken und Knacken in meine Ohren drang. Als ich die Augen aufmachte, sah ich, dass Inga mit zwei einzelnen Legosteinen spielte. Mit gerunzelter Stirn steckte sie die Steine ständig zusammen, nahm sie wieder auseinander und steckte sie dann erneut in anderer Anordnung zusammen. Ich sah ihr eine Zeit lang zu. Dann fragte ich sie: „Woher hast du denn die beiden Legosteine?" „Gefunden", sagte sie, ohne mich dabei anzusehen, und ich fragte lieber nicht nach, wo sie sie gefunden hatte. „Was machst du da eigentlich?" Inga hielt mir die beiden Steine vor die Nase. „Schau mal, Papa", sagte sie. „Ich habe einen roten und einen gelben Stein. Beide haben 2 mal 4 Noppen. Ich überlege nun, auf wie viele verschiedene Weisen man diese beiden Steine zusammenstecken kann." „Das kann doch nicht so schwer sein", sagte ich und nahm die beiden Steine. Doch ich hatte mich verschätzt. Es gab überraschend viele Möglichkeiten, und ich verlor schnell den Überblick.

Wissen Sie, auf wie viele Weisen man einen gelben und einem roten Legostein mit jeweils 2 mal 4 Noppen zusammensetzen kann? Dabei zählen auch spiegelbildliche Muster und Muster, die nur farbvertauscht sind, als verschieden. Sind zwei Steine nur durch eine einzelne Noppe miteinander verbunden, lassen sie sich um ein paar Grad gegeneinander verdrehen. Diese verdrehten Stellungen zählen aber nicht als unterschiedliche Anordnungen.

101

Lösungen

Zu 1. Euklids Wohnzimmer

Um die beiden größten Quadrate mit den Seitenlängen 10 und 11 in einem Rechteck unterzubringen, muss dessen kurze Seite mindestens 11 und dessen lange mindestens 21 lang sein. Die elf Quadrate haben eine Gesamtfläche von $1^2 + 2^2 + 3^2 + \ldots + 11^2 = 506$. Nur zwei Rechtecke, die diese Fläche besitzen, erfüllen die Seitenlängenbedingungen: das 23×22-Rechteck und das 46×11-Rechteck. In beiden Rechtecken lassen sich aber, wie man leicht überprüfen kann, nicht alle elf Quadrate unterbringen. Die nächstgrößeren Rechtecke, die die beiden Seitenlängenbedingungen erfüllen, sind $39 \times 13 = 507$, $30 \times 17 = 510$, $34 \times 15 = 510$, $32 \times 16 = 512$ und $27 \times 19 = 513$. Durch systematisches Probieren stellt man schnell fest, dass die elf Quadrate in keines der Rechtecke der Flächen 507 bis 512 passen. Erst das Rechteck der Fläche 513 kann sie alle aufnehmen. In Euklids Wohnzimmer waren also 7 Quadratfuß des Bodens mit Tonkacheln gefliest. Es gibt mehrere Möglichkeiten, wie die elf Quadrate in dem Rechteck angeordnet werden können. Das Bild zeigt eine davon.

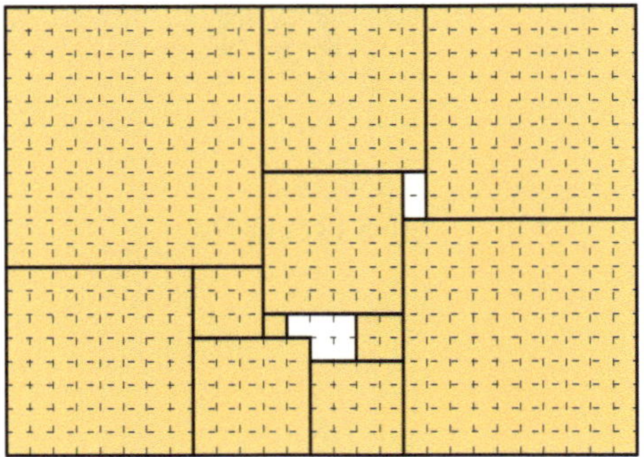

Zu 2. Die Quadratur der Schachfiguren

Zunächst einmal untersucht man, welche Zahlenpaarsummen Quadrate sind. Dabei zeigt sich, dass 16, 18 und die Zahlen von 25 bis 32 nur jeweils zwei mögliche Partner haben, die dann in dem Kreis ihre beiden Nachbarn bilden müssen. Die zwei Tripel 9–16–20 und 9–27–22 enthalten beide die 9, sodass man sie zu 20–16–9–27–22 verketten kann. Ganz analog bekommt man 31–18–7–29–20 und daraus im nächsten Schritt 5–31–18–7–29–20. Bei beiden Zahlenketten steht die 20 an einem Ende, und darum können sie zu 5–31–18–7–29–20–16–9–27–22 verbunden werden. Auf diese Weise verbindet man nun Schritt für Schritt die Zahlen zu Kettenteilen und die Kettenteile schließlich zum vollständigen Ring.

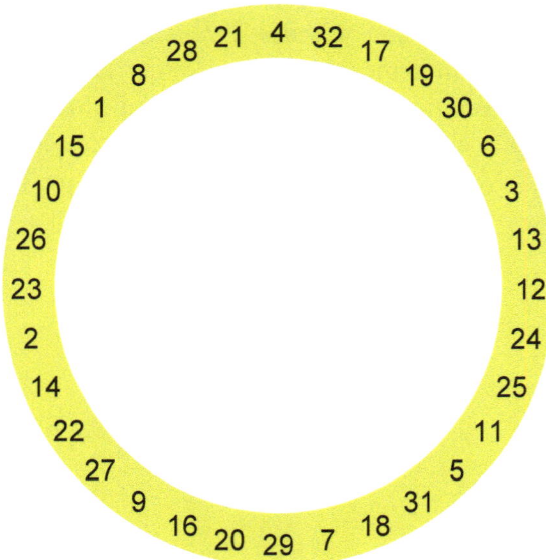

Der schwarzen Königin mit der Nummer 4 steht im Kreis die Figur mit Nummer 29 gegenüber: Dies ist der weiße König.

Zu 3. Tante Rosas Kalender

Der 1. Januar eines Jahres kann auf jeden der sieben Wochentage fallen, und ein Jahr ist entweder 365 oder 366 Tage lang. Darum gibt es insgesamt $2 \cdot 7 = 14$ verschiedene Kalender, sofern man nur das Datum, den Wochentag und die Jahreslänge betrachtet. Feiertage, wie der erste Weihnachtstag, die auf ein festes Datum fallen, liegen natürlich in jedem Kalender gleich. Da die vierzehn Kalender jede Kombinationen aus Datum und Wochentag enthalten, sind damit auch alle möglichen Feiertage abgedeckt, die auf einen bestimmten Wochentag vor oder nach einem festen Datum fallen, zum Beispiel der dritte Advent, der immer der vorletzter Sonntag vor dem 25. Dezember ist. Kritisch sind nur die Feiertage, die einen festen Abstand vom Ostersonntag haben wie Karfreitag, Christi Himmelfahrt oder Pfingsten. Der Ostersonntag kann nach den Regeln der Gregorianischen Kalenders frühestens auf den 22. März und spätestens auf den 25. April fallen. In diesem Zeitraum von 35 Tagen liegen bei allen 14 Kalendern immer genau fünf Sonntage, die auch alle irgendwann im Laufe der Zeit Ostersonntage sind. Somit gibt unter Berücksichtigung aller Jahreslängen, Daten, Wochentage und Feiertage insgesamt $2 \cdot 7 \cdot 5 = 70$ verschiedene Kalender.

Zu 4. Der Weg der Zechbrüder

Karl ist bis zum Zusammentreffen mit Kurt eine Strecke s_1 gegangen und hat dazu die Zeit t benötigt. Seine Geschwindigkeit betrug also $v_1 = s_1/t$. Kurt war genauso lange unterwegs und hat seinen Weg s_2 mit der Geschwindigkeit $v_2 = s_2/t$ zurückgelegt. Teilt man diese beiden Gleichungen durch einander, erhält man $v_1/v_2 = s_1/s_2$. Nach dem Treffen musste Karl noch den Weg s_2 gehen, den Kurt bereits hinter sich hatte. Da er dafür acht Minuten brauchte, weil er nur noch halb so schnell war wie zuvor, betrug seine Geschwindigkeit $v_1/2 = s_2/(8 \text{ min})$. Auch Kurt ging nur noch halb so schnell und hatte deshalb auf seinem restlichen Weg s_1, für den er 18 min brauchte, die Geschwindigkeit $v_2/2 = s_1/(18 \text{ min})$. Diese beiden Gleichungen werden auch durch einander geteilt, und man erhält $v_1/v_2 = (9/4)(s_2/s_1)$. Nun hat man zwei Gleichungen für v_1/v_2, die man gleich setzen kann. Dabei ergibt sich $s_1/s_2 = (9/4)(s_2/s_1)$ oder $s_1^2 = (9/4)s_2^2$. Zieht man jetzt noch die Wurzel, erhält man $s_1 = (3/2)s_2$ oder

$s_1 - s_2 = s_2/2$. Da beim Zusammentreffen der beiden Zechbrüder Karl bereits 200 m mehr gegangen war als Kurt, ist $s_1 - s_2 = 200$ m und damit $s_2 = 400$ m. Schließlich kann man s_1 noch zu $(3/2)s_2 = 600$ m berechnen. Die beiden Kneipen liegen also genau $s_1 + s_2 = 1000$ m auseinander.

Zu 5. Das Crux Numerorum

Die kleinste dreistellige römische Zahl ist $III = 3$ und die größte $MMM = 3000$. Betrachten wir zunächst einmal I waagerecht. Es ist nun leicht zu überprüfen, dass es in dem Bereich von 3 bis 3000 nur eine einzige dreistellige römische Zahl gibt, die ein Vielfaches von $LXXIII = 73$ ist, nämlich $7 \cdot 73 = 511 = DXI$. Das mittlere Zeichen von I senkrecht ist somit ein D. In einer römischen Zahl kann vor einem D nur ein M oder ein C stehen. Die einzige Quadratzahl, die in römischer Schreibweise dreistellig ist und mit MD oder CD beginnt, ist $MDC = 1600$. Damit ist das erste Zeichen von I waagerecht ein M. Die einzige dreistellige römische Zahl, die ein Vielfaches von $XXXVII = 37$ ist, ist $30 \cdot 37 = 1110 = MCX$. Nun kann man auch II senkrecht leicht bestimmen, denn das einzige in römischer Schreibweise dreistellige Vielfache von $VII = 7$, das mit C beginnt, ist $20 \cdot 7 = 140 = CXL$. Jetzt fehlt nur noch III waagerecht. Der einzige Teiler von 1600, der in römischer Schreibweise mit CL beginnt, ist $160 = CLX$. Damit ist das Crux Numerorum vollständig gefüllt, und aus III senkrecht kann man ablesen, dass Decimius Magnus Ausonius 19 Jahre alt war.

Zu 6. Fahrscheinknobelei

Da ich zwei Fahrscheine gleichzeitig gekauft hatte, folgten ihre Nummern direkt aufeinander. Nun gibt es vier Möglichkeiten.

1. Der erste Fahrschein hat die Nummer $abcd$, wobei $d < 9$ ist. Dann hätte der zweite Fahrschein die Ziffern a, b, c und $d+1$. Die Quersummen der beiden Nummern unterschieden sich um 1 und wären somit 12 und 13. Die Frage, ob eine der Nummern die Quersumme 13 habe, hätte ich also mit „ja" beantwortet. Aber unabhängig von der Antwort auf seine vorletzte Frage, hätte Hannes nicht die Reihenfolge der Ziffern bestimmen können. Deshalb scheidet diese Möglichkeit aus.

2. Der erste Fahrschein hat die Nummer $abc9$, wobei $c < 9$ ist. In diesem Fall hätte der zweite Fahrschein die Ziffern a, b, $c+1$ und 0, und die Ziffernsumme beider Fahrscheine betrüge $(a+b+c+9)+(a+b+c+1+0)=25$. Diese Gleichung kann zu $a+b+c=7{,}5$ vereinfacht werden. Die Lösung kommt aber nicht infrage, da alle Ziffern ganze Zahlen sind. Also scheidet auch diese Möglichkeit aus.

3. Der erste Fahrschein hätte die Nummer $ab99$, wobei $b < 9$ ist. Dies hat zur Folge, dass auf dem zweiten Fahrschein die Ziffern a, $b+1$, 0 und 0 stünden. Die Ziffernsumme betrüge also $(a+b+9+9)+(a+b+1+0+0)=25$, was sich zu $a+b=3$ vereinfachen lässt. Die beiden Fahrscheine könnten also die Nummern 0399/0400 oder 1299/1300 oder 2199/2200 oder 3099/3100 haben. Meine Antwort auf die Frage, ob unter den acht Ziffern der beiden Fahrscheinnummern eine Ziffer mehr als zweimal auftaucht, hätte ich also im ersten, dritten und vierten Fall mit „ja" beantwortet und im zweiten mit „nein". Folglich hätte mein Kollege nur aus der Antwort „nein" eindeutig auf die beiden Nummern schließen können.

4. Der erste Fahrschein hat die Nummer $a999$, wobei $a < 9$ ist. Diese Möglichkeit scheidet aus, da dann schon alleine die Quersumme der Nummer des ersten Fahrscheins größer als 25 wäre.
Damit steht fest: Die beiden Fahrscheine hatten die Nummern 1299 und 1300.

Zu 7. Der schöne Sigismund

Zu Beginn des Pokerspiels hatten Albrecht a, Berthold b, Clemens c und Sigismund s Euromünzen vor sich auf den Tisch gestapelt. Wenn der Preis für eine Runde Champagner x Euro betrug, so besaß Sigismund nach der ersten Verdopplung und dem ersten Champagnerkauf $2s - x$ Euro. Nach der Verdopplung des Restgeldes und dem zweiten Champagnerkauf hatte er $2(2s - x) - x = 4s - 3x$ Euro. Nach der dritten Runde wurden daraus $2(4s - 3x) - x = 8s - 7x$ Euro und schließlich nach der vierten Runde $2(8s - 7x) - x = 16s - 15x$ Euro. Da er nun aber kein Geld mehr hatte, muss $16s - 15x = 0$ sein. Die Zahlen 16 und 15 haben keinen gemeinsamen Teiler. Darum müssen s und x ganzzahlige Vielfache von 15 beziehungsweise 16 sein, das heißt $s = 15n$ und $x = 16n$.

Berthold hatte zu Anfang halb so viel Geld wie Albrecht und Clemens zusammen. Somit gilt $2b = a + c$. Da Sigismund das gesamte Geld seiner drei Freunde gewonnen und dieses und sein eigenes für die vier Runden Champagner ausgegeben hatte, ist $a + b + c + s = 4x$. Setzt man in diese Gleichung die Ausdrücke für $2b$, s und x ein, vereinfacht sie sich zu $b = 49n/3$. Nur wenn $n = 6$ ist, ergibt diese Gleichung einen ganzzahligen Wert für b, der zwischen 50 und 100 liegt. Daraus folgt, dass Sigismund $s = 15 \cdot 6 = 90$ EUR besessen hatte.

Zu 8 Freitag, der 13

Monate, die mit dem gleichen Wochentag beginnen, haben auch am 13. den gleichen Wochentag. In Gemeinjahren, denen ein Gemeinjahr folgt, beginnen folgende Monate jeweils mit gleichen Wochentagen (Der Monat in Klammern ist jeweils der erste Monat des Folgejahres, der mit dem gleichen Wochentag beginnt.):

a) Januar, Oktober, (April)
b) Februar, März, (November)
c) April, Juli, (September)
d) Mai, (Januar)
e) Juni, (Februar)
f) August, (Mai)
g) September, Dezember, (Juni)

Folgt auf dem Gemeinjahr ein Schaltjahr, sieht die Liste etwas anders aus:

a) Januar, Oktober, (September)
b) Februar, März, November, (Mai)
c) April, Juli, (Juni)
d) Mai, (Januar)
e) Juni, (Februar)
f) August, (Oktober)
g) September, Dezember, (März)

Schließlich kann auch ein Gemeinjahr einem Schaltjahr folgen.

a) Januar, April, Juli, (September)
b) Februar, August, (Mai)
c) März, November, (August)
d) Mai, (Januar)
e) Juni, (Februar)
f) September, Dezember, (Juni)
g) Oktober, (April)

Man kann dies leicht nachrechnen oder mit einem Kalender überprüfen. Da es sowohl in Gemein- als auch in Schaltjahren sieben verschiedene Monatsanfänge gibt, hat jedes Jahr mindestens einen Freitag, den 13. In jeder der drei Listen ist die längstmögliche sichere Periode 426 Tage lang. Bei der ersten und der dritten Jahrespaar-Kombination folgt sie auf einen 13. Juli und bei der zweiten auf einen 13. August.

Zu 9. Die Rostocker Vierecke

Durch systematisches Probieren findet man 16 verschiedene Vierecke: Drei Quadrate, ein Rechteck, zwei Parallelogramme, drei Trapeze, einen Drachen, zwei unregelmäßige konvexe Vierecke und vier konkave Vierecke.

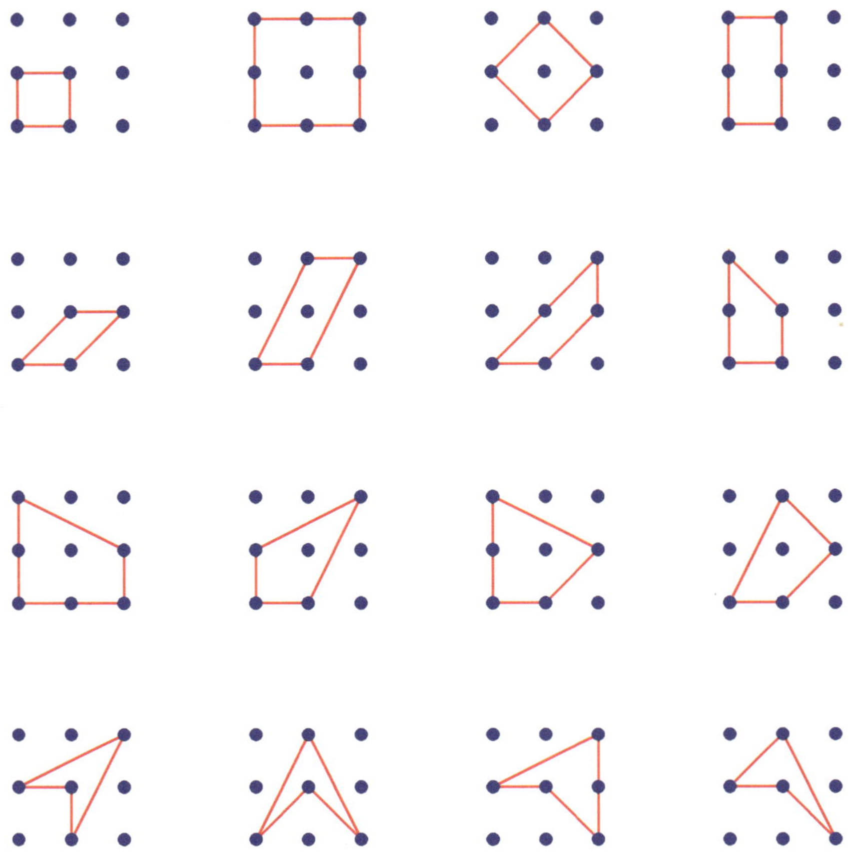

Zu 10. Kleingeld zur Rettung der Banken

Legt man zwei Münzen mit den Radien r_1 und r_2 nebeneinander, lässt sich mit dem Satz des Pythagoras der horizontale Abstand a ihrer Mittelpunkte zu

$$a = \sqrt{(r_1 + r_2)^2 - (r_1 - r_2)^2} = 2\sqrt{r_1 r_2}$$

berechnen. Sind die beiden Münzen gleich groß, ist a die Summe der beiden Radien. Haben sie jedoch unterschiedliche Größen, so kann man die kleinere Münze ein wenig unter die größere schieben, und a wird kleiner als die

Summe der Radien. Dieser Effekt ist umso stärker, je größer der Unterschied der Münzdurchmesser ist.

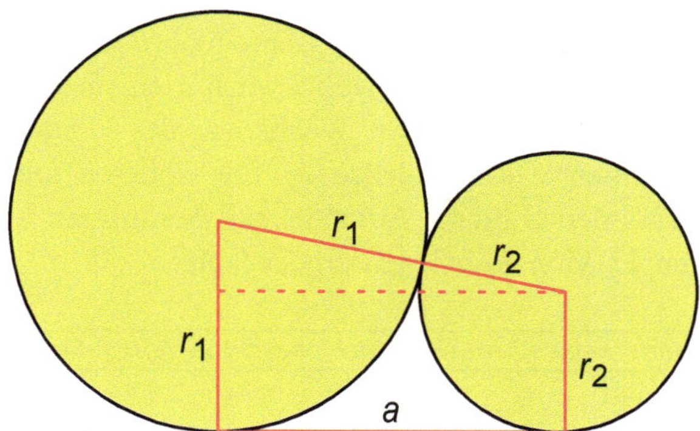

Nach diesem Prinzip lässt sich leicht die kürzestmögliche Kette aufbauen. Man startet mit der größten Münze und legt daneben die kleinste Münze. Nun wird immer abwechselnd die nächstkleinste Münze an das Kettenende mit der größeren Münze und die nächstgrößte Münze an das Ende mit der kleineren Münze gelegt. Die acht Schritte des Kettenaufbaus sind somit:

			200				
			200	1			
		2	200	1			
		2	200	1	50		
	100	2	200	1	50		
	100	2	200	1	50	10	
5	100	2	200	1	50	10	
5	100	2	200	1	50	10	20

Die Münzen können natürlich auch in der umgekehrten Reihenfolge in der Kette liegen. Mit der obigen Formel lässt sich außerdem leicht die Kettenlänge x berechnen:

$$x = r_1 + 2\left(\sqrt{r_1 r_2} + \sqrt{r_2 r_3} + \sqrt{r_3 r_4} + \sqrt{r_4 r_5} + \sqrt{r_5 r_6} \right.$$
$$\left. + \sqrt{r_6 r_7} + \sqrt{r_7 r_8} + \right) + r_8 \approx 169{,}9838\,\text{mm}$$

Zu 11. Der Computist

Es gibt drei Typen von Paaren aufeinanderfolgender Jahre: Gemeinjahr/
Schaltjahr, Schaltjahr/Gemeinjahr und Gemeinjahr/Gemeinjahr. Betrachten
wir vier aufeinanderfolgende Jahre, wobei wir mit einem Gemeinjahr beginnen, dem ein Schaltjahr folgt: Den Wochentag des 1. Januar dieses ersten
Gemeinjahres nennen wir willkürlich A. Die anderen sechs Wochentage
bekommen die Namen B bis G. Anschließend bestimmen wir die Wochentage der anderen 47 Monatsanfänge der vier Jahre:

Jahr	Jan	Feb	Mär	Apr	Mai	Jun	Jul	Aug	Sep	Okt	Nov	Dez
Gemeinjahr	A	D	D	G	B	E	G	C	F	A	D	F
Schaltjahr	B	E	F	B	D	G	B	E	A	C	F	A
Gemeinjahr	D	G	G	C	E	A	C	F	B	D	G	B
Gemeinjahr	E	A	A	D	F	B	D	G	C	E	A	C

Da der Wochentag des Geburtstags im Geburtsjahr und im darauffolgenden
Jahr nur jeweils genau einmal auf einen Monatsanfang fiel, und dies im
Folgejahr später war als im Geburtsjahr, so kommt nur ein einziger Fall
infrage: Der 1. August und der 1. Oktober des Paares Gemeinjahr/Schaltjahr. Der Wochentag ist C. Professor Karcher wurde also am 1. August des
Vorjahres eines Schaltjahres geboren. Untersucht man alle Schaltjahresvorjahre des 20. Jahrhunderts darauf, bei welchen Karcher seinen Geburtstag
noch genau siebenmal am Wochentag seiner Geburt feiern konnte, so hängt
die Antwort davon ab, wann das Gespräch mit ihm stattfand. Fiel es vor
den 1. August 2009, so wäre Karcher eindeutig 1955 geboren, fand es später statt, gibt es zwei mögliche Geburtsjahre: 1955 und 1959. Das Gespräch
mit Professor Karcher fand 2009 statt, darum könnte beides möglich sein.
Da aber Karcher behauptet hatte, man könne sein Geburtsdatum aus den
Angaben des Gesprächs ermitteln, kann es nur vor dem 1. August 2009
stattgefunden haben. Er wurde folglich am 1. August 1955 geboren.

Zu 12. Die Binäruhr

Eigentlich besteht die Binäruhr aus zwei Uhren: Die leuchtenden Lampen
zählen die Zeit von 0.00 Uhr bis 11.59 Uhr minutenweise aufwärts, die

nicht leuchtenden Lampen von 11.59 Uhr bis 0.00 Uhr abwärts. So leuchtet um Mitternacht keine einzige Lampe, die „helle" Uhr zeigt also 0.00 Uhr an. Die „dunkle" Uhr hingegen zeigt gleichzeitig 11.59 Uhr, da alle Lampen dunkel sind. Eine Minute später zeigt die „helle" Uhr 0.01 Uhr an, denn es leuchtet eine Lampe in der untersten Reihe, und die „dunkle" Uhr zeigt 11.58 Uhr, denn alle Lampen bis auf eine in der untersten Reihe sind dunkel. Während eines Zeitraumes von zwölf Stunden sind alle fünfzehn Lampen der Binäruhr entweder Teil der „hellen" Uhr oder Teil der „dunklen" Uhr. Das heißt, die fünfzehn Lampen sind insgesamt $15 \cdot 12\,\mathrm{h} = 180\,\mathrm{h}$ an der Anzeige der beiden Uhren beteiligt. Da die Lampen beiden Uhren gleich lange laufen, beträgt die Gesamtleuchtzeit aller Lampen 90 h und die Gesamtdunkelzeit auch 90 h.

Zu 13. Der Pythagoreer

Nur die Höhe über der Hypotenuse teilt ein rechtwinkliges Dreieck in zwei kleinere rechtwinklige Dreiecke auf. Da alle drei Dreiecke die gleichen Winkel haben, sind sie ähnlich, sie unterscheiden sich also nur in ihrer Größe.

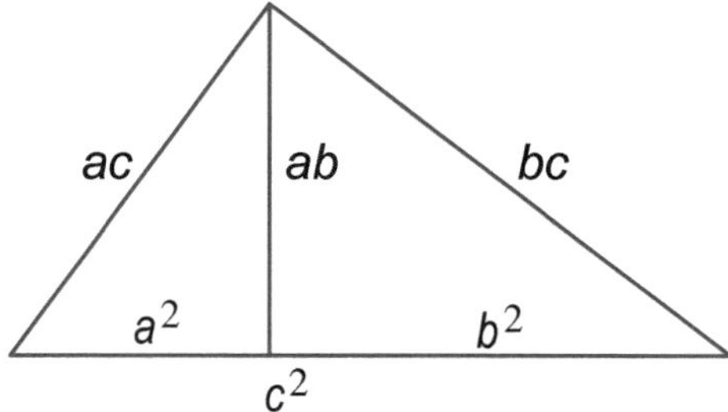

Man beginnt mit einem beliebigen primitiven pythagoreischen Dreieck. Bei einem solchen Dreieck sind die drei Seitenlängen a, b und c teilerfremd, und wegen der Beziehung $a^2 + b^2 = c^2$ sind es a und b alleine auch. Um nun zwei gleiche primitive pythagoreische Dreiecke zu einem großen pythagoreischen Dreieck zusammensetzen zu können, muss man sie vorher so vergrößern, dass die kurze Kathete des einen Dreiecks und die lange Kathete des anderen Dreiecks gleich lang werden. Da die Kathetenlängen aber teilerfremd sind, ist die kleinstmögliche Länge der gemeinsamen Kathete ab. Folglich muss das eine Dreieck um den Faktor a und das andere um b vergrößert werden. Die Hypotenuse des neuen großen Dreiecks erhält dadurch die Länge $a^2 + b^2$, was gerade gleich c^2 ist. Das bedeutet, vergrößert man ein primitives pythagoreisches Dreieck um den Faktor c, so lässt es sich in zwei kleinere pythagoreische Dreiecke unterteilen. Dies ist mit keinem kleineren Faktor möglich.

Das primitive pythagoreische Dreieck mit dem kleinsten Flächeninhalt hat die Seitenlängen 3, 4 und 5. Eine Vergrößerung um den Faktor 5 ergibt ein pythagoreisches Dreieck mit den Seitenlängen 15, 20 und 25 und dem Flächeninhalt 150. Alle anderen primitiven pythagoreischen Dreiecke führen zu Dreiecken mit größeren Flächeninhalten. Die gesuchte Hypotenusenlänge ist somit 25.

Zu 14. Der Junggeselle

Die n-te Dreieckszahl ist $\frac{1}{2}n(n+1)$. Setzt man in diesen Ausdruck statt n nur die zehn möglichen Endziffern von n ein, erhält man die möglichen Endziffern aller Dreieckszahlen. Dabei stellt man fest, dass Dreieckszahlen nur auf 0, 1, 3, 5, 6 und 8 enden können. Das bedeutet, die jeweils letzte Ziffer in jeder Zeile und Spalte kann keine 2, 4, 7 oder 9 sein.

Für die erste Zeile und die letzte Spalte kommen nur die Ziffern 1, 3 und 6 infrage, da dies die einzigen einstelligen Dreieckszahlen sind. Die zweistellige Zahl der vorletzten Spalte kann nur mit 1, 3, 5, 6 oder 8 beginnen und mit 0, 1, 3, 5, 6 oder 8 enden. Die einzigen Dreieckszahlen, die diese Bedingungen erfüllen, sind 10, 15, 36, 55 und 66. Die erste Ziffer der vierstelligen Zahl in der vierten Zeile kann eine 1, 3, 5, 6 oder 8 sein, die zweite Ziffer eine 0, 1, 3, 5, 6 oder 8, die dritte Ziffer eine 0, 5 oder 6 und die letzte Ziffer eine 1, 3 oder 6.

Mit einem Taschenrechner und etwas Geduld kann man leicht überprüfen, dass diese Bedingungen nur von den sechs Dreieckszahlen 1653, 1953, 3001, 5151, 5356 und 8001 erfüllt werden. Versucht man nun, für jede einzelne dieser sechs Möglichkeiten die restlichen Felder mit unterschiedlichen Dreieckszahlen zu füllen, stellt man schnell fest, dass dies nur bei der Zahl 8001 möglich ist. Darum muss dies auch die Telefonnummer von Blumfelds neuer Liebe sein.

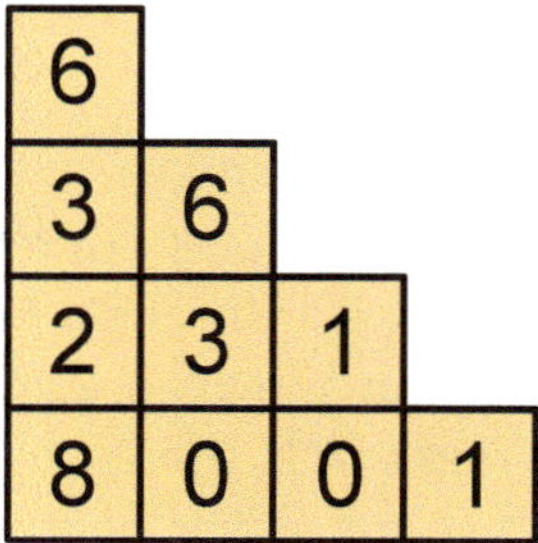

Zu 15. Der rote Ritter

Wenn der rote Springer so auf dem Schachbrett steht, dass er nach allen Seiten mindestens 2 Felder Abstand zum Rand hat (Positionen A), gibt es 8 Felder für die schwarze Dame, auf denen sie vom Springer bedroht wird. Der weißen Dame bleiben dann noch 7 vom Springer bedrohte Felder aus Auswahl. Davon fallen jedoch 4 Felder fort, weil sie dort von der schwarzen Dame angegriffen werden könnte. Es bleiben ihr somit nur die 3 Felder übrig, die in dem Bild durch eine Linie mit der schwarzen Dame verbunden sind. Die beiden Damen können somit insgesamt $A = 8 \cdot 3 = 24$ verschiedene Stellungen einnehmen.

Steht der rote Springer näher am Rand des Schachbretts, ist die Zahl der möglichen Stellungen für die beiden Damen kleiner. Man kann sich anhand des Bildes überlegen, dass $B = 12$, $C = 4$, $D = 2$, $E = 4$ und $F = 0$ ist. Die Gesamtzahl der Stellungen aller drei Figuren beträgt somit $16(A + B + C) + 8D + 4(E + F) = 672$.

F	D	C	C	C	C	D	F
D	E	B	B	B	B	E	D
C	B	A	A	A	A	B	C
C	B	A	A	A	A	B	C
C	B	A	A	A	A	B	C
C	B	A	A	A	A	B	C
D	E	B	B	B	B	E	D
F	D	C	C	C	C	D	F

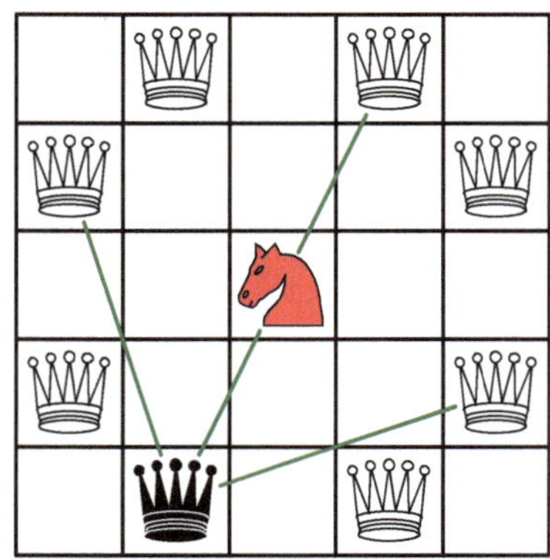

Zu 16. Der Piologe

Verbindet man alle Punkte der Küstenlinie des Meeres durch Erdradien R mit dem Erdmittelpunkt, so entsteht ein Kegel mit dem Öffnungswinkel 2α. Über die Grundfläche des Kegels mit dem Radius r wölbt sich das Meer mit einer Bogenlänge $2b$. Für den Winkel α gelten im Bogenmaß die beiden Gleichungen $\alpha = b/R$ und $\sin\alpha = r/R$. Setzt man die erste Gleichung in die zweite ein und löst sie nach r auf, erhält man $r = R\sin(b/R)$. Da nach der Bibel der Umfang $2\pi r$ des Meeres dreimal so groß ist wie sein Durchmesser $2b$ entlang des Bogens, gilt $6b = 2\pi r$, woraus nach dem Einsetzen der obigen Gl. $6b = 2\pi R \sin(b/R)$ oder $b/R = \pi/3 \sin(b/R)$ wird. Diese Gleichung hat die Lösung $b/R = \pi/6$. Da der Erdradius $R = 6371$ km beträgt und $b = 5$ Ellen ist, hat eine Elle eine Länge von $\pi R/30 \approx 667{,}2$ km.

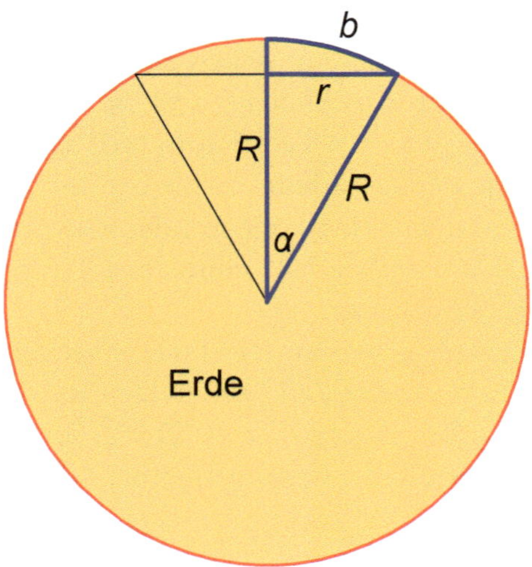

Zu 17. Die Ritter der Tafelrunde

Da jeder in der Tafelrunde zu seinen beiden Nachbarn sagt, sie seien Lügner, muss jeder Wahrheitssager (W) zwischen zwei Lügnern und jeder Lügner (L) zwischen zwei Wahrheitssagern sitzen. Dies bedeutet, dass immer abwechselnd ein Lügner und ein Wahrheitssager sitzen und somit geradzahlig viele Männer an der Tafel sind. Lanzelot ist also ein Lügner. Da die Tafelrunde nicht vollständig ist und sieben Männer mit Namen genannt werden, kann sie nur acht, zehn, zwölf oder vierzehn Teilnehmer haben.

Bei acht oder zwölf Teilnehmern sitzt jedem Lügner ein Lügner und jedem Wahrheitssager ein Wahrheitssager gegenüber und bei zehn oder vierzehn Teilnehmern sitzt jedem Lügner ein Wahrheitssager gegenüber. Wenn die Runde zehn oder vierzehn Männern bestünde, müsste der Lanzelot gegenübersitzende Tristan ein Wahrheitsager sein. Da Tristan aber behauptet, die Runde bestünde aus zwölf Rittern, ist dies ein Widerspruch. Wenn die Runde hingegen aus zwölf Männern bestünde, müsste Tristan auch ein Lügner sein. Da Tristan aber behauptet, die Runde bestehe aus zwölf Männern, wäre dies die Wahrheit und somit ein Widerspruch. Also besteht die Runde nicht aus zwölf Männern, und Tristan ist ein Lügner. Daraus folgt, dass acht Männer an der Tafel sitzen.

Galahad, Parzival, Mordred und Gawan, die direkt neben Lanzelot oder Tristan sitzen, müssen deshalb Wahrheitssager sein. Folglich ist König Artus ein Lügner, und seine Behauptung, es haben schon weniger Männer an der Tafel gesessen, ist falsch. Die kleinste Tafelrunde findet also gerade statt, und sie hat acht Teilnehmer.

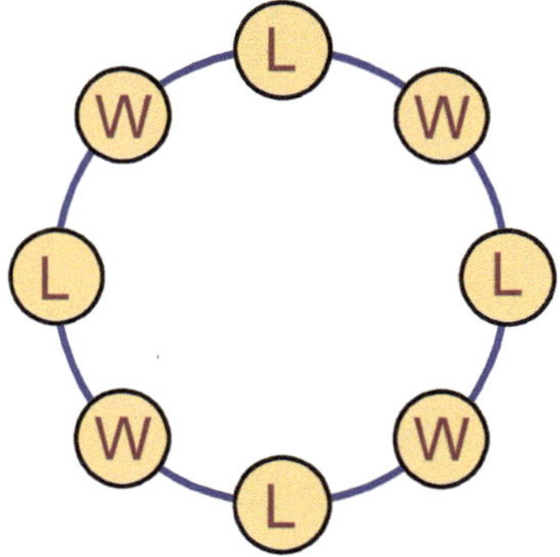

Zu 18. Die wunderbare Goldvermehrung

Wenn n Personen an dem Tisch saßen und der Ratsherr zu Eulenspiegels Rechten zu Anfang m Dukaten hatte, so lagen vor Eulenspiegel $m + n - 1$ Dukaten auf dem Tisch, vor dem Bürgermeister $m + n - 2$ Dukaten, vor dem nächsten Ratsherrn $m + n - 3$ und so weiter. In jeder Runde erhielt jeder Ratsherr ein Goldstück weniger als er anschließend abgab. Das Geld jedes Ratsherrn schrumpfte in jeder Runde folglich um ein Goldstück. Nur bei Eulenspiegel war es anders. Sein Geld wurde in jeder Runde um $n - 1$ Dukaten mehr. Am Ende der m-ten Runde besaß der Ratsherr, der rechts von Eulenspiegel saß, kein Geld mehr. Eulenspiegel hatte nach diesen m Runden $m+n-1+m(n-1)$ Dukaten vor sich liegen, während der Bürgermeister nur noch $m+n-2-m$ besaß. Da Eulenspiegel nun zehnmal so viel Geld hatte wie der Bürgermeister, gilt $m+n-1+m(n-1)=10(m+n-2-m)$. Diese Gleichung lässt sich zu $n=19/(9-m)$ vereinfachen. Sie ergibt nur mit $m=8$ für n eine positive ganze Zahl, nämlich $n=19$. Eulenspiegels Gewinn betrug also $8(19-1)=144$ Dukaten.

Zu 19. Der Onkel aus Amerika

Da es nur zwölf Monate pro Jahr gibt, kann man bei einem Datum, bei dem die erste oder die zweite Zahl größer als 12 ist, eindeutig erkennen, welche der beiden Zahlen der Monat und welche der Tag ist. Sind die beiden Zahlen kleiner als 12, aber gleich groß, kann man zwar nicht sehen, ob das Datum in Europa oder in Amerika geschrieben wurde, dennoch ist es eindeutig. Folglich gibt es elf Tage pro Monat und somit 132 Tage pro Jahr mit einer nicht eindeutigen Datumsschreibweise.

Zu 20. Die vier Evangelisten

Der Flächeninhalt eines Dreiecks ist das halbe Produkt aus einer seiner Seiten und der dazugehörigen Höhe. Die beiden Grundstücke von Johannes und Markus haben für ihre Seiten a und b die gemeinsame Höhe h und somit die Flächeninhalte $A=\frac{1}{2}ah$ und $B=\frac{1}{2}bh$. Teilt man die Fläche A durch die Fläche B, erhält man $A/B=a/b$. Auch Lukas' und Matthias' Grundstücke haben die Grundseiten a und b und eine gemeinsame Höhe k. Das Verhältnis ihrer Grundstücksflächen beträgt somit auch $C/D=a/b$. Aus diesen beiden Gleichungen folgt, dass $A/B=C/D$ oder $AD=BC$ ist.

Das Dreieck aus den Flächen B und D und das Dreieck aus C und D besitzen die untere Trapezseite als gemeinsame Grundseite. Da die obere Seite des Trapezes parallel zur unteren verläuft, haben diese beiden Dreiecke die gleiche Höhe. Somit ist $B+D=C+D$ und damit $B=C$. Setzt man dies in die obige Gleichung ein, erhält man $AD=B^2=C^2$

oder $\sqrt{AD} = B = C$. Das gesamte Grundstück hat folglich die Fläche

$$A + B + C + D = A + 2\sqrt{AD} + D = \left(\sqrt{A} + \sqrt{D}\right)^2 = 100\,\text{ha}.$$

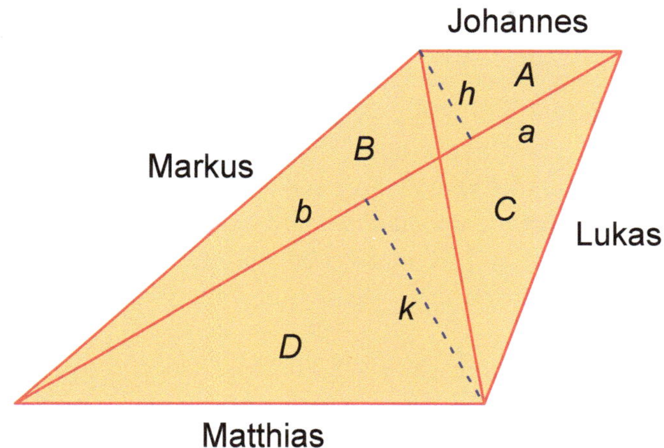

Zu 21. Tweedledee und Tweedledum

Die möglichen Zahlenpaare auf den Stirnen von Tweedledee und Tweedledum sind (1, 1), (1, 3), (3, 3), (3, 5), (5, 5), (5, 7) und so weiter. Wenn Tweedledee auf der Stirn von Tweedledum eine 1 sähe, wüsste er, dass auch auf seiner eigenen Stirn eine 1 stünde. Da er aber beim ersten Mal sagt, er kenne seine Zahl nicht, hat Tweedledum keine 1 auf der Stirn, und das Zahlenpaar (1, 1) scheidet als Lösung aus.

Wenn Tweedledum nun eine 1 auf der Stirn von Tweedledee sähe, müsste eine 3 auf seiner eigenen Stirn stehen. Da er aber bei seiner ersten Antwort behauptet, seine Zahl nicht zu kennen, kommt auch das Zahlenpaar (1, 3) nicht als Lösung infrage. Mit den gleichen Überlegungen scheidet nun durch jede weitere Behauptung der beiden Brüder ein weiteres Zahlenpaar aus. Mit Tweedledees achter Antwort schließlich fällt das Zahlenpaar (15, 15) fort. Da aber die achte Antwort von Tweedledum lautet: „Jetzt kenne ich meine Zahl", muss die Lösung (15, 17) sein. Alice hat also Tweedledee eine 15 und Tweedledum eine 17 auf die Stirn gemalt.

Zu 22. Der zerschnittene Donut

Die Aufgabe ist im Grunde ganz einfach. Die Schwierigkeit liegt darin, dass sich die meisten Menschen schräg zu einander liegende Schnittebenen kaum oder gar nicht dreidimensional vorstellen können. Darum soll die Lösung schrittweise aufgebaut werden. Der erste Schnitt verläuft quer zur Ringfläche und durchtrennt den Torus an zwei sich genau gegenüberliegenden Stellen. Dadurch entstehen zwei Halbringe mit kreisförmigen Schnittflächen.

Zwei Ebenen, die nicht parallel zueinander liegen, schneiden sich in einer Geraden. Durchbohrt diese Gerade den Torus an zwei sich ungefähr gegenüberliegenden Stellen, erhält man zwei Ringstücke links und rechts der Schnittflächen und jeweils zwei Keile ober- und unterhalb der Fläche, insgesamt also sechs Stücke.

Nun fügt man noch eine dritte Schnittfläche hinzu, die zu keiner der ersten beiden Flächen parallel liegt. Diese dritte Fläche schneidet die beiden ersten Flächen in zwei Geraden, und alle drei Schnittgeraden treffen sich in einem Punkt. Legt man die dritte Fläche so, dass dieser Treffpunkt auf der einen Seite im Torus liegt und alle drei Geraden sich noch ein zweites Mal auf der gegenüberliegenden Seite durch den Torus bohren, entstehen insgesamt dreizehn Teile: Links und rechts zwei Ringstücke, im Bereich des Geradentreffpunkts sechs Teile und im gegenüberliegenden Schnittbereich fünf Teile.

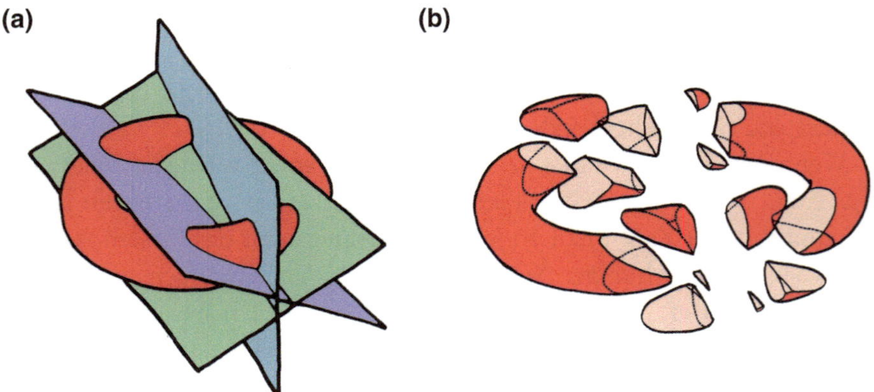

Die Aufgabe lässt sich verallgemeinern: Mit n ebenen Schnitten kann man einen Torus in höchstens $(n^3 + 3n^2 + 8n)/6$ Teile zerlegen, wenn die Bruchstücke nach den einzelnen Schnitten nicht umgeordnet werden dürfen.

Zu 23. Schneewittchen und die 15 Zwerge

Die einzelnen Felder des Quadrats können nur 14 verschiedene Abstände voneinander haben. Diese lassen sich leicht mit dem Satz des Pythagoras berechnen. Da zwischen den Plätzen der 15 Zahlen auch genau 14 Abstände benachbarter Zahlen vorkommen, die mit der Größe der Zahlenpaare ansteigen müssen, liegt die Zuordnung der Abstände zu den Zahlenpaaren eindeutig fest.

$$\sqrt{1^2 + 0^2} = \sqrt{1} \quad 1 \leftrightarrow 2$$
$$\sqrt{1^2 + 1^2} = \sqrt{2} \quad 2 \leftrightarrow 3$$
$$\sqrt{2^2 + 0^2} = \sqrt{4} \quad 3 \leftrightarrow 4$$
$$\sqrt{2^2 + 1^2} = \sqrt{5} \quad 4 \leftrightarrow 5$$
$$\sqrt{2^2 + 2^2} = \sqrt{8} \quad 5 \leftrightarrow 6$$
$$\sqrt{3^2 + 0^2} = \sqrt{9} \quad 6 \leftrightarrow 7$$
$$\sqrt{3^2 + 1^2} = \sqrt{10} \quad 7 \leftrightarrow 8$$
$$\sqrt{3^2 + 2^2} = \sqrt{13} \quad 8 \leftrightarrow 9$$
$$\sqrt{4^2 + 0^2} = \sqrt{16} \quad 9 \leftrightarrow 10$$
$$\sqrt{4^2 + 1^2} = \sqrt{17} \quad 10 \leftrightarrow 11$$
$$\sqrt{3^2 + 3^2} = \sqrt{18} \quad 11 \leftrightarrow 12$$
$$\sqrt{4^2 + 2^2} = \sqrt{20} \quad 12 \leftrightarrow 13$$
$$\sqrt{4^2 + 3^2} = \sqrt{25} \quad 13 \leftrightarrow 14$$
$$\sqrt{4^2 + 4^2} = \sqrt{32} \quad 14 \leftrightarrow 15$$

Am einfachsten ist es, beginnend mit der 15, die Zahlen absteigend in das Quadrat einzutragen. Die 15 und die 14 müssen auf sich diagonal gegenüberliegenden Feldern des Quadrats stehen. Dafür gibt es nur zwei Möglichkeiten. Die 13 muss nun auf einem Nachbarfeld der 15 und die 12 auf einem Nachbarfeld der 14 stehen. Für die 11 bleibt nur das zweite Nachbarfeld der 15 übrig. Auf diese Weise kann man leicht alle Möglichkeiten ausschließen, die in eine Sackgasse führen, und schnell alle 15 Zahlen unterbringen. Der kleinste Zwerg muss demnach auf dem Feld e1 stehen.

Zu 24. Schiffe versenken

Am einfachsten versenkt man den Zerstörer in zwei Schritten. Im ersten Schritt wird er gesucht, indem man eines seiner Felder trifft, und im zweiten Schritt werden seine übrigen drei Felder abgeschossen.

Einen in einer Zeile liegenden Zerstörer trifft man mit Sicherheit, wenn man so auf zwei Felder dieser Zeile schießt, dass nicht mehr als drei direkt nebeneinanderliegende Felder ungetroffen bleiben. Dazu gibt es zwei Möglichkeiten: Entweder schießt man auf die Spalten 3 und 7 oder auf die Spalten 4 und 8. Wäre man sicher, dass der Zerstörer in einer Zeile liegt, reichten also 20 Schüsse aus, um ihn mit Sicherheit einmal zu treffen. Da aber der Zerstörer auch in einer Spalte liegen kann, muss man die Schüsse so verteilen, dass ebenfalls in jeder Spalte nicht mehr als drei direkt nebeneinander liegende Felder ungetroffen bleiben. Dies ist nur möglich, wenn in vier oder mehr Zeilen wenigstens drei Felder beschossen werden. Man benötigt also mindestens 24 Schüsse, um ganz sicher zu sein, den Zerstörer zu treffen. Das Bild zeigt ein mögliches Schießmuster, wobei die zu treffenden Felder mit einer Zahl markiert sind. Die Reihenfolge der Felder, auf die geschossen wird, ist dabei fast beliebig, allerdings sollte man sich zwei der vier Felder mit einer 4 bis zum Schluss aufbewahren.

	1	2	3	4	5	6	7	8	9	10
A			4				5			
B				5				5		
C	4				5				5	
D		5				6				5
E			5				6			
F				6				5		
G	5				6				5	
H		5				5				4
I			5				5			
J				5				4		

Im zweiten Schritt müssen nun noch die restlichen drei Felder des Zerstörers gefunden und abgeschossen werden. Die Zahlen in dem Diagramm geben an, wie viele Schüsse man bei optimaler Strategie noch höchstens benötigt, wenn auf dem entsprechenden Feld ein Treffer erzielt worden ist. Hat man beispielsweise im ersten Schritt festgestellt, dass das Feld A3 zum Zerstörer gehört, gibt es zwei Möglichkeiten. Liegt der Zerstörer in der Zeile A, gehört das Feld A4 auf jeden Fall dazu. Also wird der nächste Schuss auf A4 gerichtet. Trifft er nicht, so liegt der Zerstörer in der Spalte 3. Die folgenden drei Schüssen werden dann auf die Felder B3, C3 und D3 gemacht. Sie treffen mit Sicherheit und versenken das Schiff. Hat der Schuss auf A4 jedoch getroffen, müssen die beiden anderen Felder A5 und A6 oder A2 und A5 oder A1 und A2 sein. Um die richtigen beiden Felder herauszufinden und den Zerstörer zu versenken, braucht man höchstens noch drei Schuss. Spätestens nach dem 24. Schuss hat man das erste Feld des Zerstörers getroffen und spätestens nach vier weiteren Schüssen auch die anderen drei Felder. Folglich benötigt man bei optimaler Strategie höchstens 28 Schüsse, um den Zerstörer zu finden und zu versenken.

Zu 25. Das Gold der Vitalienbrüder

Wir nummerieren die Piraten nach ihrer Stärke durch: Der schwächste bekommt die Nummer 1 und der stärkste die Nummer 7. Das Problem lässt sich am einfachsten lösen, wenn man das Pferd von hinten aufzäumt und rückwärts rechnet. Angenommen, es gibt nur noch die beiden Piraten P_1 und P_2. P_2 ist der stärkere, und sein Vorschlag ist klar: Alle Dukaten für ihn und keinen für P_1. Da seine eigene Stimme 50 % beträgt, wird der Vorschlag auf jeden Fall angenommen. Nun wird noch der Pirat P_3 berücksichtigt: Wenn sein Vorschlag nicht angenommen wird, geht das Spiel mit zwei Piraten weiter, und P_1 bekommt nichts. P_1 weiß das, und P_3 weiß, dass P_1 das weiß. Also wird P_1 für jeden Vorschlag von P_3 stimmen, bei dem er überhaupt etwas erhält. P_3 wird daher P_1 so wenig wie möglich, aber mehr als nichts geben. Nach seinem Vorschlag bekommt also P_3 999, P_2 keinen und P_1 einen Dukaten. Die Strategie von P_4 ist ähnlich: Er braucht die Hälfte der Stimmen und muss folglich einen Piraten auf seine Seite bringen. Der kleinste Anteil ist ein Dukat, und den bietet er P_2 an, denn P_2 bekommt nichts, wenn der Vorschlag von P_4 nicht angenommen wird und P_3 die Aufteilung vornimmt. Folglich erhält P_4 999 Dukaten, P_2 einen Dukaten und P_3 und P_1 bekommen nichts. Für P_5 läuft die Verteilung etwas anders, denn er muss zwei Piraten auf seine Seite bringen. Dafür muss er zwei Dukaten investieren: Einen bekommt P_3 und einen P_1. Die restlichen 998 kann er selbst behalten. Nach dieser Methode geht die Analyse weiter. Der Pirat P_7 ist Störtebeker selbst. Er kann 997 Dukaten für sich selbst behalten, gibt drei Dukaten an die Piraten P_6, P_4 und P_2 ab, und lässt die Piraten P_5, P_3 und P_1 leer ausgehen.

Zu 26. Von I bis C

Zunächst muss man herausfinden, wie viele Ziffern jeder Art in den römischen Zahlen von I bis C vorkommen. Die Zahlen I, II, III, IV und V enthalten sieben I. Auch jede weitere Gruppe von je fünf Zahlen enthält sieben I, sodass bei den Zahlen von I bis C insgesamt $20 \cdot 7 = 140$ mal das I vorkommt. Unter den ersten zehn Zahlen enthalten nur die fünf Zahlen von IV bis VIII jeweils ein V. Alle weiteren Gruppen von je zehn Zahlen enthalten fünf V. Somit kommt unter den Zahlen von I bis C insgesamt $10 \cdot 5 = 50$

mal das V vor. Beim X ist das Zählen etwas komplizierter. Von I bis VIII kommt es gar nicht vor, von IX bis XVIII je einmal, von XIX bis XXVIII je zweimal, von XXIX bis XXXVIII je dreimal, bei XXXIX viermal, von XL bis XLVIII je einmal und bei XLIX zweimal. Bei den Zahlen von L bis C gibt es noch einmal die gleiche Zahl von X. Insgesamt enthalten die Zahlen von I bis C also 150 X. Jede der 50 Zahlen von XL bis LXXXIX enthält ein L, sodass es 50 L in dem Bereich von I bis C gibt. Schließlich kommen unter den elf Zahlen von XC bis C auch noch elf C vor.

In keiner einzigen römischen Zahl kann mehr als ein V und mehr als ein L vorkommen. Da es 50 V und 50 L gibt, muss die kleinste Zahl gültiger römischer Zahlen, die man aus den 401 Ziffern bilden kann, mindestens 50 sein. Es reichen tatsächlich 50 Zahlen aus, wie man an folgendem Beispiel sehen kann: 46-mal LXXXVIII, einmal CCLXXXVII und dreimal CCCLXXXV.

Zu 27. Nick Knattertons Schlaf

Da in der Gleichung

$$x = \sqrt{1 + \sqrt{1 + \sqrt{1 + \sqrt{1 + \cdots}}}}$$

lauter gleiche Wurzeln unendlich tief verschachtelt sind, hat die zweite Wurzel genau den gleichen Wert wie die äußere Wurzel. Man kann deshalb die Gleichung zu $x = \sqrt{1 + x}$ vereinfachen. Löst man sie nach x auf, erhält man als Ergebnis den berühmten Goldenen Schnitt $x = \frac{1}{2}\left(1 + \sqrt{5}\right) \approx 1{,}618$. Nick Knatterton schläft also täglich etwa 1,618 Nächte.

Zu 28. Der Hof von Kloster Haftenau

Unterteilt man den Klosterhof schachbrettartig in 6 mal 6 Quadrate, kann man die Größe des Achtecks im Inneren des Sterns leicht bestimmen. Es setzt sich aus vier ganzen Quadraten und acht Viertelquadraten zusammen und hat somit die gleiche Fläche wie sechs Quadrate. Da die Seiten des Brunnens halb so lang sind wie die des Achtecks, nimmt er nur ein Viertel von dessen Fläche ein. Der Brunnen hat somit eine Größe von 6/4 Quadraten und deckt folglich $(6/4)/36 = 1/24 \approx 4{,}17\,\%$ des Klosterhofes ab.

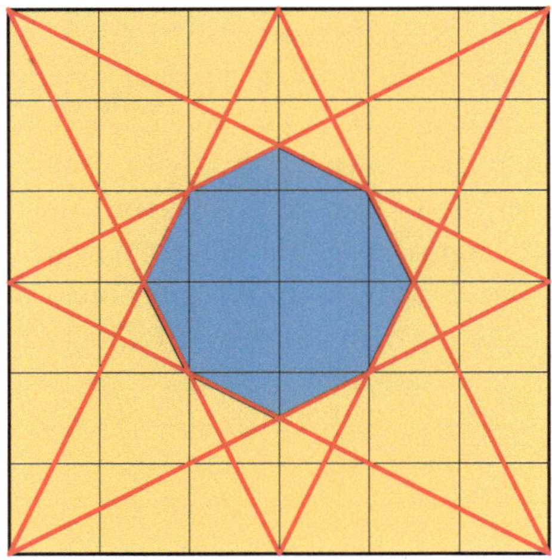

Übrigens ist das Achteck des Sterns zwar gleichseitig, aber nicht regelmäßig, denn die Innenwinkel haben zwei verschiedene Größen.

Zu 29. Die Wolga

Die Erde ist keine Kugel, sondern ein Rotationsellipsoid mit einer Äquatorhalbachse a und einer Polhalbachse b. Für einen Punkt auf der Erdoberfläche gilt die Ellipsengleichung $(x/a)^2 + (y/b)^2 = 1$.

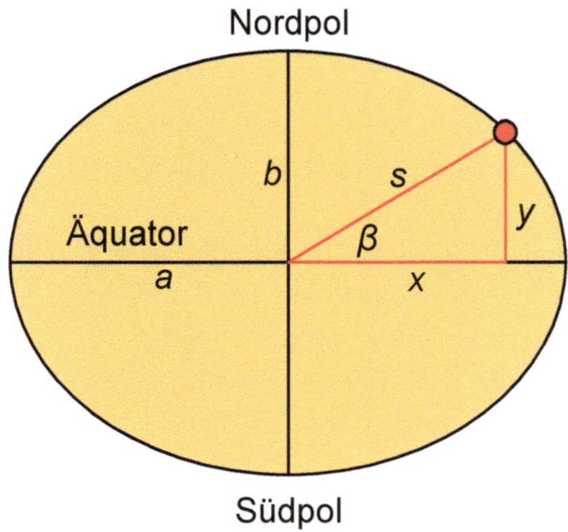

Die Strecken x und y lassen sich durch den Breitengrad β und den Abstand s des Punkts vom Erdmittelpunkt als $x = s \cos \beta$ und $y = s \sin \beta$ ausdrücken. Fügt man dies in die Ellipsengleichung ein und stellt sie ein wenig um, erhält man

$$s = \frac{1}{\sqrt{\left(\frac{\cos \beta}{a}\right)^2 + \left(\frac{\sin \beta}{b}\right)^2}}.$$

Setzt man in diese Gleichung den Breitengrad der Wolgaquelle ein und addiert ihre Höhe von 228 m über Normalnull hinzu, ergibt sich ein Abstand von 6363,236 km vom Erdmittelpunkt. Mit dem Breitengrad der Wolgamündung und der Subtraktion von 28 m, die der Spiegel des Kaspischen Meeres unter Normalnull liegt, erhält man einen Erdmittelpunktsabstand von 6366,766 km. Somit liegt die Quelle der Wolga 3530 m näher am Erdmittelpunkt als ihre Mündung.

Rechnet man statt mit den in der Aufgabe angegebenen Erddaten mit einem der verschiedenen Referenzellipsoiden oder -geoiden und unterscheidet man zwischen geografischer und geozentrischer Breite, kann das Ergebnis um einige Meter variieren.

Zu 30. Die wundersame Holzvermehrung

Wenn die beiden Enden des Baumstammes die Durchmesser d und D haben, ist der Durchmesser in der Stammmitte $b = {}^1/_2(d + D)$. Bei einer Stammlänge L erhält der Förster mit seiner Formel deshalb ein Volumen von $V_1 = {}^1/_4 L \pi b^2 = L \pi (d + D)^2 / 16$.

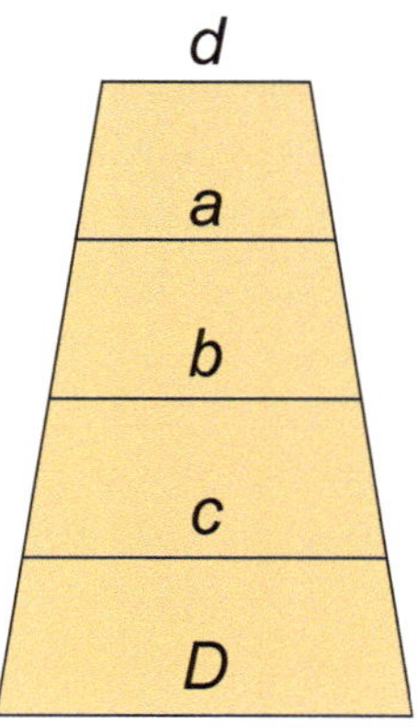

Sägt er den Stamm in der Mitte durch, haben die beiden Hälften in ihre Mitte die Durchmesser $a = {}^1/_2(d + b)$ und $c = {}^1/_2(b + D)$. Setzt man den obigen Ausdruck für b in diese beiden Gleichungen ein, bekommt man $a = {}^1/_4(3d + D)$ und $c = {}^1/_4(d + 3D)$. Damit liefert die Formel des Försters für die beiden Stammhälften das Gesamtvolumen $V_2 = {}^1/_4\left({}^1/_2 L\right)$ $\pi a^2 + {}^1/_4\left({}^1/_2 L\right)\pi c^2 = L\pi(3d + D)^2/128 + L\pi(d + 3D)^2/128$. Dies lässt sich zu $V_2 = L\pi(5d^2 + 6dD + 5D^2)/64$ vereinfachen.

Das Verhältnis der Volumina beträgt $V_2/V_1 = {}^1/_4(5d^2 + 6dD + 5D^2)/(d + D)^2$. Setzt man in diese Gleichung die Durchmesser aus der Aufgabe ein, erhält man $V_2/V_1 = 1{,}09$. Das Holzvolumen erhöht sich folglich um genau 9 %.

Dass sich das Ergebnis durch das Halbieren des Stammes ändert, liegt natürlich daran, dass die Volumenformel des Försters falsch ist. Korrekt müsste sie $V = L\pi(d^2 + dD + D^2)/12$ lauten. Aber da Baumstämme keine perfekten Kegelstümpfe sind, ist die Formel der Fortwirtschaft durchaus ein gutes und praktisches Näherungsverfahren.

Zu 31. Die Breguet-Uhr

Umgerechnet in Stunden entsprechen die beiden Uhrzeiten 2.25 Uhr und 3.35 Uhr den Werten $(2 + 25/60)$ h und $(3 + 35/60)$ h. Der Minutenzeiger einer Uhr legt pro Minute einen Winkel von 6° zurück und der Stundenzeiger pro Stunde einen Winkel von 30°. Darum schließen um 2.25 Uhr der Minuten- und der Stundenzeiger mit der 12-Uhr-Stellung die Winkel $25 \cdot 6° = 150°$ und $(2 + 25/60) \cdot 30° = 72{,}5°$ ein. Der Winkel zwischen den beiden Zeigern hat somit die Größe $\alpha = 150° - 72{,}5° = 77{,}5°$. Mit entsprechenden Überlegungen erhält, dass die beiden Zeiger um 3.35 Uhr einen Winkel von $\beta = 102{,}5°$ einschließen.

Über den Kosinussatz sind die Minutenzeigerlänge m, die Stundenzeigerlänge h und die von den Zeigern eingeschlossenen Winkel mit den Abständen der Zeigerspitzen verknüpft: $161^2 = m^2 + h^2 - 2mh \cos \alpha$ und $199^2 = m^2 + h^2 - 2mh \cos \beta$. Da α und β sich zu 180° ergänzen, gilt $\cos \beta = \cos(180° - \alpha)$, was sich zu $-\cos \alpha$ vereinfachen lässt. Dadurch erhält die zweite Zeigerabstandsgleichung die Form $199^2 = m^2 + h^2 + 2mh \cos \alpha$. Addiert man die beiden Abstandsgleichungen, bekommt man $161^2 + 199^2 = 2(m^2 + h^2)$ oder $m^2 + h^2 = 32761$.

Um 9.00 Uhr stehen der Stunden- und der Minutenzeiger senkrecht zueinander. Der Abstand ihrer Spitzen beträgt deshalb nach dem Satz des Pythagoras $\sqrt{m^2 + h^2} = \sqrt{32761} = 181$ mm.

Zu 32. Die Planeten der Asteria

Der Planet Aleph umläuft die Asteria in 2 Jahren, Bet und Gimel benötigen für einen Umlauf 5 beziehungsweise 17 Jahre. Die Winkelgeschwindigkeiten der drei Planeten sind also − in Grad pro Jahr (a) gerechnet − $360°/(2a)$, $360°/(5a)$ und $360°/(17a)$. Am einfachsten lässt sich das Problem lösen, wenn man annimmt, dass Gimel stillsteht und dafür die beiden anderen Planeten sich um $360°/(17a)$ langsamer drehen. Das heißt, die Winkelgeschwindigkeiten von Aleph und Bet betragen nur $360°/(2a) - 360°/(17a) = 2700°/(17a)$ und $360°/(5a) - 360°/(17a) = 864°/(17a)$.

Beim Besuch der Enterprise auf Gimel sind die vier Himmelkörper so aufgereiht, wie es das linke Bild zeigt. Immer wenn Aleph eine halbe Runde um die Asteria gedreht – also 180° zurückgelegt – hat, steht er mit Gimel und Asteria in einer Reihe, wobei immer abwechselnd einmal Aleph und einmal Asteria in der Mitte sind. Die Zeitpunkte dieser Reihungen sind die Quotienten aus dem zurückgelegten Winkel und der Winkelgeschwindigkeit: $t_m = 180°m \cdot (17a/2700°)$. Dabei ist m die Zahl der von Aleph zurückgelegten Halbrunden. Entsprechend gilt, dass Gimel, Bet und Asteria zu den Zeitpunkten $t_n = 180°n \cdot (17a/864°)$ in einer Reihe stehen, wobei n die Zahl der Halbrunden von Bet ist. Alle vier Himmelkörper liegen immer dann auf einer Linie, wenn $t_m = t_n$ ist. Es muss also $180°m \cdot (17a/2700°) = 180°n \cdot (17a/864°)$ sein, was sich zu $8m = 25n$ vereinfachen lässt. Die kleinsten Zahlen, die diese Gleichung erfüllen, sind $m = 25$ und $n = 8$. Setzt man nun in die t_m-Gleichung $m = 25$, ergibt sich, dass die Himmelkörper erstmals $28^1/_3$ Erdenjahre nach der Landung der Enterprise wieder alle in einer Reihe stehen. Das rechte Bild zeigt diese Konstellation.

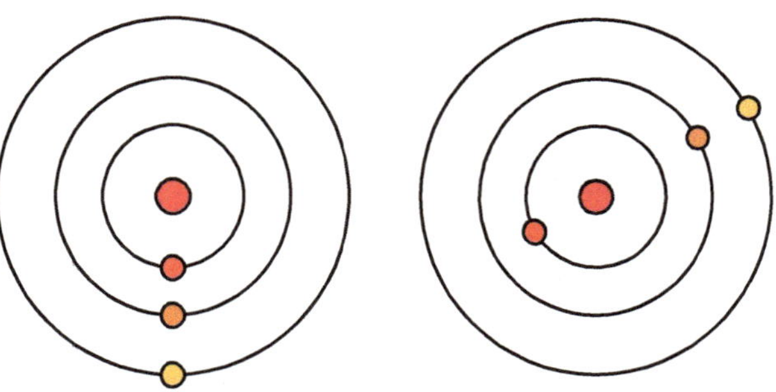

Zu 33. Das Keilschrifttäfelchen

Bevor wir die eigentliche Aufgabe lösen, betrachten wir zunächst das erste Bild.

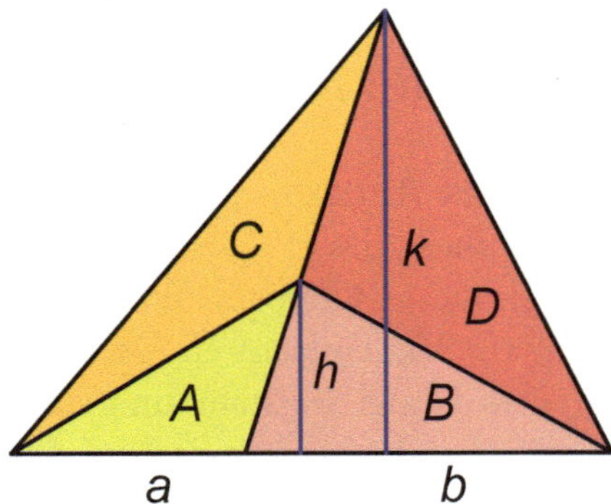

Die beiden kleinen Dreiecke mit den Flächen A und B haben die Grundseiten a und b und die gemeinsame Höhe h. Ihre Inhalte betragen somit $A = {}^1/_2 ah$ und $B = {}^1/_2 bh$. Auch die beiden großen Dreiecke mit den Flächen $A + C$ und $B + D$ haben die Grundseiten a und b. Ihre gemeinsame Höhe ist k. Folglich betragen ihre Inhalte $A + C = {}^1/_2 ak$ und $B + D = {}^1/_2 bk$. Daraus ergibt sich für die Flächenverhältnisse $(A + C)/A = k/h$ und $(B + D)/B = k/h$. Diese beiden Flächenverhältnisse sind also gleich: $(A + C)/A = (B + D)/B$. Damit gilt auch $A/A + C/A = B/B + D/B$ und $C/A = D/B$. Dies wenden wir jetzt auf unser eigentliches Problem an.

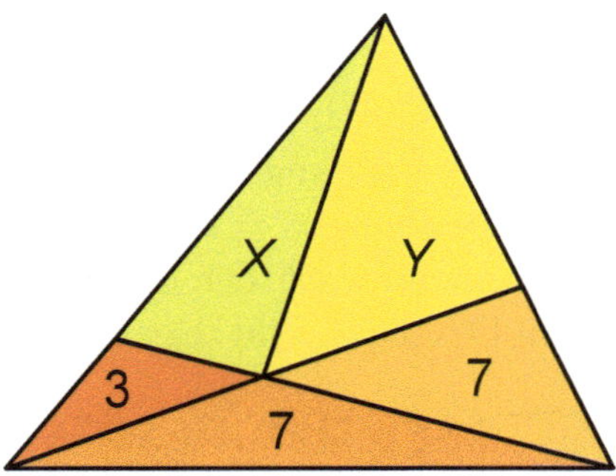

Mit einer zusätzlichen Linie teilen wir das Viereck in zwei Dreiecke, die die Flächeninhalte X und Y haben (zweites Bild). Jetzt gilt $X/(Y + 7) = 3/7$ und $Y/(X + 3) = 7/7$. Löst man die zweite Gleichung nach Y auf, erhält man $Y = X + 3$. Dies setzt man in die erste Gleichung für Y ein. Dadurch bekommt man $X/(X + 3 + 7) = 3/7$, was sich zu $X = 7{,}5$ vereinfachen lässt. Mit diesem Wert für X ergibt sich $Y = 10{,}5$. Das viereckige Stück von Utnapischtims Land hat somit eine Fläche von $X + Y = 18$ Gan.

Zu 34. Hölzerne Vierecke

Für die erste Leiste eines Vierecks stehen acht Leisten zur Auswahl. Für die zweite Leiste bleiben dann noch sieben Möglichkeiten, für die dritte sechs Möglichkeiten und für die vierte fünf. Insgesamt sind dies $8 \cdot 7 \cdot 6 \cdot 5 = 1680$ Möglichkeiten. Vier Leisten kann man in $4 \cdot 3 \cdot 2 \cdot 1 = 24$ unterschiedlichen Reihenfolgen aneinander bauen. Da diese Reihenfolge zunächst einmal keine Rolle spielen soll, bleiben $1680 : 24 = 70$ Kombinationen übrig.

Vier Leisten lassen sich nur dann zu einem nicht entarteten Viereck zusammenschrauben, wenn der Abstand der beiden äußeren Löcher bei der längsten Leiste kleiner ist als die Summe der Abstände der äußeren Löcher der anderen drei Leisten. Die Abstände der äußeren Löcher der acht Leisten betragen 3, 4, 5, 7, 10, 12, 15 und 18 Einheiten. Durch systematisches Untersuchen findet man heraus, dass sich mit den zehn Leistenkombinationen (3, 4, 5, 12), (3, 4, 5, 15), (3, 4, 5, 18), (3, 4, 7, 15), (3, 4, 7, 18), (3, 4, 10, 18), (3, 5, 7, 15), (3, 5, 7, 18), (3, 5, 10, 18) und (4, 5, 7, 18) keine Vierecke bauen lassen. Es bleiben also 60 Kombinationen übrig.

Bei einem Viereck gibt es jeweils drei Möglichkeiten, eine Leiste der kürzesten gegenüber zu befestigen. Wie die beiden verbleibenden Leisten links und rechts an die kürzeste Leiste geschraubt werden, spielt keine Rolle, da durch Umklappen der Figur die beiden Anordnungen ineinander übergehen. Folglich sind $3 \cdot 60 = 180$ verschiedene Vierecke möglich.

Zu 35. Die Aufgabe des Sultans

Die Flächen der drei viereckigen Ringe enthält man, indem man den Inhalt des jeweiligen Innenquadrats von dem des jeweiligen Außenquadrats abzieht. Halbiert beziehungsweise viertelt man diese Ringe, bekommt man die Inhalte der acht Flächen.

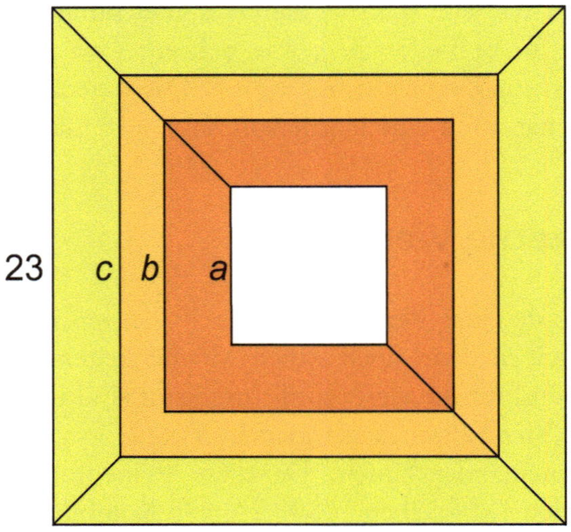

Diese Inhalte sollen gleich sein: $\frac{1}{4}(23^2 - c^2) = \frac{1}{2}(c^2 - b^2) = \frac{1}{2}(b^2 - a^2)$. Löst man die zweite Gleichung nach c^2 auf, bekommt man $c^2 = 2b^2 - a^2$. Dies wird in die erste Gleichung eingesetzt, woraus nach einigen Umformungen $b = \frac{1}{2}\sqrt{23^2 + 3a^2}$ wird. Da die Seitenlängen der Quadrate ganzzahlig sind, kann a nur eine ganze Zahl von 1 bis 20 sein. Setzt man diese Zahlen nacheinander in die Gleichung ein, erhält man nur bei $a = 7$ ein ganzzahliges Ergebnis, nämlich $b = 13$. Mit diesen beiden Werten ergibt sich $c = 17$. Das quadratische Loch, das Münchhausen in die Tafel sägte, hat also eine Seitenlänge von 7 Zoll.

Zu 36. Professor Moriartys Würfel

In dem Spielwürfel lassen sich insgesamt elf gleichseitige Dreiecke mit vier unterschiedlichen Seitenlängen unterbringen. In dem Bild sind die Dreiecke der Übersichtlichkeit halber auf elf Würfel verteilt und der Größe nach geordnet. Wie man sieht, gibt es zwei größte Dreiecke, sechs zweitgrößte Dreiecke, ein drittgrößtes Dreieck und zwei kleinste Dreiecke. In Professor Moriartys Würfel gab es also insgesamt 33 X-Strahlen.

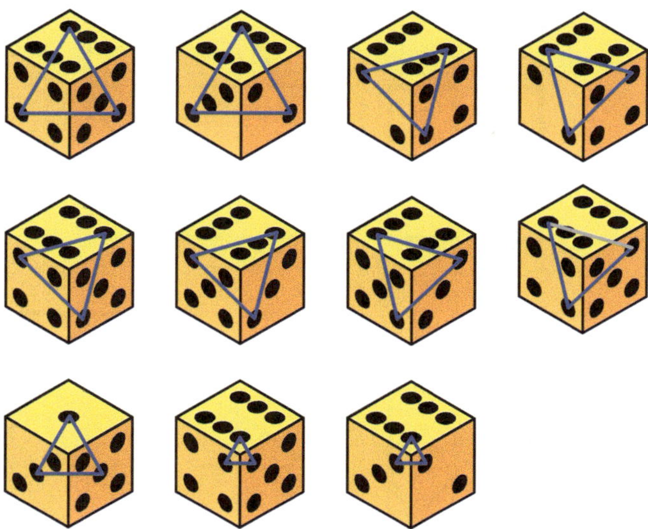

Zu 37. Das Hip-Spiel

Verbindet man die Mittelpunkte der Felder des Hip-Brettes durch horizontale und vertikale Linien, entsteht ein fünf mal fünf Felder großes quadratisches Raster. In dieses Raster lassen sich Quadrate der Seitenlängen 1, 2, 3, 4 und 5 einzeichnen, deren Seiten auf den Rasterlinien liegen. Alle Rasterpunkte auf den Seiten dieser Quadrate können wiederum Ecken von Unterquadraten sein, die vollständig im Inneren der Quadrate liegen und dessen Seiten nicht auf Rasterlinien fallen. In dem Raster können 5^2 Quadrate der Seitenlänge 1 liegen, 4^2 Quadrate der Seitenlänge 2, 3^2 Quadrate der Seitenlänge 3, 2^2 Quadrate der Seitenlänge 4 und 1 Quadrat der Seitenlänge 5. Die Zahl der Unterquadrate in jedem dieser Quadrate ist jeweils um 1 kleiner, als seine Seiten lang sind. Insgesamt können auf dem Hip-Brett also $5^2 \cdot 1 + 4^2 \cdot 2 + 3^2 \cdot 3 + 2^2 \cdot 4 + 1^2 \cdot 5 = 105$ verschiedene Quadrate gelegt werden. Es lässt sich übrigens leicht zeigen, dass ein Hip-Brett mit n mal n Feldern $n^2(n^2 - 1)/12$ verschiedene Quadrate enthält.

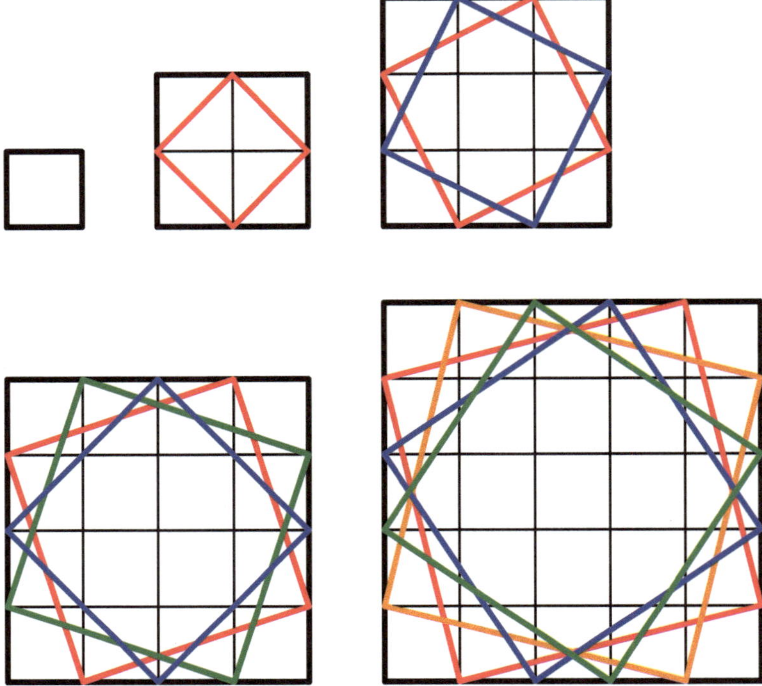

Zu 38. Das magische Bruchquadrat

$\dfrac{29}{a}$	$\dfrac{14}{b}$	$\dfrac{11}{a}$
$\dfrac{7}{c}$	$\dfrac{8}{b}$	$\dfrac{5}{d}$
$\dfrac{53}{a}$	$\dfrac{2}{b}$	$\dfrac{7}{e}$

Addiert man die drei Brüche der zweiten Spalte, erhält man als magische Konstante $M = 14/b + 8/b + 2/b = 24/b$. Dieses Ergebnis wird nun auf die erste Zeile angewandt: $M = 24/b = 29/a + 14/b + 11/a$. Daraus ergibt sich durch Umstellen $a = 4b$. Die Summe der drei Brüche der ersten Spalte muss natürlich auch die magische Konstante ergeben: $29/a + 7/c + 53/a = 24/a$. Ersetzt man nun noch a durch $4b$, erhält man nach einigen Umformungen

$c = 2b$. Aus der zweiten Zeile kann man jetzt $d = {}^2/_5 b$ und aus der dritten $e = {}^4/_5 b$ ermitteln. Die Nenner a, b, c, d und e müssen positive ganze Zahlen sein und außerdem so klein wie möglich, damit die magische Konstante möglichst groß wird. Der kleinste Wert für b, bei dem diese Bedingungen erfüllt werden, ist 5. Daraus ergibt sich die magische Konstante $M = 24/5 = 4{}^4/_5 = 4{,}8$. Das magische Quadrat sieht also folgendermaßen aus:

$\dfrac{29}{20}$	$\dfrac{14}{5}$	$\dfrac{11}{20}$
$\dfrac{7}{10}$	$\dfrac{8}{5}$	$\dfrac{5}{2}$
$\dfrac{53}{20}$	$\dfrac{2}{5}$	$\dfrac{7}{4}$

Zu 39. Die gespiegelte Zeit

Die Spiegelbilder der Ziffern 0, 1 und 8 stellen wieder dieselben Ziffern dar, wo hingegen durch die Spiegelung aus der 2 eine 5 und aus der 5 eine 2 wird. Bei den fünf anderen Ziffern entstehen durch das Spiegeln Symbole, die keine Ziffern mehr sind. Auf der Uhr können also zum gesuchten Zeitpunkt nur die Ziffern 0, 1, 2, 5 und 8 zu sehen sein, die in der Form „hh:mm:ss TT.MM." angeordnet sind.

Um den spätest möglichen Zeitpunkt im Jahr zu finden, beginnt man die Suche im Dezember. Aus der Monatszahl 12 wird im Spiegelbild die Stundenzahl 51, was aber unmöglich ist. Folglich liegt der Zeitpunkt nicht im Dezember. Aus dem November mit der Monatszahl 11 wird im Spiegelbild die Stundenzahl 11, die tatsächlich vorkommen kann. Die beiden größten Tageszahlen, die man mit den erlaubten Ziffern bilden kann, sind 28 und 25. Sie werden im Spiegelbild zu den Minutenzahlen 82 und 25, von denen nur die zweite möglich ist.

Die drei höchsten Stundenzahlen sind 22, 21 und 20, die im Spiegelbild zu den Monatszahlen 55, 15 und 05 werden. Nur die dritte kann tatsächlich vorkommen.

Die beiden höchsten Minutenzahlen sind 58 und 55, die gespiegelt zu den Tageszahlen 82 und 22 werden. Die erste scheidet aus.

Die Sekundenzahl ist auch im Spiegelbild die Sekundenzahl. Die beiden größtmöglichen sind 58 und 55, die sich zu 82 und 22 spiegeln. Nur die zweite ist möglich.

Der spätest mögliche Moment in einem Jahr, zu dem das Spiegelbild der Uhr eine sinnvolle, wenn auch falsche Zeit anzeigt, ist also der 25. November um 20:55:55 Uhr.

Zu 40. Estländisches Geld

Die acht Euromünzen haben zusammen einen Wert von 388 Cent. Diese Zahl lässt sich auf neun verschiedene Weisen in ein Paar von Primzahlen zerlegen: $5+383$, $29+359$, $41+347$, $71+317$, $107+281$, $131+257$, $137+251$, $149+239$ und $191+197$. Die erste Möglichkeit scheidet aus, weil man 5 Cent nur mit einer einzelnen Münze bilden kann. Auch die zweite, dritte, achte und neunte Möglichkeit kommen nicht infrage, denn die Wertepaare lassen sich gar nicht mit den acht Münzen bilden. Die übrigen vier Paare oder acht Zahlen kann man jeweils auf genau eine Weise bilden.

$$71 = 1 + 20 + 50$$
$$107 = 2 + 5 + 100$$
$$131 = 1 + 10 + 20 + 100$$
$$137 = 2 + 5 + 10 + 20 + 100$$
$$251 = 1 + 50 + 200$$
$$257 = 2 + 5 + 50 + 200$$
$$281 = 1 + 10 + 20 + 50 + 200$$
$$317 = 2 + 5 + 10 + 100 + 200$$

Inga beantwortete die erste Frage mit „nein" und die zweite mit „ja". An der Tabelle kann man leicht sehen, dass nur in dem Fall, dass die erste Frage „Hast du fünf Münzen bekommen?" lautete und die zweite „Hast du das 10-Cent-Stück bekommen?", eine eindeutige Lösung möglich ist – der Anteil beträgt dann 131 Cent. Alle anderen Fragenpaare lassen mindestens zwei verschiedene Lösungen zu.

Zu 41. Die verrückte Teegesellschaft

Der Märzhase kann sein Produkt p nur dann eindeutig in zwei Faktoren zerlegen, wenn es eine Primzahl ist. Die beiden Faktoren wären dann 1 und p und die Summe betrüge $s = p + 1$. Da aber der Hutmacher behauptet, der

Märzhase könne auf gar keinen Fall seine Zahl kennen, kann s keine um 1 erhöhte Primzahl sein.

Der Märzhase kann natürlich die Überlegungen des Hutmachers nachvollziehen und weiß deshalb, dass s keine um 1 erhöhte Primzahl ist. Wenn er nun alle Zerlegungen seines Produkts in zwei Faktoren betrachtet und feststellt, dass nur in einem einzigen Fall die Summe dieser beiden Faktoren nicht um 1 größer ist als eine Primzahl, dann muss dies die gesuchte Summe s des Hutmachers sein. Da $s = 136$ ist, können Alice' Zahlen nur eines der Paare (1, 135), (2, 134), (3, 133), …, (68, 68) sein. Das Produkt p des Märzhasen muss somit eine der Zahlen 135, 268, 399, …, 4624 sein. Jede diese Zahlen p lässt sich auf unterschiedlich viele Weisen in zwei Faktoren zerlegen. Zwei Faktorenpaare sind jedoch bei jeder diese Zahlen dabei: $(1, p)$ und (p_1, p_2), wobei $p_1 + p_2 = 136$ ist. In beiden Fällen ist die Summe nicht um 1 größer als eine Primzahl. Darum kann keine dieser Zahlen das Produkt p des Märzhasen sein. Doch es gibt eine Ausnahme: Wenn es sich bei $(1, p)$ und (p_1, p_2) um dasselbe Zahlenpaar handelt, wird aus den zwei Fällen nur ein einziger Fall. Die beiden Faktoren können dann nur 1 und 135 sein, und p muss den Wert 135 haben. Die Zahl 135 kann auf vier verschiedene Weisen in zwei Faktoren zerlegt werden: $1 \cdot 135$, $3 \cdot 45$, $9 \cdot 24$ und $5 \cdot 27$. Das führt zu den Summen 136, 48, 24 und 32. Nur 135 ist nicht um 1 größer als eine Primzahl. Also sind die beiden Zahlen von Alice 1 und 135.

Zu 42. Das Bismarckdenkmal

Die halben Zentriwinkel eines regelmäßigen n-Ecks und eines regelmäßigen $2n$-Ecks betragen $\alpha = 360°/(2n)$ und $\beta = 360°/(4n)$. Haben die Polygonseiten die Länge $s = 38$ Zentimeter, ergeben sich für ihre Abstände von Mittelpunkten der Figuren $a = {}^1\!/_2\, s \cot \alpha$ und $b = {}^1\!/_2\, s \cot \beta$. Das Bild zeigt dies für den Fall $n = 5$. In der Vorderansicht der Verbindungsplatte kann man sehen, dass für ihre Dicke d nach dem Satz des Pythagoras $d^2 = s^2 - (b - a)^2$ gilt. Daraus erhält man

$$d = s \cdot \sqrt{1 - \frac{1}{4}\left(\cot\left(\frac{90°}{n}\right) - \cot\left(\frac{180°}{n}\right)\right)^2}.$$

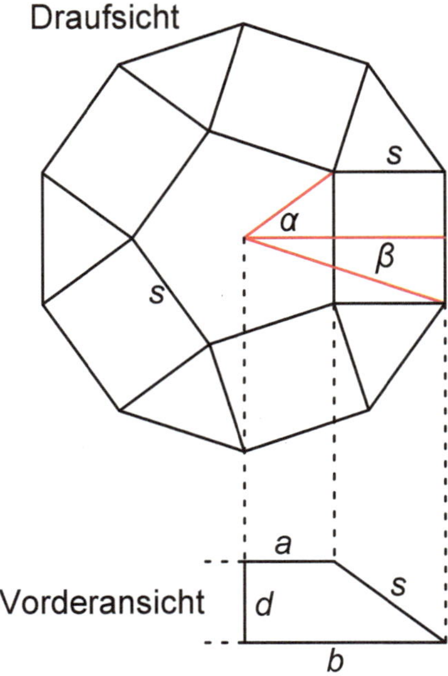

Setzt man für nun für n die Werte 3, 4, 5 und 6 ein, bekommt man die Dicken 31, 27, 20 und 0 Zentimeter. Für $n=6$ ist der Körper also zu einer zweidimensionalen Figur geschrumpft und für $n>6$ ist das Problem unlösbar. Da nur für $n=5$ die Platte dünner ist als 25 Zentimeter, muss die untere Säule zehn- und die obere fünfeckig sein und die Platte eine Dicke von 20 Zentimeter haben.

Zu 43. Tante Rosalindes Uhr

Die meiste Zeit über bleibt die Abweichung d der von der Uhr angezeigten Tageszahl von der wirklichen Tageszahl konstant. Nur an fünf Tagen eines Jahres ändert sie ihren Wert: Jeweils um null Uhr am 1. Mai, 1. Juli, 1. Oktober und 1. Dezember wird sie um einen Tag größer, weil die Vormonate nur 30 Tage lang sind. Am 1. März um null Uhr erhöht sie sich sogar um drei Tage in Gemeinjahren und um zwei Tage in Schaltjahren. Diese fünf Zeitpunkte sind die Sprungtage.

Am 30. Juni 1947 stimmten die Tageszahlen auf der Uhr und dem Kalender noch überein. Jedes darauf folgende Intervall von vier Jahren enthält genau ein Schalttag. An den 20 Sprungtagen eines solchen Intervalls erhöht sich die Abweichung d nacheinander um 1, 1, 1, 2, 1, 1, 1, 1, 3, 1, 1, 1, 1, 3, 1, 1, 1, 1, 3 und 1. Man braucht also nur ab dem 1. Juli 1947 Monat für Monat an den Sprungtagen die Abweichung um die entsprechenden Werte zu erhöhen. Sobald die Abweichung zum ersten Mal 0 ist, hat man das gesuchte Datum gefunden. Bei der Erhöhung muss man nur beachten, dass die Abweichungen nicht größer sein als 30 Tage sein können, denn bei einer Abweichung von 31 Tagen würde die Tageszahl der Uhr mit der tatsächlichen übereinstimmen. Darum muss nach $d = 30$ mit $d = 0$ weitergezählt werden. Folglich stimmten am 1. Oktober 1956 die Tageszahl von Tante Rosalindes Uhr und die des Kalenders erstmals wieder überein.

Zu 44. Der Isterberglauf

Man könnte leicht meinen, die Durchschnittgeschwindigkeit sei der Mittelwert der Geschwindigkeit v_1, mit der Markus der Berg hinauf geht, und der Geschwindigkeit v_2, mit der er wieder herunter rennt, also $\frac{1}{2}(v_1 + v_2)$. Das wäre aber nur dann richtig, wenn er für den Hinweg genauso lange bräuchte wie für den Rückweg, doch das ist wegen der unterschiedlichen Geschwindigkeiten nicht der Fall.

Hat der Weg vom Fuß des Isterbergs bis zum Gipfel die Länge s und braucht Markus für den Hinweg die Zeit t_1 und für den Rückweg die Zeit t_2, beträgt seine Durchschnittsgeschwindigkeit $v_D = 2s/(t_1 + t_2)$. Da die Geschwindigkeiten auf seinem Hin- und seinem Rückweg $v_1 = s/t_1$ und $v_2 = s/t_2$ betragen, kann man die Durchschnittsgeschwindigkeit auch als $v_D = 2s/(s/v_1 + s/v_2)$ schreiben. Daraus folgt $v_2 = v_1 v_D/(2v_1 - v_D)$. Damit v_2 nicht negativ wird, muss der Nenner des Bruchs größer sein als 0, und folglich ist $v_1 > {}^1\!/_2 v_D$. Außerdem muss die kleinere Geschwindigkeit kleiner sein als die Durchschnittsgeschwindigkeit. Somit gilt $v_D > v_1 > {}^1\!/_2 v_D$. Beide Geschwindigkeiten und auch die Durchschnittsgeschwindigkeit sollen ganzzahlige Werte in Kilometer pro Stunde sein. Da die Durchschnittsgeschwindigkeit außerdem einen einstelligen Wert haben muss, kommen nur wenige Möglichkeiten infrage, die man schnell systematisch durchprobieren kann.

Markus nannte die Differenz seiner beiden Geschwindigkeiten. Trotzdem ließen sich die Geschwindigkeiten daraus nicht ermitteln. Denn Markus nannte den Wert „12 km pro Stunde" – der einzige Wert, der zu keiner eindeutigen Lösung führt. Erst als er noch verriet, dass er stets langsamer als 17 km pro Stunde war, blieb nur eine Möglichkeit übrig: Markus rennt den Isterberg stets mit 15 km pro Stunde hinunter.

v_D	v_1	v_2	$v_2 - v_1$
3	2	6	4
4	3	6	3
5	3	15	12
6	4	12	8
7	4	28	24
8	5	20	15
8	6	12	6
9	5	45	40
9	6	18	12

Zu 45. Russische Weihnachten

Im Julianischen Kalender ist jedes Jahr, dessen Zahl durch 4 teilbar ist, ein Schaltjahr. Der Gregorianischen Kalender macht es genauso, nur eine Kleinigkeit ist anders: In einem Zeitraum von 400 Jahren fallen stets drei Schalttage aus – und zwar die, deren Zahlen durch 100, nicht aber durch 400 teilbar sind.

Bei der Einführung des Gregorianischen Kalenders 1582 wurden im Oktober zehn Tage übersprungen. Folglich wurde nach dem Gregorianischen Kalender Weihnachten 1582 zehn Tage früher gefeiert als nach dem Julianischen Kalender. Dieser Abstand von zehn Tagen blieb bis Weihnachten 1699 erhalten. Erst im Jahr 1700 fiel im Gregorianischen Kalender wieder der Schalttag aus, und der Abstand der Weihnachtsfeste in den beiden Kalendern vergrößerte sich auf elf Tage. Wenn sich in ferner Zukunft der Abstand der Feste in beiden Kalendern auf ein Jahr oder 365 Tage vergrößert hat, können die Christen aus Ost und West erstmals wieder gleichzeitig Weihnachten feiern. Da sich die Differenz alle 400 Jahre um 3 Tage vergrößert, werden für die noch fehlenden $365 - 11 = 354$ Tage Vorsprung genau $354/3 = 118$ Perioden von 400 Jahren Länge benötigt, also insgesamt 47.200 Jahre. Dies ist im Jahr $1700 + 47.200 = 48.900$ des Julianischen Kalenders der Fall. Der Gregorianische Kalender zeigt dann das Jahr 48.901.

Zu 46. Serviettenvierecke

Faltet man die Ecke A der Serviette auf den Mittelpunkt M der Seite BC, ist der Knick PQ die Mittelsenkrechte der Strecke AM. Er teilt das Quadrat in zwei unterschiedlich große Fünfecke. Unterlegt man die Serviette mit einem quadratischen Raster von 8 mal 8 Feldern, kann man durch Abzählen der kleinen Quadrate feststellen, dass das größere Fünfeck $40/64 = 5/8 = 62{,}5\ \%$ der Fläche der Serviette einnimmt.

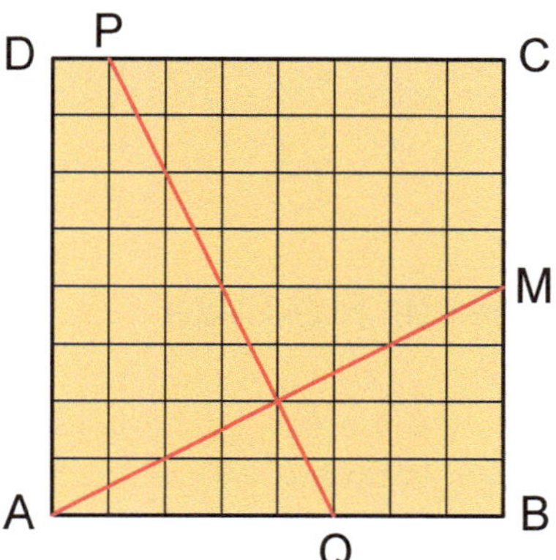

Zu 47. General Sun Tsus Damen

Die Bedrohungssituation auf dem Schachbrett ist symmetrisch. Stünden auf den vier Feldern, die von den acht schwarzen Damen nicht bedroht werden, vier weiße Damen, würden diese die schwarzen Damen ebenfalls nicht bedrohen. Die vier Felder für die weißen Damen lassen sich durch eine systematische Suche viel schneller finden, als die acht Felder für die schwarzen Damen. Zum Schluss werden noch die weißen Damen durch den weißen

König, den weißen Läufer, den weißen Springer und den weißen Turm ersetzt.

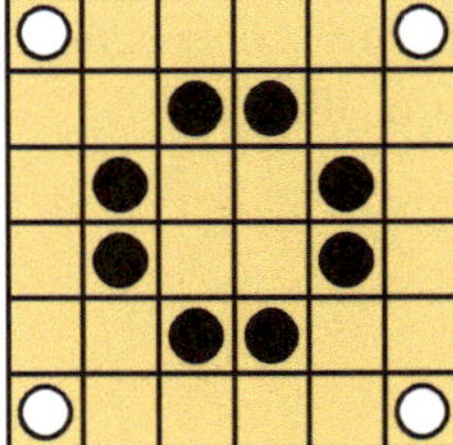 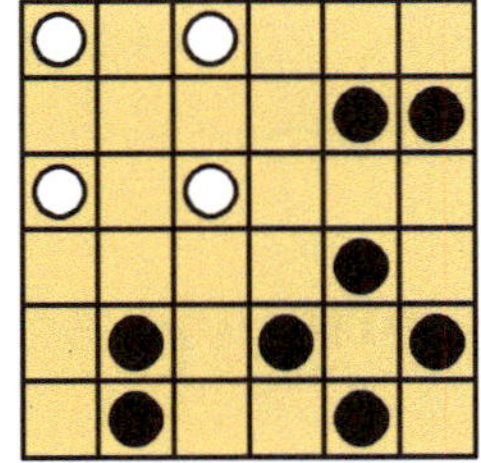

Es gibt zwei grundsätzlich verschiedene Lösungen. Aus der zweiten Lösung lassen sich durch Drehung des Brettes noch drei weitere Lösungen erzeugen. Somit ergeben sich folgende fünf Lösungen:

1. A1, A6, F1, F6
2. A1, A3, C1, C3
3. D1, D3, F1, F3
4. A4, A6, C4, C6
5. D4, D6, F4, F6

Zu 48. Ziemlich beste Freunde

Betrachten wir das Geld, das ein Spieler zu Beginn der Runde besitzt, die er verliert. Diese Beträge könnten jeweils verschieden sein, müssten es aber nicht. Der kleinste dieser Beträge sei b, und X sei ein Spieler, der diesen Minimalbetrag zu Anfang des Spiels, das er verliert, besessen hat. Nach seinem verlorenen Spiel gibt X einen Betrag von $b/6$ an jeden seiner sechs Mitspieler ab und hat anschließend nichts mehr. Die anderen sechs Spieler verteilen folglich, wenn sie verlieren, jeweils mindestens $b/6$ an jeden ihrer Mitspieler. Da X aber nur b besitzt, bevor er verliert, kann der Betrag, den er von jedem der anderen Spieler erhalten hat, nur genau $b/6$ sein. Somit muss jeder Spieler zu Beginn der Runde, die er verliert, den gleichen Betrag b besitzen. Dies ist nur möglich, wenn am Anfang des Spielabends die Spieler in der Reihenfolge, in der sie eine Runde verlieren, die Beträge $6b/6$, $5b/6$, $4b/6$, $3b/6$, $2b/6$, $1b/6$ und $0b/6$ einsetzen. Da insgesamt 42 EUR im Spiel sind, gilt $(6/6 + 5/6 + 4/6 + 3/6 + 2/6 + 1/6 + 0/6)b = 42$ EUR. Daraus ergibt sich, dass derjenige, der die erste Runde verliert, zu Anfang $b = 12$ EUR besitzt und zum Schluss auch wieder mit nach Hause nimmt.

Zu 49. Der gerechte Lohn

Urlaubstage sind keine Arbeitstage. Somit hat ein Jahr nicht 250, sondern tatsächlich nur $250 - 25 = 225$ Arbeitstage. Ingos Tageslohn betrug folglich $5400:225 = 24$ EUR. Die Firma Supersauber schuldete ihm darum noch für die nicht genommenen zehn Urlaubstage 240 EUR.

Zu 50. Amerikanische Zahlen

Die Summe der Zahlen, die man aus acht Punkten und den sieben Ziffern 4, 5, 6, 7, 8, 9 und 0 bilden soll, muss 82 betragen. Folglich müssen alle Zahlen kleiner sein als 82. Die größte Zahl, die man mit diesen Ziffern und einigen Punkte erzeugen kann, ist $80.9\,765\,4$. Allerdings hat man dann keine Ziffern mehr für die restlichen Punkte übrig. Um die letzten fünf Punkte unterbringen zu können, braucht man noch mindestens drei Ziffern. Diese kann man vom Ende der Zahl $80.9\,765\,4$ abzwacken, sodass als Kandidatin für die größte Zahl $80.9\,7$ übrig bleibt.

Die restlichen Ziffern und Punkte können zu Zahlen der Formen $.\dot{x}$, $.\dot{x}$ und $.x$ oder zu $.\dot{x}$ und $.\dot{x}\dot{x}$ geordnet werden. Diese wenigen Kombinationen lassen sich schnell systematisch durchprobieren und man findet für den ersten Fall keine Lösung des Problems. Der zweite Fall hingegen liefert genau eine Lösung, nämlich $.\dot{5}$ und $.\dot{4}\dot{6}$. Dass die Summe dieser drei Zahlen tatsächlich 82 ergibt, lässt sich leicht überprüfen, indem man sie in Brüche umwandelt: $(80 + 97/99) + 5/9 + 46/99 = 82$.

Zu 51. Das magische Multiplikationsquadrat

Die magische Konstante des Quadrates erhält man aus der vierten Zeile zu $2^{10}x^5$. Nun gilt für die fünfte Zeile $(5x)^4\,j = 2^{10}x^5$ und für zweite Spalte $40x^4\,g = 2^{10}x^5$, woraus sich $j = (2^{10}/5^4)x$ und $g = (2^7/5^1)x$ ergeben. Auch die restlichen acht Unbekannten kann man jetzt Schritt für Schritt berechnen und man erhält $a = (3^2 5^7/2^9)x$, $b = (2^{13}3^1/5^4)x$, $c = (2^6/3^3 5^3)x$, $d = (2^{17}/3^3 5^8)x$, $e = (3^1 5^6/2^{11})x$, $f = 2^2 3^2 5^2 x$, $h = (2^6/3^2 5^3)x$ und $i = (5^4/2^3)x$. Bei allen zehn Größen lassen die Brüche nicht weiter kürzen. Da die Zahlen a bis j aber ganzzahlig sind, muss x durch die Nenner aller dieser Brüche teilbar sein. Der kleinste Wert für x, der dies erfüllt, ist das kleinste gemeinsame Vielfache aller Nenner. Es hat die Größe $2^{11}3^35^8$. Multipliziert man dies aus, erhält man für x als kleinstmöglichen Wert 21,6 Mrd.

a	x	b	c	x
d	2x	e	f	2x
3x	g	h	3x	i
4x	4x	4x	4x	4x
5x	5x	5x	5x	j

Zu 52. Der Würfelkundler

Die Zahlen (1, 12), (2, 11), (3, 10), (4, 9), (5, 8) und (6, 7) haben jeweils die Summe jeweils 13. Jedes Paar besetzt zwei gegenüberliegende Seiten des Dodekaeders. Kennt man die Fläche der einen Zahl des Paares, so liegt die Fläche der anderen Zahl fest. Dadurch, dass man das Dodekaeder auf eine andere Seitenfläche stellt, entsteht kein anderer Körper. Diese unterschiedlichen Aufstellungen lassen sich nun verhindern, indem man das Dodekaeder fest auf die Fläche mit der 12 stellt. Die Fläche mit der 1 zeigt dann genau nach oben. Um die Fläche mit der 1 liegt ein Ring von fünf anderen Flächen. Die diesen fünf Flächen gegenüberliegenden Flächen bilden einen unteren zweiten Ring, der die Fläche mit der 12 umschließt. Der obere Ring enthält aus jedem der noch freien fünf Zahlenpaare genau eine Zahl. Somit gibt es $2^5 = 32$ unterschiedliche Zahlenkombinationen, die im oberen Ring stehen können. Dreht man das Dodekaeder um seine senkrechte Achse, entstehen keine neuen Körper. Darum verhindert man diese Drehungen, indem man auf die vordere Fläche der oberen Rings eine Zahl aus dem Paar (2, 11) setzt. Die restlichen vier Zahlen können nun noch auf $4! = 24$ verschiedene Weisen auf die noch freien Flächen des oberen Rings verteilt werden. Insgesamt gibt es folglich $32 \cdot 24 = 768$ unterschiedliche dodekaedrische Spielwürfel.

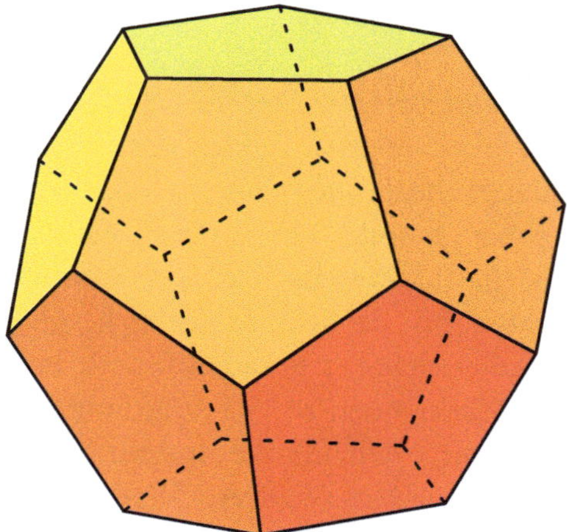

Zu 53. Die amerikanischen Schwestern

Lea behauptete, ihr Geburtstag falle immer auf den gleichen Wochentag wie der darauf folgende Geburtstag von Rachel. In Schaltjahren ist der Februar einen Tag länger als in Gemeinjahren. Deshalb darf das Ende des Februars nicht in den Zeitraum fallen, der zwischen den beiden Geburtstagen liegt, da dessen Länge im Laufe der Jahre um einen Tag schwankt und folglich die beiden Geburtstage dann unmöglich immer auf den gleichen Wochentag fallen können.

Mit einem Kalender lässt sich schnell feststellen, dass nur die sechs Datumspaare 1.3./3.1., 12.3./3.12., 2.4./4.2., 9.5./5.9., 11.7./7.11. und 1.12./12.1. diese Bedingung erfüllen. Dabei ist das jeweils erste Datum Leas Geburtstag und das zweite Rachels Geburtstag.

Bei einigen Paaren fällt ein Jahreswechsel zwischen die Daten. Von den möglichen Daten für Leas Geburtstag liegen drei im ersten Jahresdrittel, zwei im zweiten und eines im dritten. Jakob sagte, man würde das Geburtstagsdatum wissen, wenn er verriete, in welches Jahresdrittel es fällt. Dies ist aber nur im dritten Jahresdrittel eindeutig möglich. Folglich hat Lea am 1. Dezember Geburtstag und Rachel sechs Wochen später am 12. Januar.

Zu 54. Der verpasste Zug

Immer, wenn der Minutenzeiger über die 6-Uhr-Marke läuft, steht der Stundenzeiger genau zwischen zwei Zahlen des Zifferblatts. Dieser braucht dann also noch eine halbe Stunde bis zur nächsten Stundenmarke und danach noch N ganze Stunden bis 6-Uhr-Marke. Der Minutenzeiger brauchte von dem Zeitpunkt an, als Karl seine Bemerkung über die Bahnhofsuhr gemacht hatte, bis zu dem Augenblick, in dem er das nächste Mal die 6-Uhr-Marke erreichte, t Stunden. Somit benötigte der Stundenzeiger bis zur 6-Uhr-Marke noch $t + {}^1/_2 + N$ Stunden. Weil Karl sagte, dass der Stundenzeiger bis zur 6-Uhr-Marke dreimal solange brauchte wie der Minutenzeiger, muss $3t = t + {}^1/_2 + N$ gelten. Dies kann man zu $t = {}^1/_2 N + {}^1/_4$ umformen. Da der Minutenzeiger jede Stunde einmal die 6-Uhr-Marke erreicht, muss t kleiner sein als 1. Und da der nächste Zug um 17.00 Uhr abfuhr, muss N mindestens 1 sein. Nur für $N = 1$, was zu $t = {}^3/_4$ führt, sind alle Bedingungen erfüllt. Karl machte seine Bemerkung folglich 15.45 Uhr. Der verpasste Zug war fünf Minuten zuvor abgefahren, also um 15.40 Uhr.

Zu 55. Das Grab des Metrodorus

Hat die Grundfläche des Grabmals die Seitenlänge a, so gilt für ihre Halbdiagonale $c^2 = {}^1/_2 a^2$. Die beiden Dreiecke, deren Ecken auf den Mittelpunkt und auf eine Ecke der Grundfläche, auf die Grabmalspitze und auf das Ossuar fallen, sind rechtwinklig. Darum gilt $9^2 - (9 - h)^2 = b^2 - h^2 = {}^1/_2 a^2$, wobei h die Höhe der Pyramide und b die Länge der Seitenkanten ist. Die erste Gleichung lässt sich zu $b^2 = 3^2 \cdot 2h$ vereinfachen. Daraus folgt, dass h das Doppelte einer Quadratzahl sein muss: $h = 2n^2$. In der zweiten Gleichung kann man b^2 durch $18h$ ersetzen und bekommt $18h - h^2 = {}^1/_2 a^2$. Nun wird noch h durch $2n^2$ ersetzt, was zu $36n^2 - 4n^4 = {}^1/_2 a^2$ führt und nach einigen Umformungen $(2n)^2 \cdot 2(9 - n^2) = a^2$ ergibt. Diese Gleichung ist nur dann erfüllt, wenn $2(9 - n^2)$ eine Quadratzahl m^2 ist. Aus $2(9 - n^2) = m^2$ erhält man $2n^2 + m^2 = 18$. Die einzigen positiven ganzen Zahlen, die diese Gleichung erfüllen, sind $m = 4$ und $n = 1$. Daraus ergeben sich für das Grabmal Grundflächenkanten von 8 Fuß Länge und Seitenkanten von 6 Fuß Länge.

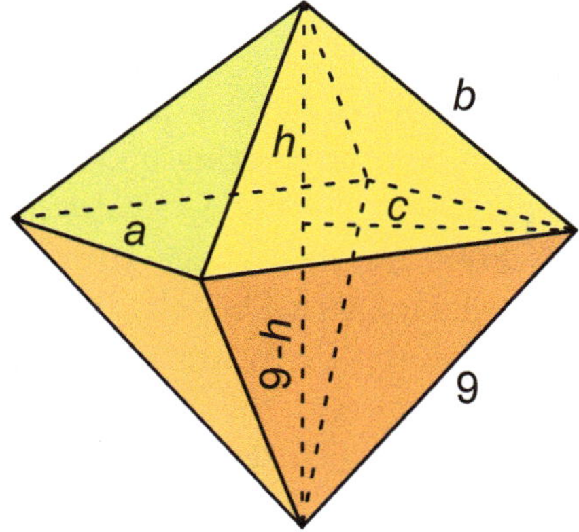

Zu 56. Die Umleitung

Die Längen der drei gleichen Abschnitte der gefahrenen Strecke bezeichnen wir mit x, die Länge der Straße von Souk Alhad nach Abu Telfan mit y und den Winkel, den die beiden Straßen, die von Hessasna nach Abu Telfan und nach Souk Alhad einschließen, mit α. Für das kleine Dreieck mit dem Winkel α gilt nach dem Kosinussatz $x^2 = x^2 + (21-x)^2 - 2x(21-x)\cos\alpha$ und für das große $y^2 = 21^2 + 33^2 - 2\cdot 21\cdot 33\cdot\cos\alpha$. Die erste Gleichung kann man zu $2\cos\alpha = (21-x)/x$ umformen und in die zweite einsetzen. Das ergibt $y^2 = 21^2 + 33^2 - 21\cdot 33\cdot(21-x)/x$, was sich zu $y^2 = 2223 - 3^3\cdot 7^2\cdot 11/x$ vereinfachen lässt. Sowohl x als auch y sollen ganzzahlig sein, darum muss x ein Teiler von $3^3\cdot 7^2\cdot 11$ sein. Weil x größer als 7, aber kleiner als 21 ist, kommen nur die beiden Werte 9 und 11 infrage. Da sich nur mit der 11, nicht aber mit der 9 ein ganzzahliger Wert für y ergibt, muss $x=11$ sein und die Abkürzung von Hessasna nach Abu Telfan eine Länge von 33 km haben.

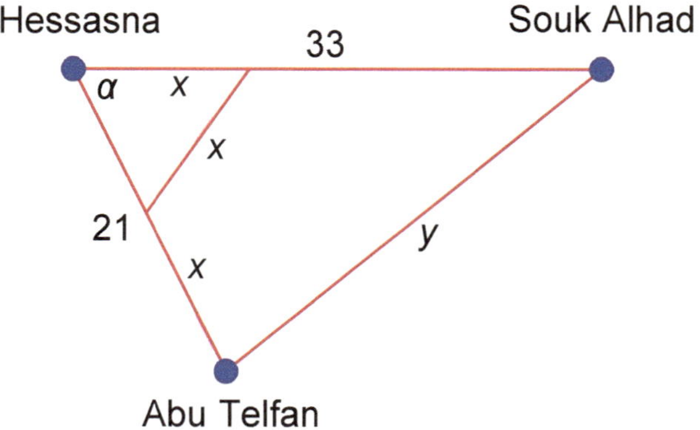

Zu 57. Der Teppichboden

Die drei Teppichbodenstücke lassen sich zu einem Quadrat anordnen, indem man das Dreieck ADE unten rechts und das Viereck EFCB unten links an das Dreieck FDC setzt. Weil die Quadratseite HF 5 m lang sein muss, hat auch der Schnitt DE eine Länge von 5 m. Die Winkel EDA und FCG der beiden rechtwinkligen Dreiecke ADE und GCF sind gleich groß. Da auch ihre Hypotenusen gleich lang sind, müssen die beiden Dreiecke deckungsgleich sein. Somit gilt $AD = GC = a$ und $GF = a - 1$. Nach dem Satz des Pythagoras ergibt sich daraus $(a - 1)^2 + a^2 = 5^2$, was sich zu $a^2 - a - 12 = 0$ vereinfachen lässt. Diese quadratische Gleichung hat die beiden Lösungen -3 und 4. Weil nur der positive Wert bei dem Problem sinnvoll ist, hat der Teppichboden eine Breite von 4 m. Aus seiner Fläche errechnet sich seine Länge zu $25\,\mathrm{m}^2 : 4\,\mathrm{m} = 6{,}25\,\mathrm{m}$.

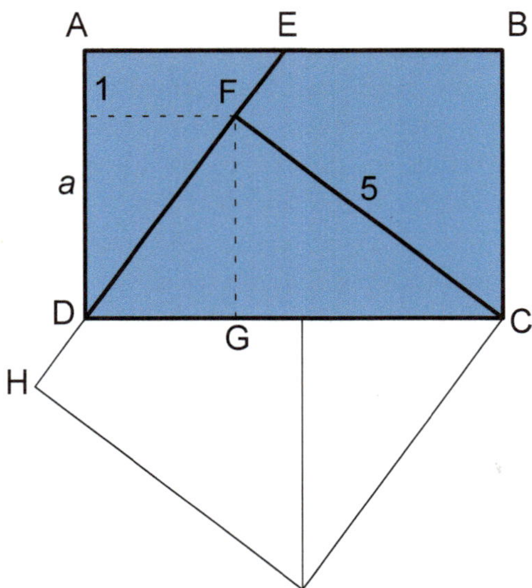

Zu 58. Die Reise durch Lomoral

Die Diagonale eines Straßenquadrats im Königreich Lomoral ist $\sqrt{2}$ Meilen lang. Da Münchhausen vom Gasthaus bis zum Titanenbaum 300,500 Meilen weit reist, kann er höchstens $300{,}500/\sqrt{2} \approx 212$ Diagonalen zurücklegen. Mit einem Taschenrechner lassen sich alle Produkte von $1 \cdot \sqrt{2}$ bis $212 \cdot \sqrt{2}$ rasch berechnen. Und bei $204 \cdot \sqrt{2} \approx 288{,}500$ kann man die Nachkommastellen auf glatte 500 Tausendstel kaufmännisch runden. Folglich fährt Münchhausen 204 Mal entlang einer Quadratdiagonalen und 12 Mal entlang einer Quadratseite.

Der Titanenbaum kann sich vom Gasthaus aus gesehen in einem von acht gleich großen Winkelbereichen der Kompassrose befinden. Angenommen, seine Richtung läge zwischen Nordost und Ost: Da Münchhausen an jeder Kreuzung von vier Straßen stets die wählt, die der Richtung zum Titanenbaum möglichst nahe kommt, ist sein Richtungsfehler immer kleiner als 22,5°. Folglich wird während der gesamten Reise die Richtung des Titanenbaums stets zwischen Nordost und Ost liegen und Münchhausen deshalb immer Straßen wählen, die entweder nach Nordosten oder nach Osten führen. Alle anderen sechs Richtungen scheiden aus.

Bis zum Titanenbaum fährt Münchhausen also 204 Mal nach Nordosten und 12 Mal nach Osten. Der Baum befindet sich somit 216 Meilen östlich und 204 Meilen nördlich des Gasthauses. Mit dem Satz des Pythagoras kann man nun die Länge der Luftlinie vom Gasthaus bis zum Titanenbaum zu $\sqrt{216^2 + 204^2} \approx 297{,}106$ Meilen bestimmen. Liegt der Titanenbaum vom Gasthaus aus gesehen in einem der anderen sieben Winkelbereiche der Kompassrose, erhält man wegen der Symmetrie die gleiche Luftlinienlänge.

Zu 59. Pentominos

Es gibt 66 verschiedene Möglichkeiten, aus den zwölf Pentominos ein Plättchenpaar zu wählen. Probiert man systematisch alle 66 Paare durch, stellt man fest, dass man nur mit dem V- und dem W-Pentomino eine Anordnung finden kann, die es unmöglich macht, ein drittes Pentomino auf den Spielplan zu legen.

Zu 60. Jagdschloss Artemishof

Auf dem Sturz der Tür in der Nordwand steht die Zahl MCXLIV. Da dies die kleinste der zwölf Zahlen ist, müssen auch alle anderen elf Zahlen mit einem M beginnen. Jedes der fünf hinteren Zeichen dieser Zahl kann durch das nicht vorkommende D ersetzt werden. Allerdings erhält man nur in den beiden Fällen MDXLIV und MCDLIV gültige römische Zahlen. Sie stehen folglich auf den Stürzen der beiden Nachbartüren. Nun kann man sich von Tür zu Tür hangeln und jeweils ein Zeichen in den Zahlen austauschen. Manchmal gibt es mehr als zwei Möglichkeiten, gültige Zahlen zu erzeugen – und dadurch entstehen auch mehrere Varianten, die Ausgangszahl solange schrittweise zu verändern, bis sie schließlich wieder ihren ursprünglichen Wert hat. Aber nur einer dieser Wege ist genau zwölf Schritte lang und führt über die größtmögliche römische Zahl, deren Ziffern alle verschieden sind, nämlich über MDCLXV. Dieser Weg ist: MCXLIV – MDXLIV – MDCLIV – MDCLXV – MDCLXI – MDCLVI – MDXLVI – MCXLVI – MCDLVI – MCDLXI – MCDLXV – MCDLIV – MCXLIV. Auf dem Sturz der Südwandtür, die der Nordwandtür genau gegenüber liegt, steht also die Zahl MDXLVI = 1549.

Zu 61. Die goldene Mondsichel

Der Schwerpunkt S muss wegen der Symmetrie der Figur auf der Geraden liegen, die durch den Mittelpunkt M_1 der Scheibe und den Mittelpunkt M_2 des Lochs läuft. Beim größtmöglichen Loch befindet sich der Schwerpunkt genau auf der Grenze zwischen der Sichel und dem Loch. Die Sichel kann man sich zusammengesetzt denken aus einem vollständigen Kreis mit dem Durchmesser D und einem positiven Flächeninhalt $A_1 = \frac{1}{4}\pi D^2$ und einem Loch mit dem Radius d und einem negativen Flächeninhalt $A_2 = \frac{1}{4}\pi d^2$. Die Schwerpunkte dieser beiden Kreise sind ihre Mittelpunkte. Damit S tatsächlich der Schwerpunkt der gesamten Figur ist, müssen die beiden Produkte aus den Abständen der Mittelpunkte von S mit den entsprechenden Flächeninhalten gleich sein: $SM_1 \cdot A_1 = SM_2 \cdot A_2$. Drückt man die Abstände und Flächen durch die Durchmesser aus, wird daraus $(d - \frac{1}{2}D) \cdot \frac{1}{4}\pi D^2 = \frac{1}{2}d \cdot \frac{1}{4}\pi d^2$, was sich zu $d^3 - 2D^2 d + D^3 = 0$ vereinfachen lässt. Diese kubische Gleichung hat die drei Lösungen $d_1 = D$, $d_2 = \frac{1}{2}\left(\sqrt{5} - 1\right)D \approx 0{,}618D$ und $d_3 = -\frac{1}{2}\left(\sqrt{5} + 1\right)D \approx -1{,}618D$. Da der Durchmesser des Lochs größer sein muss als 0 und kleiner als D, kommt nur die zweite Lösung infrage. Das Loch in der goldenen Scheibe durfte also einen Durchmesser von höchstens 3,71 Ellen haben. Das Verhältnis von Monddurchmesser zu Lochdurchmesser ist bei diesem Grenzfall übrigens der berühmte Goldene Schnitt Φ.

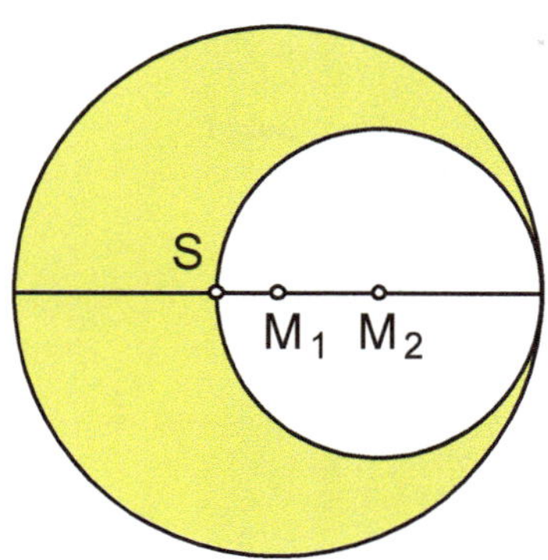

Zu 62. Rallye in New York

In der Kleinstadt New York gibt es neun Kreuzungen in der Stadtmitte, zwölf Einmündungen am Stadtrand und vier Abbiegungen an den Ecken der Stadt. Der Einfachheit halber bezeichnen wir sowohl die Kreuzungen als auch die Einmündungen und Abbiegungen als Kreuzungen und stellen sie in dem Bild durch gelbe Punkte dar. Die 25 Kreuzungen sind durch 40 Straßenabschnitte miteinander verbunden. Fährt man in eine Kreuzung hinein, muss man sie auch wieder verlassen können. Da kein Straßenabschnitt mehrfach befahren werden darf, müssen sich an jeder Kreuzung eine gerade Zahl von Straßenabschnitten treffen. Die einzigen Ausnahmen sind die beiden Kreuzungen, an denen man seine Fahrt beginnt und beendet.

In New York treffen an allen Kreuzungen eine gerade Zahl von Straßenabschnitte aufeinander, außer an den zwölf Einmündungen am Stadtrand. Deshalb muss man an zehn dieser Einmündungen einen Straßenabschnitt fortlassen. Am sparsamsten geschieht dies, wenn man die Straßenabschnitte zwischen jeweils zwei direkt benachbarten Einmündungen entfernt. Dies ist allerdings nur bei vier Paaren möglich. Beim fünften Paar muss man zwei Straßenabschnitte spendieren. Eine Möglichkeit dazu zeigt das Bild. Die verbleibenden 34 Straßenabschnitte lassen sich tatsächlich alle durchfahren, ohne einen Abschnitt doppelt zu benutzen oder den eigenen Weg zu kreuzen.

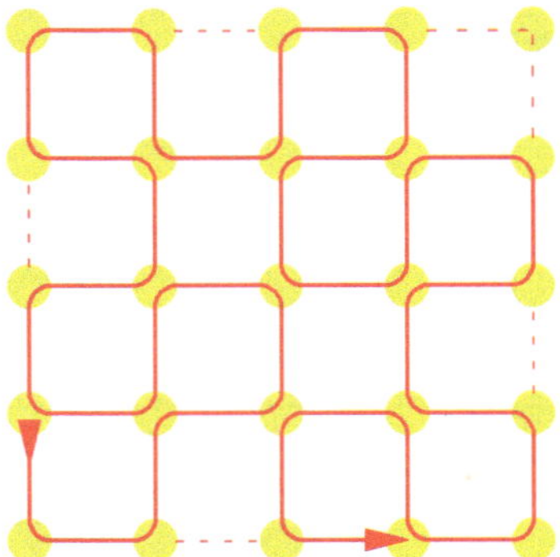

Zu 63. Die defekte Digitaluhr

Die Anzeigesegmente der Digitaluhr sind hier der Übersicht halber von 1 bis 7 nummeriert.

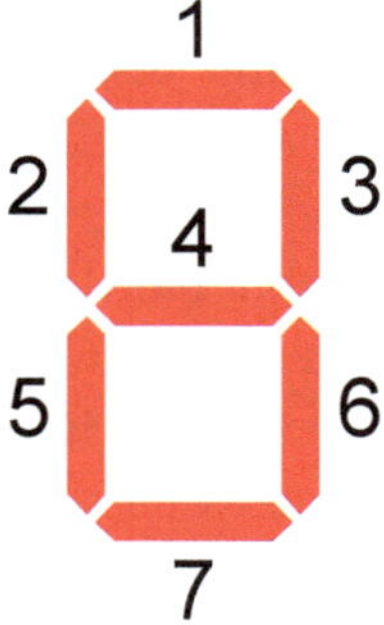

Die erste Ziffer der Uhr ist die Zehnerstelle der Stunden: Sie kann die Werte 0, 1 oder 2 haben. Leuchtet nur das Segment 2 oder Segment 4, lässt sich eindeutig die Ziffer 0 bzw. 2 identifizieren. Ist die Stundenzehnerstelle eine 2, kann die Einerstelle nur 0, 1, 2 oder 3 sein. Diese ist schon eindeutig als 0 erkennbar, wenn allein das Segment 2 leuchtet. Ist die Stundenzehnerstelle hingegen eine 0 oder 1, kann die Einerziffer von 0 bis 9 laufen. Sie benötigt deshalb mehr als ein leuchtendes Segment, um eindeutig erkennbar zu sein. Bei der Stundenzahl 20 dürfen also maximal sechs Segmente pro

Anzeige defekt sein, bei allen anderen Stundenzahlen sind es weniger. Die Zehnerstelle der Minuten läuft von 0 bis 5. Hier reichen in Extremfall zwei Segmente aus, um eine Ziffer eindeutig erkennen zu können. Leuchten die beiden Segmente 4 und 5, kann es sich nur um die Ziffer 2 handeln, und leuchten die Segmente 2 und 5 oder die Segmente 5 und 6, kann es nur die Ziffer 0 sein. Es dürfen also höchstens fünf Segmente ausfallen. Bei der Einerstelle der Minuten ist jede Ziffer von 0 bis 9 möglich. Um sie eindeutig erkennen zu können, müssen mindestens vier Segmente leuchten. Dies können die Segmente 2, 3, 4 und 5 oder die Segmente 3, 4, 5 und 6 sein. In beiden Fällen wird die Ziffer 8 dargestellt. Bei der Digitaluhr dürfen folglich höchstens zwanzig Segmente defekt sein. Falls es die richtigen sind, kann man noch um 20:08 und 20:28 Uhr die Zeit eindeutig ablesen.

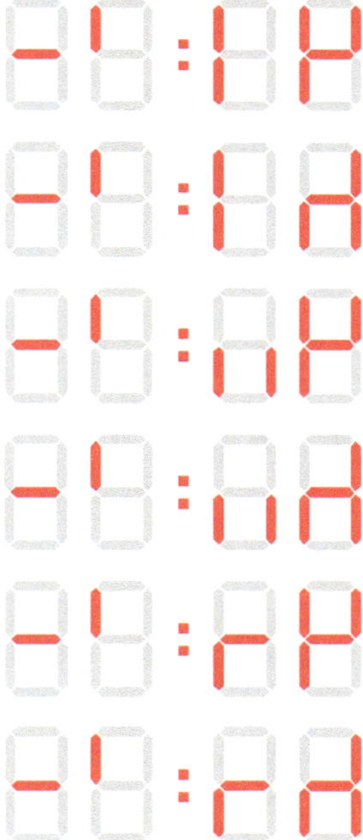

Zu 64. Die goldene Kette

Bei einer gewöhnlichen Kette ist jedes Glied, abgesehen vom ersten und letzten, mit seinem linken und seinem rechten Nachbarn verschlungen und mit sonst keinem. Bei der Kette der Filmdiva war dies im Mittelbereich etwas anders. Das fünfte und sechste Glied waren nicht miteinander verbunden, aber so vom vierten Glied durchschlungen, dass sie sich nicht trennen ließen.

Die Diva schnitt nur das vierte Glied auf. Dadurch zerfiel die Kette in zwei einzelne Glieder, in ein Stück mit drei und in eines mit sechs Gliedern, und die Diva konnte ihr Zimmer an jedem der elf Abende bezahlen.

$$1 = 1 \qquad 5 = 3 + 1 + 1 \qquad 9 = 6 + 3$$
$$2 = 1 + 1 \qquad 6 = 6 \qquad 10 = 6 + 3 + 1$$
$$3 = 3 \qquad 7 = 6 + 1 \qquad 11 = 6 + 3 + 1 + 1$$
$$4 = 3 + 1 \qquad 8 = 6 + 1 + 1$$

Zu 65. Mietwagenpreise

Der kürzeste Monat ist der Februar. Ein Zeitraum von einem Monat, der in einem Gemeinjahr am x-ten Februar um 8.00 Uhr beginnt und im selben Jahr am x-ten März um 8.00 Uhr endet, ist nur 28 Tage lang. Dies entspricht aber nicht unbedingt $28 \cdot 24 = 672$ Stunden. Am letzten Sonntag im

März werden die Uhren von Winter- auf Sommerzeit umgestellt. Dabei fällt die Stunde zwischen 2 und 3 Uhr nachts aus. Liegt also der letzte Sonntag im März in dem Zeitraum, ist er nur 671 Stunden lang. Kürzer kann ein Zeitraum von einem Monat nicht sein. Da in dem Jahr, in dem der Wagen gemietet wurde, jeder andere Zeitraum von einem Monat länger war als 671 Stunden, muss es ein Gemeinjahr gewesen sein, in dem die Zeit am 28. März umgestellt wurde. In diesem Jahrtausend traf das bis zum Jahr 2014, in dem das Gespräch stattfand, nur auf das Jahr 2010 zu. Der Wagen wurde also am 28. Februar 2010 um acht Uhr gemietet und am 28. März 2010 um kurz vor acht Uhr zurückgegeben.

Zu 66. Die neun Springer

Zuerst werden die vier weißen Springer auf das Brett gestellt. Für den ersten Springer stehen dabei neun Felder zur Auswahl, für den zweiten dann nur noch acht, für den dritten sieben und für den vierten sechs. Insgesamt sind dies $9 \cdot 8 \cdot 7 \cdot 6 = 3024$ Möglichkeiten. Sind die vier Felder ausgewählt, können die vier weißen Springer ihre Plätze untereinander tauschen, ohne dass sich die Aufstellung ändert. Der erste weiße Springer kann also unter vier Feldern wählen, der zweite unter drei, der dritte unter zwei, und der vierte muss das letzte Feld nehmen. Zu jeder Auswahl von vier Feldern des Brettes existieren also $4 \cdot 3 \cdot 2 \cdot 1 = 24$ gleiche Aufstellungen. Folglich gibt es nur $3024/24 = 126$ verschiedene Möglichkeiten, die weißen Springer auf das Brett zu stellen.

Für die schwarzen Springer gilt: Sie können nur die fünf freien Felder besetzen, darum kommen durch sie keine weiteren Varianten hinzu.

Muster, die durch Drehungen oder Spiegelungen ineinander übergehen, sollen nicht als verschieden gezählt werden. Dadurch verringern sich die 126 Möglichkeiten auf nur 23.

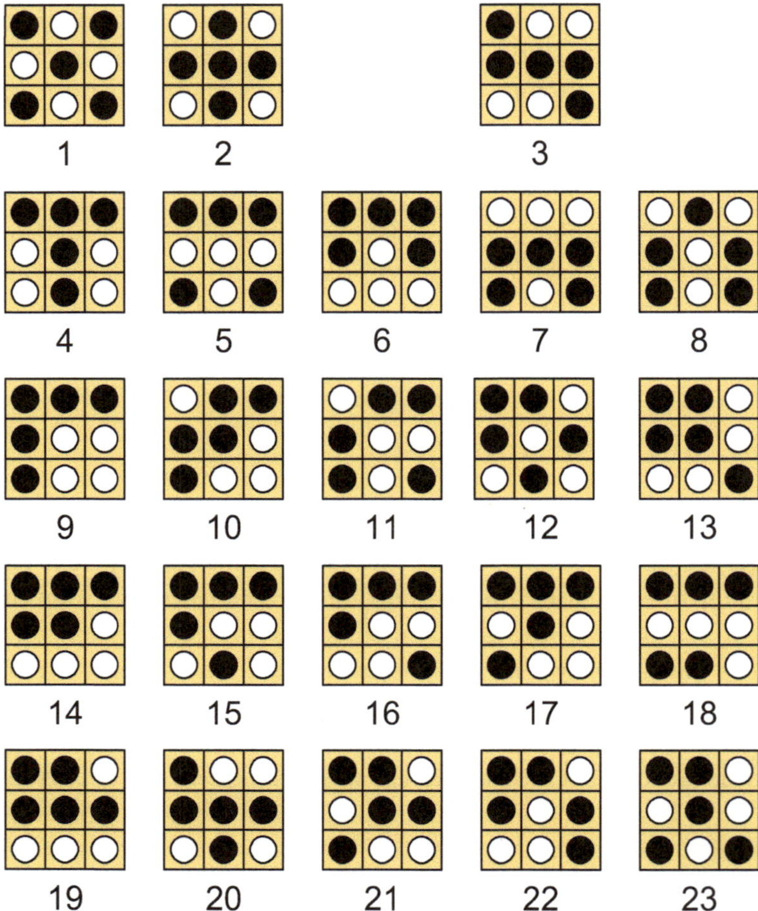

Die Muster 1 und 2 sind spiegelsymmetrisch und um 90 Grad drehsymmetrisch. Das Muster 3 ist nicht spiegel-, aber drehsymmetrisch um 180 Grad. Die Muster 4 bis 8 haben eine vertikale und die Muster 9 bis 13 eine diagonale Spiegelachse, sind aber nicht drehsymmetrisch. Die restlichen zehn Muster sind nicht symmetrisch. Deshalb lassen sich aus den Mustern 1 und 2 durch Drehungen und Spiegelungen keine weiteren Muster erzeugen, aus den Mustern 3 bis 13 hingegen jeweils drei weitere und aus den Mustern 14 bis 23 jeweils sieben weitere. Auf diese Art ergeben die 23 Grundmuster auch tatsächlich $2 \cdot 1 + 11 \cdot 4 + 10 \cdot 8 = 126$ Möglichkeiten.

Zu 67. Die Wetterkröte

Bezeichnet man die täglichen Regenmengen von Montag bis Sonntag mit x_1 bis x_7, kann man die Aussagen über die durchschnittlichen Regenmengen zu den beiden Gleichungen $(x_1 + x_2 + x_3 + x_4 + x_5 + x_6)/6 = 7/6 \cdot (x_2 + x_3 + x_4 + x_5 + x_6 + x_7)/6$ und $x_1 = (x_1 + x_2 + x_3 + x_4 + x_5 + x_6 + x_7)/7$ zusammenfassen. Stellt man die zweite Gleichung zu $6x_1 = x_2 + x_3 + x_4 + x_5 + x_6 + x_7$ um und setzt sie in die erste ein, erhält man $(x_1 + x_2 + x_3 + x_4 + x_5 + x_6)/6 = 7/6 \cdot 6x_1/6$ und nach einigen Umformungen $6x_1 = x_2 + x_3 + x_4 + x_5 + x_6$. Diese Gleichung sieht genauso aus wie die umgestellte zweite Gleichung, außer dass ihr der Summand x_7 fehlt. Dies ist nur dann möglich, wenn $x_7 = 0$ ist. Folglich hat es am Sonntag überhaupt nicht geregnet.

Zu 68. Wege zur Mariensäule

Das Rätsel ist leicht zu lösen, wenn man die möglichen Wege systematisch zählt und dabei an der Mariensäule beginnt. Zuerst schreibt man eine 1 an den Mittelpunkt der Figur. Danach betrachtet man von innen nach außen und gegen den Uhrzeigersinn nacheinander jede Ecke, an der ein Weg abknickt oder sich verzweigt. Dabei schaut man, welche Wege man von dieser Ecke aus nehmen kann und geht sie jeweils bis zur nächsten Ecke. An den Ecken, auf die man so trifft, stehen stets bereits die Zahlen der von dort aus möglichen Wege. Diese Zahlen addiert man und schreibt sie an die betrachtete Ecke.

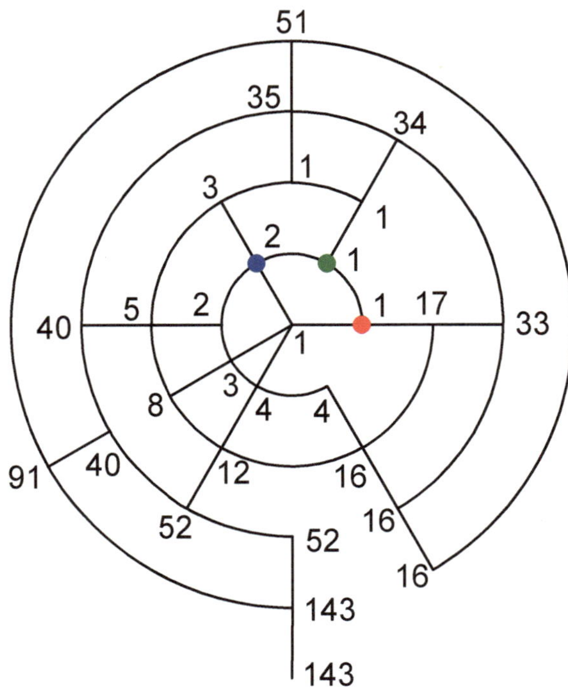

Man beginnt an der Ecke mit dem roten Punkt. Von dort geht nur ein einziger Weg weiter, nämlich der zum Zentrum der Figur. Dort steht eine 1. Darum wird an der roten Ecke eine 1 notiert. Danach betrachtet man die Ecke mit dem grünen Punkt. Auch von dort geht nur ein einziger Weg aus, nämlich der zur roten Ecke, wo eine 1 steht. Diese 1 wird nun auch an der grünen Ecke notiert. Nun folgt die Ecke mit dem blauen Punkt. Von dort gehen zwei Wege aus, der eine läuft zum Zentrum, der andere zur grünen Ecke. An beiden Ecken steht eine 1. Ihre Summe 2 wird an der blauen Ecke notiert. So hangelt man sich durch die ganze Figur – mit dem Ergebnis, dass man vom Eingang aus 143 verschiedene Wege ins Zentrum nehmen kann.

Zu 69. Die Bankräuber

Die sechs Daltons sind durch rote Punkte dargestellt und die Brüder, die bei den fünf Aussagen als Täterpaare genannt worden sind, durch Linien miteinander verbunden. Da vier Dalton-Brüder bei ihren Aussagen jeweils einen Schuldigen und einen Unschuldigen des Bankraubs bezichtigt haben, steht auch bei vier Linien jeweils an einem Ende ein Schuldiger und am anderen Ende ein Unschuldiger. Nur der fünfte Bruder nennt zwei Unschuldige, darum gibt es auch eine Linie, die zwei Unschuldige miteinander verbindet. Vier Brüder nennen jeweils genau einen Schuldigen, folglich müssen an den Punkten der beiden Schuldigen insgesamt vier Linien enden. Und da keiner der Brüder beide Schuldigen nennt, können die beiden Schuldigen auch nicht durch eine Linie miteinander verbunden sein. Die einzigen beiden Brüder, die alle diese Bedingungen erfüllten, sind William und Grat. Sie sind somit die Bankräuber.

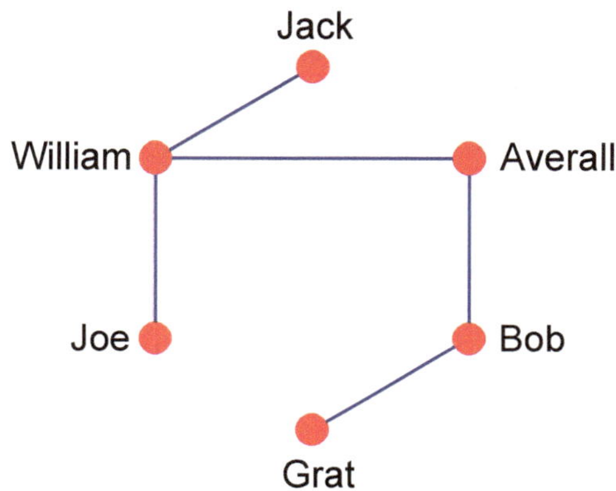

Zu 70. Der Flaschengeist

Wenn in dem ersten Gefäß w weiße und s schwarze Kugeln liegen, enthält das zweite Gefäß $(72 - w)$ weiße und $(72 - s)$ schwarze Kugeln. Die Wahrscheinlichkeit, eine weiße Kugel zu ziehen, beträgt beim ersten Gefäß $w/(w+s)$ und beim zweiten $(72 - w)/(144 - w - s)$. Da es gleich wahrscheinlich ist, das erste oder das zweite Gefäß zu wählen, beträgt die Chance P, aus einem der beiden Gefäße eine weiße Kugel zu ziehen,

$$P = \frac{1}{2}\left(\frac{w}{w+s} + \frac{72-w}{144-w-s}\right).$$

Diese Chance wird am größten, wenn im ersten Gefäß nur eine einzelne weiße Kugel liegt. Mit $w = 1$ und $s = 0$ erhält man $P = 107/143 \approx 74{,}8\,\%$.

Zu 71. Knobeln in Vorpommern

Die Wahrscheinlichkeit, bei einem Wurf mit einem Würfel keine 1 zu werfen, ist $^5/_6$. Folglich ist die Wahrscheinlichkeit bei n Würfen mit einem Würfel kein einziges Mal eine 1 zu werfen, $\left(^5/_6\right)^n$. Falls man keine 1 wirft, wird man im Schnitt mit jedem Wurf $^1/_5(2 + 3 + 4 + 5 + 6) = 4$ Augen werfen. Mit n Würfen kann man darum ein Ergebnis von $4n\left(^5/_6\right)^n$ Augen erwarten. Setzt man für n nacheinander die Zahlen 1, 2, 3, … ein, steigt der Erwartungswert zunächst an, erreicht bei 5 und 6 das Maximum von $15.625/1944 \approx 8{,}04$, sinkt dann wieder ab und strebt bei unendlich vielen Würfen gegen 0. Das beste Ergebnis kann man also erwarten, wenn man entweder 5 oder 6 Mal würfelt.

Zu 72. Scrabble-Zahlen

Am einfachsten ist, zunächst einmal die Punkte für die Zahlwörter von EINS bis NEUN, für die Verbindungssilbe UND und die Endung ZIG zu berechnen. Mit diesen elf Werten lassen sich leicht die Punktzahlen der meisten Zahlwörter von EINS bis NEUNUNDNEUNZIG bestimmen. Dann betrachtet man die wenigen Ausnahmen − beispielsweise ZEHN, ELF und ZWÖLF − separat. Auf diese Weise erkennt man schnell, dass es unter 100 nur die beiden Zahlwörter ACHT und SECHSUNDZWANZIG gibt, deren Werte ihrer Scrabble-Punktzahlen entsprechen. Unter 100 ist FÜNFUNDFÜNFZIG mit 39 Punkten das Zahlwort mit der höchsten Punktzahl. Da die Punktzahlen der Zahlwörter HUNDERT, TAUSEND, MILLION und so weiter alle deutlich kleiner sind als ihre Werte, kann es auch keine weiteren Lösungen mehr geben.

Zu 73. Das Brautschuhgeld

Ein Centstück hat einen Durchmesser von 16,25 mm und ist 1,67 mm dick. Sein Volumen beträgt somit etwa 346 Kubikmillimeter. In eine 3-Liter-Flasche passen darum weniger als 3 000 000 Kubikmillimeter/346 Kubikmillimeter ≈ 9000 Münzen. Angenommen, die kleinstmögliche Lösung läge unter 1000 Münzen. Es gibt 31 Quadratzahlen, die kleiner sind als 1000. Streicht man davon alle Zahlen, die eine 0 enthalten oder in denen eine Ziffer doppelt vorkommt, bleiben noch 22 übrig. Sie lauten 1, 4, 9, 16, 25, 36, 49, 64, 81, 169, 196, 256, 289, 324, 361, 529, 576, 625, 729, 784, 841 und 961. Nur in den drei Zahlen 576, 729 und 784 kommt die Ziffer 7 vor.

Angenommen, 576 wäre eine von Ingas Quadratzahlen. Die einzige Quadratzahl aus der Liste, die eine 3, aber keine 5, 6 oder 7 enthält, ist 324. Jetzt müssen nur noch aus der 1, 8 und 9 Quadratzahlen gebildet werden, was mit 9 und 81 leicht möglich ist. Die Summe dieser vier Quadratzahlen ist 990.

Wäre hingegen die 729 eine von Ingas Quadratzahlen, gäbe es in der Liste keine Quadratzahl, die eine 5, aber keine 7, 2 oder 9 enthält. Die Summe der vier Quadratzahlen wäre somit auf jeden Fall größer als 1000.

Wäre schließlich 784 eine von Ingas Quadratzahlen, könnten aus den sechs noch freien Ziffern die Quadratzahlen 1, 9, 25 und 36 gebildet werden. Zusammen mit der 784 haben sie den Wert 855. Dies ist weniger als bei der ersten Möglichkeit. Inga hatte also bereits mindestens 8,55 EUR für ihre Brautschuhe gespart.

Zu 74. Eine Woche im Wunderland

Wirft der Zwölf-Elf achtmal seine Münze, gibt es $2^8 = 256$ verschiedene Möglichkeiten, wie die Kopf-Zahl-Reihe aussehen kann. Hat er achtmal nacheinander Kopf oder achtmal nacheinander Zahl geworfen, ist der achte Tag wieder ein Märztag. Für beide Fälle ist die Wahrscheinlichkeit jeweils 1/256. Aber auch wenn er viermal Kopf und viermal Zahl wirft, ist der achte Tag wieder ein Märztag, wobei die Reihenfolge der Köpfe und Zahlen keine Rolle spielt. Da dies bei

$$\binom{8}{4} = \frac{8!}{(8-4)! \cdot 4!} = 70$$

verschiedenen Kopf-Zahl-Reihen der Fall ist, beträgt die Wahrscheinlichkeit hierfür 70/256. Folglich wird insgesamt mit einer Wahrscheinlichkeit von $1/256 + 1/256 + 70/256 = 9/32 = 28{,}125\ \%$ in acht Tagen wieder Märztag sein.

Zu 75. Vier Brüder

Das Rechteck mit den Seitenlängen a und b besteht aus den beiden Flächen A und B. Somit gilt für die Flächeninhalte $A = ab - B$. Das Dreieck, das sich aus den Flächen B und C zusammensetzt, hat die Grundseite a und die Höhe b. Sein Flächeninhalt beträgt $B + C = {}^1\!/_2 ab$, woraus $B = {}^1\!/_2 ab - C$ folgt. Dies wird in die Gleichung für A eingesetzt und ergibt $A = ab - ({}^1\!/_2 ab - C)$, was sich zu $A = {}^1\!/_2 ab + C$ vereinfachen lässt. Mit $a = 270$ Ellen und $b = 160$ Ellen ergibt der erste Summand 21 600 Quadratellen oder 120 Sar. Zusammen mit $C = 50$ Sar erhält man für den ältesten Bruder eine Ackergröße von $A = 170$ Sar.

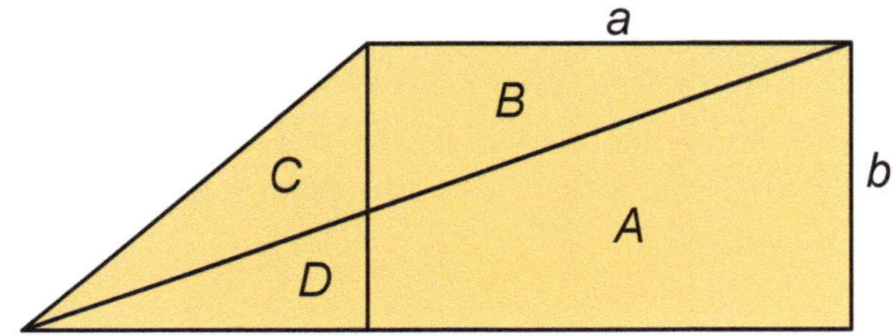

Zu 76. Die Skulptur

Durch eine systematische Suche ist es nicht besonders schwierig, alle denkbaren Formen der Skulptur zu finden. Dazu stellt man sie stets so auf, dass keine Würfelfläche mehr Kanten besitzt als die, die auf dem Boden liegt. Hat die Bodenfläche der Skulptur vier Kanten, so gibt es für die beiden letzten Kanten drei Möglichkeiten, wie sie angeordnet sein können (1 bis 3 in dem Bild). Liegen drei Kanten auf dem Boden, bilden sie ein U, von dem drei Kanten, zwei Kanten oder eine Kante der restlichen drei Kanten ausgehen. Im ersten Fall gibt es zwei mögliche Formen (4 und 5), im zweiten sieben Formen (6 bis 12) und im dritten nur eine Form (13). Besitzt die Bodenfläche lediglich zwei Kanten, können die restlichen vier Kanten nur auf eine einzige Weise angeordnet sein (14). Die Skulptur kann also insgesamt 14 verschiedene Formen haben.

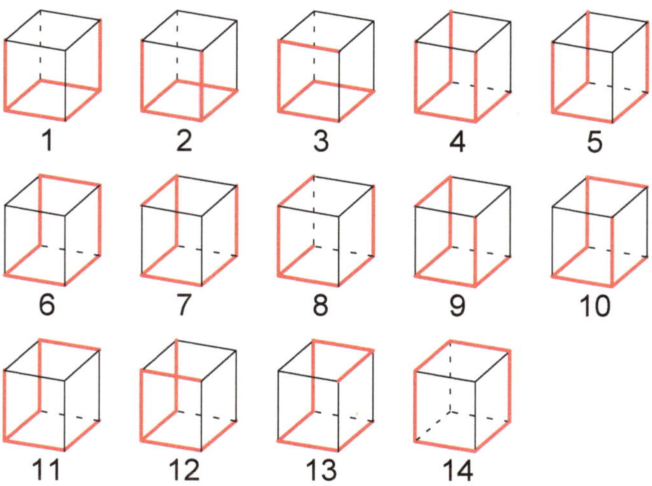

Zu 77. Die Primzahluhr

Zählt man benachbarte Zahlen auf dem Ziffernblatt einer gewöhnlichen Uhr zusammen, erhält man im Uhrzeigersinn, wenn man mit dem Paar 12 und 1 beginnt, die Summen 13, 3, 5, 7, 9, 11, 13, 15, 17, 19, 21 und 23. Nur die drei Zahlen 9, 15 und 21 sind keine Primzahlen. Die einzigen sechs direkt nebeneinanderstehenden Zahlen des Ziffernblatts, die sich paarweise zu Primzahlen addieren, sind 11, 12, 1, 2, 3, und 4. Sie bleiben deshalb auf ihren Plätzen. Die Zahlen von 5 bis 10 hingegen müssen passend zwischen die 4 und die 11 gesetzt werden.

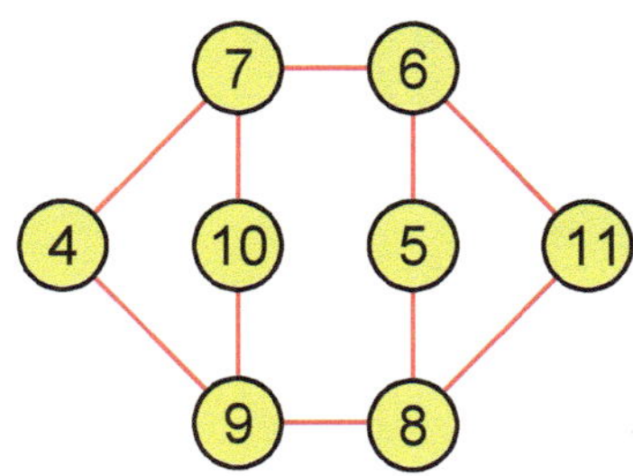

In dem Bild ist jedes Zahlenpaar aus dem Bereich von 4 bis 11 mit einer roten Linie verbunden, wenn seine Summe eine Primzahl ist. Man kann nur zwei Wege von der 4 zur 11 entlang der roten Linien finden, die sämtliche Zahlen enthalten. Der erste Weg ist 4, 7, 10, 9, 8, 5, 6, 11 und der zweite 4, 9, 10, 7, 6, 5, 8, 11. Da nur beim ersten Weg die 5 vor der 6 liegt, ist er die Lösung.

Zu 78. Poppinga und Nanninga

Ein Gemeinjahr ist 52 Wochen und einen Tag lang. Durch diesen zusätzlichen Tag springt der Wochentag des Geburtstags eines Menschen jedes Jahr um einen Tag nach vorne. Schaltjahre sind einen Tag länger. Liegt noch ein Schalttag vor dem nächsten Geburtstag, springt der Wochentag also sogar um zwei Tage nach vorne. Gäbe es keine Schaltjahre, hätte ein Mensch spätestens sechs Jahre nach seiner Geburt einmal an einem Sonntag Geburtstag. Durch die Schalttage kann sich das verzögern, weil der Sonntag „übersprungen" werden kann. Aber spätestens 27 Jahre nach seiner Geburt hat ein Mensch mindestens je einmal in einem Gemeinjahr und in einem Schaltjahr sonntags Geburtstag feiern können. Somit hat ein 30-Jähriger mit Sicherheit mindestens je einmal in einem Gemein- und in einem Schaltjahr sonntags Geburtstag gehabt.

Nennen wir die beiden zufällig ausgewählten Menschen F und H, wobei F im Frühling und H im Herbst Geburtstag hat. Nun müssen wir zwei verschiedene Fälle unterscheiden. Im ersten Fall betrachten wir ein Jahr, in dem zuerst F an einem Sonntag sagen konnte: „Ich habe heute Geburtstag." Dann hatte H seinen nächsten Geburtstag im Herbst desselben Jahres. Da jeder Wochentag für seinen Geburtstag gleich wahrscheinlich ist, fiel er mit einer Wahrscheinlichkeit von 1/7 auch auf einen Sonntag. Der zweite Fall ist ein Jahr J, in dem H zuerst an einem Sonntag sagen konnte: „Ich habe heute Geburtstag." Dann hatte F seinen nächsten Geburtstag im Frühling des Folgejahres $J+1$. Hatte H in dem Jahr J an einem Samstag Geburtstag, fiel sein Geburtstag, falls kein Schalttag dazwischen lag, im Folgejahr $J+1$ auf einen Sonntag. Hatte H aber in dem Jahr J freitags Geburtstag, fiel sein Geburtstag, falls ein Schalttag dazwischen lag, im Folgejahr $J+1$ auch auf einen Sonntag. Die Wahrscheinlichkeit, dass H im Jahr J an einem Freitag oder Samstag Geburtstag hatte, ist jeweils 1/7. Die Gesamtwahrscheinlichkeit für das Eintreten der beiden Sonntagsgeburtstage beträgt somit 3/7 oder ungefähr 43 %.

Zu 79. Die Barbarossawiese

Um unhandlich große Zahlen zu vermeiden, rechnen wir nicht in Metern, sondern in Hektometern, wobei 1 hm = 100 m sind und ein Quadrat von 1 hm Seitenlänge einen Flächeninhalt von einem Hektar hat. Dreht man Bernhards Teil der Wiese gegen den Uhrzeigersinn um 90 Grad um die Südwestecke B, fällt die Südostecke C auf die Nordwestecke A, die Barbarossaeiche wandert von E nach F, und die Strecke BE wird zur Strecke BF. Folglich hat das Dreieck FBE bei B einen rechten Winkel. Der Flächeninhalt eines rechtwinkligen Dreiecks ist das halbe Produkt seiner beiden Kathetenlängen. Darum hat das Dreieck FBE eine Fläche von 2 ha. Mit dem Satz des Pythagoras lässt sich sein Hypotenusenquadrat zu $\mathrm{FE}^2 = 8$ ha und damit seine Hypotenuse zu $\mathrm{FE} = 2\sqrt{2}$ hm berechnen. Da $8 + 1^2 = 3^2$ ist, muss nach dem Satz des Pythagoras auch das Dreieck FEA rechtwinklig sein, wobei der rechte Winkel bei E liegt. Das Dreieck FEA hat somit einen Flächeninhalt von $\sqrt{2}$ ha.

Alberts und Bernhards Teile der Barbarossawiese haben folglich zusammen eine Größe von $2 + \sqrt{2} \approx 3{,}414$ ha und damit einen Preis von 51.213 EUR.

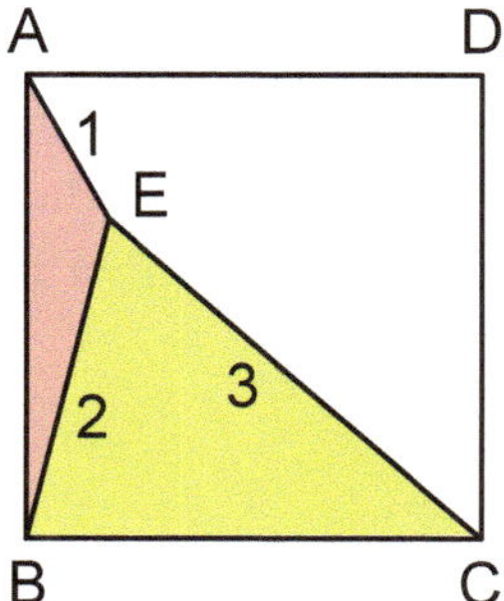

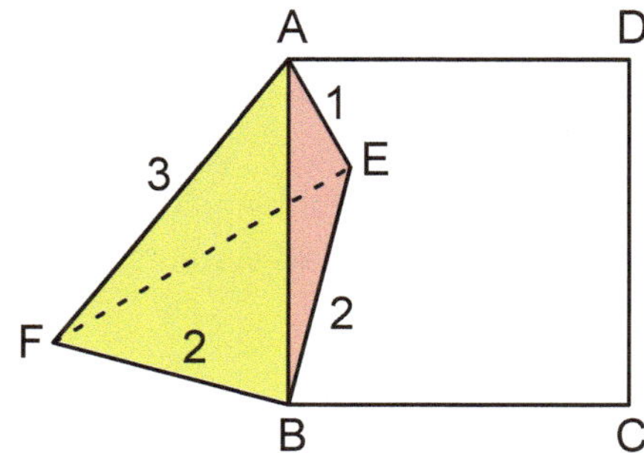

Zu 80. Die Eisenbahnbrücke

Als Winnetou auf der Eisenbahnbrücke über den Rio Pecos den ihm entgegenkommenden Zug bemerkte, hatte er sie bereits zu vier Siebteln überquert. Wäre Winnetou weiter auf den Zug zu geritten und hätte noch die restlichen drei Siebtel der Brücke überquert, wäre er gleichzeitig mit diesem am Ostende der Brücke eingetroffen. Wäre er allerdings vor dem Zug geflohen und nach Westen geritten, hätte der Zug das Ostende der Brücke erreicht, wenn Winnetou drei Siebtel der Brücke überquert hätte. Da der Zug und Winnetou gleichzeitig das Westende der Brücke erreichen konnten, hätte Winnetou für das noch verbleibende Siebtel der Brücke genauso lange gebraucht wie die Lokomotive für die gesamte Brücke. Der Zug fuhr also siebenmal so schnell, wie Winnetou reiten konnte, und hatte somit eine Geschwindigkeit von $7 \cdot 15 = 105$ Meilen pro Stunde.

Zu 81. Das Höllentor

A ist der Punkt auf der Strecke zwischen dem Höllentor (H) und dem Lager (L), an dem Benno auf der Rückfahrt von den Teufelsnadeln (T) auf Karims Spur gestoßen ist. Um die Lösung möglichst einfach zu finden, wird die Strecke HL zu einem gleichseitigen Dreieck CLH ergänzt. Da die Winkelsumme im Dreieck stets 180 Grad beträgt, ist der Winkel AHT des Dreiecks AHT 100 Grad groß. Er wird durch die Seite HC des gleichseitigen Dreiecks in einen Winkel von 60 Grad und in einen von 40 Grad geteilt. Da das Dreieck HBT zwei gleiche Winkel hat, ist es gleichschenklig und seine Seiten BH und BT sind gleich lang. Die Strecken TA, HL, CL und HC sind 50 km lang. Somit müssen auch BA und BC die gleiche Länge haben. Daraus ergibt sich, dass die beiden Dreiecke ABH und CBT gleich sind. Folglich gilt für die Winkel BCT = 40 Grad und BTC = 60 Grad. Dies bedeutet, dass das Dreieck HTC gleichschenklig ist und seine Seiten TH und TC gleich lang sind. HLCT ist also ein Drachenviereck, bei dem sich die Diagonalen im Punkt D rechtwinklig schneiden. Daraus ergeben sich die Winkel HTD = 50 Grad und ATL = 10 Grad. Benno hatte also bei seiner Fahrt die Westrichtung um 10 Grad verfehlt.

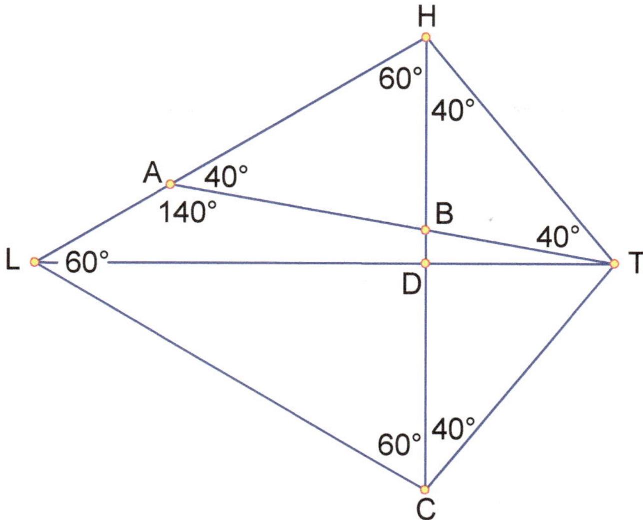

Zu 82. Das Rätsel der Sphinx

Das größtmögliche Einzelprodukt entsteht, wenn die 9 und die 8 an den beiden Enden der Dominoreihe liegen: 9_ _ _ _ _ _ _ _ 8. Sie schließen dann acht Felder ein und ergeben $9 \cdot 8 \cdot 8 = 576$. Das nun nächstgrößere Produkt $8 \cdot 7 \cdot 7 = 392$ erhält man, wenn man die 7 neben die 9 setzt: 9 7 _ _ _ _ _ _ 8. Füllt man die Reihe jetzt immer abwechselnd rechts und links auf, erhält man schließlich 9 7 5 3 1 0 2 4 6 8. Diese Reihe hat die Sphinxzahl 1500. Dies ist aber nicht das Maximum. Vertauscht man in der Reihe die 7 und die 9, vergrößert sich die Sphinxzahl auf 1526. Ein noch höherer Wert ist nicht möglich, wie man durch systematisches Überprüfen feststellen kann. Es gibt nur eine einzige Dominoreihe mit dieser Sphinxzahl, wenn man einmal von der um 180 Grad gedrehten Reihe absieht.

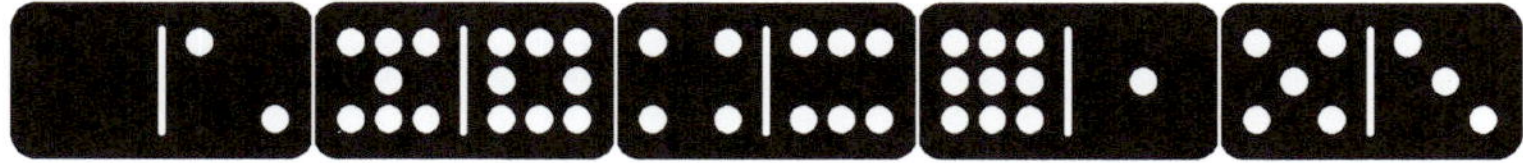

Zu 83. Die Alhambra

Es gibt 34 kleine A, von denen zehn mit der Spitze nach oben zeigen und jeweils sechs mit der Spitze nach unten, nach links und nach rechts. Dazu kommen fünf A, die dreimal so groß sind wie die kleinen A. Drei dieser großen A zeigen mit der Spitze nach oben und jeweils ein A zeigt mit der Spitze nach links und nach rechts. Insgesamt enthält das Muster also 39 A.

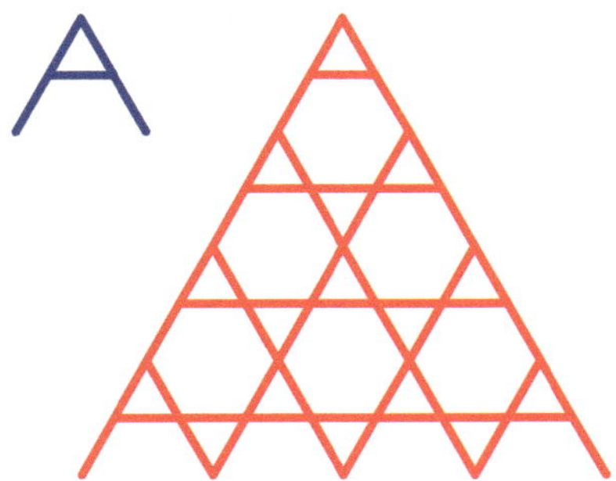

Zu 84. Darts

Mit zwei Pfeilen kann man auf einer Dartscheibe jeden Wert von 2 bis 102 erreichen. Durchläuft m jeweils alle Zahlen von 1 bis 20, ist dies beispielsweise so möglich:

alle Zahlen von 2 bis 21	$1 + m$
alle Zahlen von 21 bis 40	$20 + m$
alle Zahlen von 41 bis 60	Double-20 $+ m$
alle ungeraden Zahlen von 59 bis 97	Triple-19 $+$ Double-m
Alle geraden Zahlen von 62 bis 100	Triple-20 $+$ Double-m
99	Triple-20 $+$ Triple-13
101	Bull's Eye $+$ Triple-17
102	Triple-20 $+$ Triple-14

Die kleinste Zahl nach 1, die man nicht erreichen kann, ist 103. Hat man drei Pfeile, kann man mit den ersten beiden Pfeilen jeden Wert von 2 bis 102 erreichen und mit dem dritten Pfeil maximal 60. Somit kann man mit drei Pfeilen jeden Wert von 3 bis $102 + 60 = 162$ erhalten. Die kleinste Zahl nach der 2, die man nicht werfen kann, ist folglich 163. Dies lässt sich leicht verallgemeinern. Hat man n Pfeile, wobei n größer als 1 sein muss, ist die kleinste Zahl nach $n-1$, die man nicht werfen kann, $103+60(n-2)$. Für fünf Pfeile bedeutet dies, dass die kleinste Zahl nach der 4, die man nicht erreichen kann, 283 ist.

Zu 85. Yin, Yon, Yun und Yang

Der gesamte Kreis hat den Flächeninhalt πr^2, und da Yin, Yon, Yun und Yang gleich groß sind, haben sie jeweils einen Inhalt von $\frac{1}{4}\pi r^2$. Die gelbe Fläche Yon setzt sich zusammen aus einem kleinen Halbkreis vom Durchmesser d und einem großen Halbkreis vom Durchmesser $D = d+r$, aus dem ein mittelgroßer Halbkreis vom Durchmesser r herausgeschnitten ist. Yons Flächeninhalt kann man folglich auch zu $\frac{1}{8}\pi d^2 + \frac{1}{8}\pi(d+r)^2 - \frac{1}{8}\pi r^2$ berechnen. Setzt man beide Ausdrücke gleich, erhält man $\frac{1}{4}\pi r^2 = \frac{1}{8}\pi d^2 + \frac{1}{8}\pi(d+r)^2 - \frac{1}{8}\pi r^2$, was sich zu $d^2 + rd - r^2 = 0$ vereinfachen lässt. Diese quadratische Gleichung hat die positive Lösung $d = \frac{1}{2}\left(\sqrt{5}-1\right)r$. Setzt man sie in die Gleichung $D = d+r$ ein, bekommt man $D = \frac{1}{2}\left(\sqrt{5}-1\right)r + r$. Dies kann man zu $D/r = \frac{1}{2}\left(\sqrt{5}+1\right)$. Das gesuchte Verhältnis D/r entspricht also dem berühmten Goldenen Schnitt $\Phi = \frac{1}{2}\left(\sqrt{5}+1\right) \approx 1{,}618$. Das Verhältnis d/r ist der Kehrwert des Goldenen Schnitts $1/\Phi = \frac{1}{2}\left(\sqrt{5}-1\right) \approx 0{,}618$.

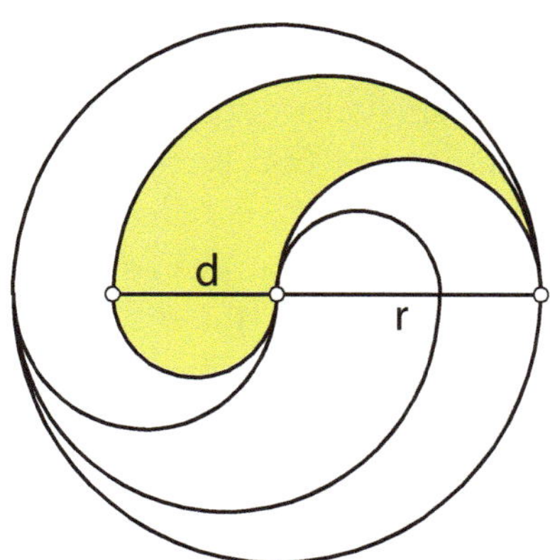

Zu 86. Dominoketten

28 Dominosteine haben 56 Felder, auf denen 7 verschiedene Augenzahlen verteilt sind. Da alle 7 Zahlen gleichberechtigt sind, muss auch jede gleich häufig auftreten, nämlich 56/7 gleich 8 Mal. Nimmt man einen Stein mit zwei verschiedenen Augenzahlen a und b aus dem Spiel heraus, kommen diese beiden Zahlen nun nur noch 7 Mal vor. Im Inneren der Kette treten die Zahlen stets paarweise auf, da ja nur gleiche Felder aneinanderstoßen dürfen, und mehrere Paare ergeben immer eine gerade Zahl. Da von a und b aber jetzt jeweils eine ungerade Anzahl Felder vorhanden ist, muss von beiden Zahlen je ein Feld an den Enden der Reihe liegen. Entfernt man zwei Steine, deren Augenzahlen a, b, c und d alle verschieden sind, gibt es nun vier Zahlen, die ungeradzahlig häufig in dem Spiel vorkommen. Doch nur zwei davon kann man an den Enden der Kette unterbringen. Es reicht also aus, zwei Dominosteine, deren Augenzahlen verschieden sind, aus dem Satz zu nehmen, damit sich die restlichen Steine nicht mehr zu einer Kette auslegen lassen.

Zu 87. Die Zahl des Tieres

Hätte Gerda eine Zahl M gewählt, die kein Teiler von 666 ist, hätte sie eindeutig Karins Zahl zu $N = 666 - M$ bestimmen können. Da sie aber sagte, sie wisse Karins Zahl nicht, muss M ein Teiler von 666 sein. Hierfür gibt es 22 Möglichkeiten, von denen die beiden kleinsten 1 und 2 und die beiden größten 333 und 666 sind. N kann also entweder $666 - M$ oder $666/M$ sein.

Karin konnte die gleichen Überlegungen anstellen wie Gerda, deshalb wusste sie, dass M ein Teiler von 666 ist. Da sie auch sagte, dass sie Gerdas Zahl nicht kenne, muss auch N ein Teiler von 666 sein. Weil aber auch diese Erkenntnis noch nicht ausreicht, um M zu bestimmen, muss es zwei mögliche Werte M_1 und M_2 geben, für die gilt, dass $M_1 + N = 666$ und $M_2 \cdot N = 666$ ist. Das ist aber nur für $M_1 = 333$, $M_2 = 2$ und $N = 333$ der Fall.

Gerda konnte sich das auch überlegen und wusste darum, dass Karins Zahl $N = 333$ ist. Karin hingegen hatte keine Möglichkeit zu entscheiden, ob $M = 2$ oder $M = 333$ ist.

Übrigens verriet später Karin, die auch Geschichte unterrichtet, sie habe bei der Wahl ihrer Zahl an das Jahr der Alexanderschlacht gedacht. Sie erinnern sich sicher: Drei – drei – drei, bei Issos Keilerei.

Zu 88. Die Tänzer

Meine Eltern werden mit dem Buchstaben A abgekürzt und die anderen fünf Ehepaare durch die Anfangsbuchstaben B, C, D, E und F ihrer Nachnamen. Der Ausdruck x → y bedeutet, Herr x tanzt mit Frau y. Die Behauptung meiner Mutter, dass auf dem Foto mein Vater mit der Frau des Mannes tanzt, der mit Frau Bayer tanzt, kann man als A → x → B darstellen. Und die Behauptung, dass der Mann, dessen Frau mit Herrn Caspar tanzt, mit der Frau des Mannes tanzt, der mit Frau Dickmann tanzt, entspricht C → y → z → D. In den beiden Ausdrücken tauchen vier feste und drei variable Namen, also insgesamt sieben Namen auf. Da es nur sechs Ehepaare gibt, muss mindestens ein variabler Name mit einem des festen übereinstimmen. Die beiden Ketten kann man auf zwei Weisen zusammenfügen.

$$C \to y \to A \to D \to B$$
$$A \to C \to B \to z \to D$$

Nun fehlt in beiden Ketten jeweils ein Name u und w, der die Enden miteinander verbinden muss.

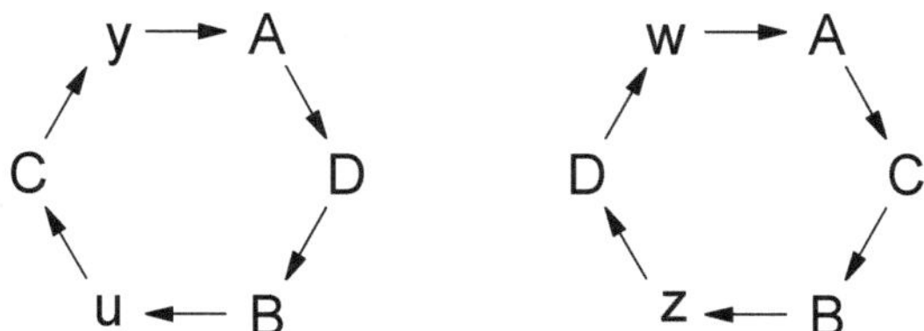

Berücksichtigt man jetzt auch noch die Behauptung, dass die Frau des Mannes, der mit Frau Eichler tanzt, nicht mit Herrn Franzen tanzt, erhält man die folgenden beiden Lösungen.

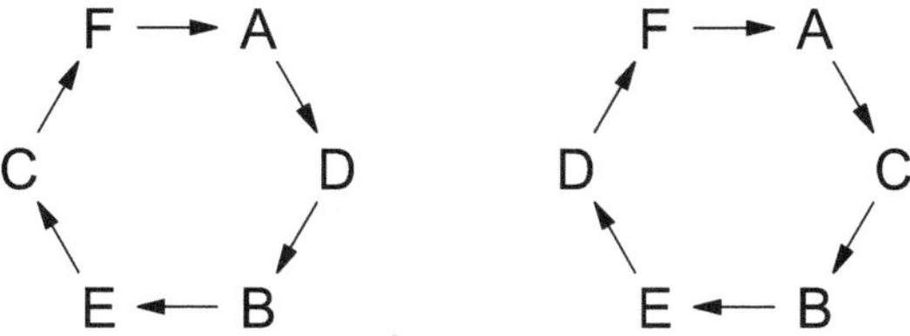

In beiden Lösungen tanzt Herr Bayer mit Frau Eichler und Herr Franzen mit meiner Mutter.

Zu 89. Schweinekauf im Reich der Merowinger

Jeder der Männer gibt für seine Schweine drei Pfund und drei Schillinge –
also insgesamt 63 Schillinge – mehr aus als seine Frau für ihre Schweine.
Wenn eine Frau x Schweine kauft und für jedes Schwein x Schillinge zahlt
und ihr Mann y Schweine kauft und für jedes Schwein y Schillinge zahlt,
gilt $y^2 = x^2 + 63$. Diese Gleichung kann man umstellen zu $y^2 - x^2 = 63$ oder
zu $(y+x)(y-x) = 63$. Weil x und y nur positive ganze Zahlen sein können,
müssen auch die beiden Klammerterme positiv und ganzzahlig sein. Dafür
gibt es nur die drei Möglichkeiten $63 \cdot 1 = 63$ und $21 \cdot 3 = 63$ und $9 \cdot 7 = 63$.
Löst man sie nach x und y auf, erhält man für (x, y) die drei Lösungspaare
(31, 32), (9, 12) und (1, 8). Dagobert kauft 23 Schweine mehr als Arnegund. Er ist also der Mann des ersten Paares und sie die Frau des zweiten. Chlothar kauft 11 Schweine mehr als Fredegard, darum gehört er
zum zweiten und sie zum dritten Paar. Die drei Paare sind somit: Ragnetrud (31 Schweine) und Dagobert (32 Schweine), Arnegund (9 Schweine)
und Chlothar (12 Schweine), Fredegard (1 Schwein) und Chilperich (8
Schweine). Ragnetrud kaufte also auf dem Markt 31 Schweine.

Zu 90. Leonardos Zahlen

Da nur die beiden letzten Ziffern der letzten Zahl des Spiels gesucht werden, braucht man bei allen Rechenschritten stets nur die beiden letzten Stellen zu betrachten. Denn alle anderen Stellen haben keinen Einfluss auf die
beiden Endziffern eines Ergebnisses. Angenommen, von den beiden Zahlen,
die in einer Runde aus dem Krug gezogen werden, endet die eine auf 99 und
die andere auf die zweistellige Zahl a. Dann erhält man mit Leonardos Vorschrift $99 + a + 99a = 100a + 99$. Die Zahl, durch die die beiden gezogenen
Zahlen ersetzt werden, endet somit auch wieder auf 99. Da jede der 100
anfänglichen Zahlen im Krug während der Spiels irgendwann einmal
gezogen wird, ist darunter auch die 99. Spätestens ab dieser Runde endet
jede neue Zahl – und damit auch die letzte Zahl – auf 99. Übrigens hat die
letzte Zahl noch 158 weitere Stellen.

Zu 91. Celsius und Fahrenheit

Eine Celsius-Temperatur C kann in eine Fahrenheit-Temperatur F mit der Gleichung $F = 9C/5 + 32$ umgerechnet werden. Die beiden Fahrenheit-Temperaturen in Springfield und in Midway stehen in dem ganzzahligen Verhältnis $F_S/F_M = n$ zueinander, was man zu $F_S = nF_M$ und mit der Umrechnungsformel zu $9C_S/5 + 32 = n(9C_M/5 + 32)$ oder $9C_S + 160 = n(9C_M + 160)$ umformen kann. Auch die Celsius-Temperaturen in den beiden Orten stehen im Verhältnis n zueinander. Dabei gibt es zwei Möglichkeiten: Im ersten Fall ist $C_S/C_M = n$ oder $C_S = nC_M$. Setzt man dies in die Gleichung ein, erhält man $9nC_M + 160 = n(9C_M + 160)$. Das kann zu $n = 1$ vereinfacht werden, was aber in der Aufgabe ausgeschlossen wurde.

Im zweiten Fall ist $C_M/C_S = n$ oder $C_M = nC_S$. Fügt man dies in die obige Gleichung ein, bekommt man $9C_S + 32 = n(9nC_S + 160)$, woraus nach einige Umformungen $C_S = -160/(9(n+1))$ wird. Da sich der Bruch $160/9$ nicht kürzen lässt, ist C_S für keinen einzigen Wert von n ganzzahlig. Weil aber nur ein einziger der vier Temperaturwerte nicht ganzzahlig sein darf, muss folglich C_M ganzzahlig sein. Mit dem Celsius-Temperaturverhältnis erhält man nun die Gleichung $C_M = -160n/(9(n+1))$. Es gibt nur drei erlaubte Werte für n, bei denen sich n gegen 9 und 160 gegen $n+1$ kürzen lässt und somit zu einem ganzzahligen Wert von C_M führen. Dies sind -81, -9 und $+9$. Setzt man sie in die Umrechnungsgleichung für die Fahrenheit-Temperatur ein, ergeben sich jedoch nur im zweiten Fall ganzzahlige Werte. Folglich ist das gesuchte Temperaturverhältnis -9. In Springfield betrug die Temperatur also $(20/9)\,°C = 36\,°F$ und in Midway $-20\,°C = -4\,°F$.

Zu 92. Der Mond aus grünem Käse

Die Zahlen der Flächen, Ecken und Kanten des ursprünglichen Polyeders sind F_1, E_1 und K_1 und die des beschnittenen F_2, E_2 und K_2. Kappt man die Ecken des ursprünglichen Polyeders, werden daraus zusätzliche Flächen. Die Flächenzahl des neuen Körpers beträgt $F_2 = F_1 + E_1$.

Durch die Schnitte werden alle Kanten des ursprünglichen Polyeders an beiden Enden gekürzt, und ihre neuen Enden sind die Ecken des neuen Körpers. Folglich ist $E_2 = 2K_1$. An jeder Ecke einer Schnittfläche treffen zwei Kanten der Schnittfläche selbst und eine ursprüngliche Kante zusammen. Da jeder Kante zu zwei Ecken gehört, gilt $K_2 = 3/2\,E_2$. Drückt man E_2 durch die ursprüngliche Kantenzahl aus, erhält man $K_2 = 3K_1$. Mindestens eine der drei Zahlen F_2, E_2 und K_2 soll 11 sein. Da aber 11 kein Vielfaches von 2 oder 3 ist, kann nur $F_2 = 11$ sein. Daraus ergibt sich $E_2 = 18$ und $K_2 = 27$.

Mithilfe der Euler'schen Polyederformel $F_1 + E_1 = K_1 - 2$ kann man auch etwas über das ursprüngliche Polyeder erfahren. Die linke Seite der Gleichung lässt sich durch F_2 und damit durch 11 ersetzen, was zu $11 = K_1 - 2$ oder $K_1 = 9$ führt. Die einzigen beiden konvexen Polyeder, die neun Kanten besitzen, sind die trigonale Doppelpyramide und das trigonale Prisma. Beide Polyeder haben nach dem Kappen der Ecken auch tatsächlich 11 Flächen, 18 Ecken und 27 Kanten.

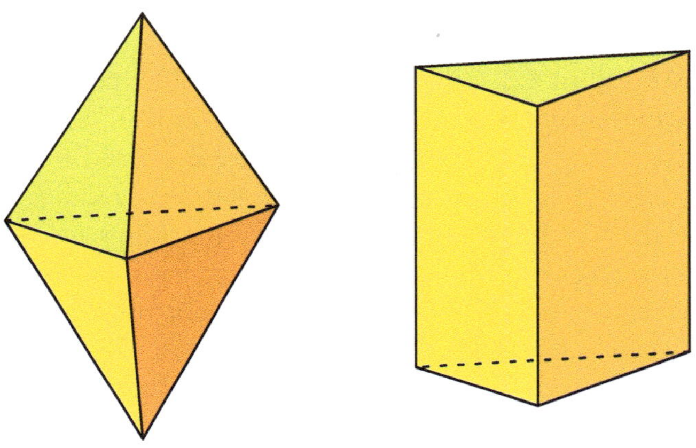

Zu 93. Till Eulenspiegel und die Königin der Wissenschaften

Zehn kleine Rechtecke von 3 mal 4 oder 4 mal 3 Feldern Größe haben zusammen einen Flächeninhalt von 120 Feldern. Das große Rechteck des Grafen besteht aber nur aus 7 mal $13 = 119$ Feldern. Versucht man, mit zehn kleinen Rechtecken das große Rechteck komplett abzudecken, ohne eines davon über den Rand ragen zu lassen, muss ein Feld doppelt belegt werden. Man sieht leicht, dass es dafür – abgesehen von Spiegelungen und Drehungen – nur eine einzige Anordnung gibt, und dass das doppelt abgedeckte Feld das Mittelfeld 14 sein muss. Eulenspiegel weiß, dass die Summe der Zahlen unter jedem kleinen Rechteck 202 beträgt. Unter den zehn Rechtecken ist sie somit zusammen 2020. Dies wäre auch die Summe der Zahlen auf dem großen Rechteck, würde man die Zahl auf dem

Mittelfeld doppelt zählen. Da sie aber natürlich nicht doppelt gezählt wird, dreht Eulenspiegel das Plättchen 14 um, zieht die darauf stehende 7 von 2020 ab und erhält die gesuchte Summe 2013.

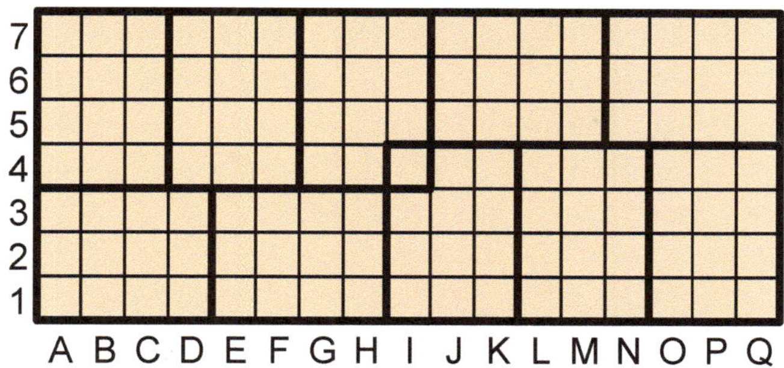

Zu 94. Das schwere Leben in Wyoming

Die drei Brüder machen sich gleichzeitig auf den Weg nach Bakers Creek. Adam und Ben fahren gemeinsam mit dem Fahrrad mit der Geschwindigkeit v_1 und Carl geht zu Fuß mit der Geschwindigkeit v_2. Nach einiger Zeit setzt Adam seinen Bruder ab. Dieser geht nun den Rest des Weges mit v_2 zu Fuß, während Adam wendet und mit der Geschwindigkeit v_3 zurückfährt. Als er Carl erreicht, wendet er erneut und die beiden fahren zusammen mit v_1 zu Joe's Bar, wo sie gleichzeitig mit Ben eintreffen.

Durch ein Weg-Zeit-Diagramm lassen sich die Zusammenhänge gut verdeutlichen. Die drei Brüder starten zur Zeit 0 am Ort 0. Zur Zeit t_1 am Ort x_1 steigt Ben vom Rad und zur Zeit t_2 am Ort x_2 steigt Carl aufs Rad. Zur Zeit t_3 erreichen die drei Brüder Joe's Bar, die am Ort x_3 steht. An der Symmetrie des Diagramms erkennt man, dass $t_1 + t_2 = t_3$ und $x_1 + x_2 = x_3$ ist. Zeiten und Orte sind über die Geschwindigkeiten miteinander verknüpft: $v_1 t_1 = x_1$ und $v_2 t_2 = x_2$ und $v_3(t_2 - t_1) = x_1 - x_2$. Diese fünf Gleichungen lassen sich nach einem der üblichen Verfahren zu

$$t_3 = \frac{v_1 + v_2 + 2v_3}{2v_1 v_2 + v_1 v_3 + v_2 v_3} \cdot x_3$$

zusammenfassen. Setzt man die Werte für die Geschwindigkeiten und für x_3 ein, erhält man das Ergebnis: Die drei Brüder erreichen gemeinsam Joe's Bar 1 h und 40 min nach dem Start.

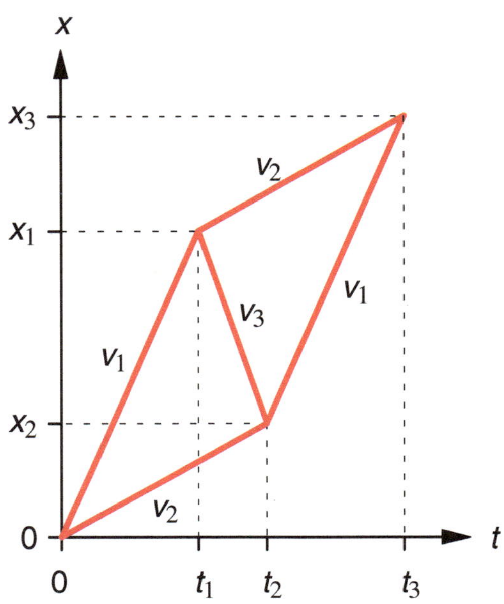

Zu 95. Fußball im Wunderland

Sowohl Tweedledum als auch Tweedledee treffen als Schiedsrichter mit der Wahrscheinlichkeit P die richtige Entscheidung. Die Wahrscheinlichkeit, dass sie beide gleichzeitig richtig entscheiden, beträgt folglich P^2. Die Entscheidung des verrückten Hutmachers spielt in diesem Fall keine Rolle, da die Zwillinge die Mehrheit bilden.

Anders sieht es aus, wenn die Zwillinge unterschiedliche Entscheidungen treffen. Dann kommt es auf den Hutmacher an, der durch das Werfen der Münze mit 50-prozentiger Wahrscheinlichkeit richtig entscheidet. Die Wahrscheinlichkeit, dass der Hutmacher und Tweedledum richtig entscheiden und Tweedledee falsch entscheidet, beträgt $\frac{1}{2}P(1-P)$. Genauso groß ist die Wahrscheinlichkeit, dass der Hutmacher und Tweedledee richtig entscheiden und Tweedledum falsch entscheidet. Die Wahrscheinlichkeit, dass die drei Schiedsrichter die richtige Entscheidung fällen, beträgt somit $P^2 + {}^1/_2P(1-P) + {}^1/_2P(1-P)$. Dies lässt sich zu P vereinfachen. Die beiden zusätzlichen Schiedsrichter ändern folglich die Wahrscheinlichkeit, richtig zu entscheiden, überhaupt nicht. Sie bleibt 42 %.

Zu 96. Die Würfelschlange

Angenommen, die Schachtel wäre vollständig mit 27 Würfeln gefüllt. Um die Struktur der Lösung deutlicher erkennen zu können, sind in dem Bild die dicht aneinander liegenden Würfel durch weit auseinander liegende Perlen ersetzt worden.

Die Würfel sind immer abwechselnd rot und grün gefärbt, sodass jeder rote Würfel nur grüne Nachbarn hat und jeder grüne Würfel nur rote. In der Schachtel stecken 14 rote Würfel, von denen 8 Eckwürfel in den Ecken des Kastens sitzen und 6 Flächenwürfel an den Flächenmitten. Von den 13 grünen Würfeln sitzen 12 Kantenwürfel in den Kantenmitten und der Mittelwürfel steckt genau in der Mitte der Schachtel.

Nun versuchen wir statt der 27 einzelnen Würfel die Würfelschlange in die Schachtel zu packen. Jeder rote Eckwürfel ist durch die Schnur über einen grünen Kantenwürfel mit einem roten Flächenwürfel verbunden. Da es aber nur 6 Flächenwürfel gibt, können höchstens 7 Eckwürfel und damit insgesamt 13 rote Würfel der Schlange in der Schachtel liegen.

Bei dem grünen Mittelwürfel muss man drei Fälle unterscheiden. Gehört er nicht zur Schlange, passen höchstens 25 Würfel in die Schachtel. Wenn die Schnur hingegen durch den Mittelwürfel läuft, liegen davor und dahinter rote Flächenwürfel. Dadurch wird aber an einer Stelle das Muster unterbrochen, wonach sich in der Schlange stets rote Eckwürfel und rote Flächenwürfel abwechseln. Somit können auch im zweiten Fall höchstens 6 Eckwürfel der Schlange und damit insgesamt 25 Würfel in der Schachtel stecken.

Beim dritten Fall beginnt die Schlange mit dem grünen Mittelwürfel. Auf jeden der 13 grünen Würfel kann nur jeweils ein roter Würfel folgen. Da der erste Würfel nach dem Mittelwürfel ein roter Flächenwürfel ist und es nur 6 Flächenwürfel gibt, passen auch nur 6 Eckwürfel und somit auch in diesem Fall höchstens 25 Würfel in die Schachtel.

Dass man auch tatsächlich 25 Würfel der Schlange in die Schachtel packen kann, zeigt das Beispiel. In der obersten Lage bleiben zwei Ecken leer.

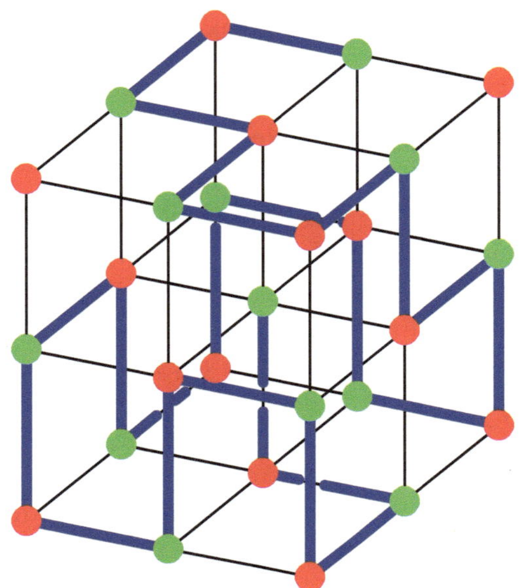

Zu 97. Die Seilbrücke über den Mbano

Es reicht aus, siebenmal zwei Batterien in die Lampe zu setzen, damit sie anschließend mit Sicherheit leuchtet. Hierzu teilt man die acht Batterien aus dem Rucksack so in drei Gruppen ein, dass in der ersten und zweiten Gruppe je drei Batterien und in der dritten zwei Batterien sind. Da es vier volle Batterien, aber nur drei Gruppen gibt, müssen wenigstens in einer Gruppe mindestens zwei volle Batterien sein. Die drei Batterien A, B und C der ersten Gruppe kann man zu den drei Paaren AB, AC und BC kombinieren und mit drei Versuchen in der Lampe prüfen, ob sie voll sind. Hat man kein Glück, kann man mit drei weiteren Versuchen die Batterien C, D und E der zweiten Gruppe testen. Ist man noch immer erfolglos, müssen die beiden Batterien G und H der letzten Gruppe auf jeden Fall voll sein und die Lampe zum Leuchten bringen.

Durch eine systematische Untersuchung aller denkbaren Testverfahren lässt sich zeigen, dass man das Problem nicht mit weniger als sieben Batteriewechseln lösen kann.

Zu 98. Briefmarken

Nennt man die Zahl der gekauften 2-Cent-Briefmarken m, und sind insgesamt Marken im Wert von k Euro oder $100k$ Cent gekauft worden, so gilt $m \cdot 2 + {}^2\!/_3 m \cdot 3 + \left({}^2\!/_3\right)^2 m \cdot 8 + 10 \cdot 28 = 100k$. Da die Zahl $(4/9)m$ der 8-Cent-Marken natürlich ganzzahlig ist, muss m durch 9 teilbar sein. Somit gibt es eine ganze Zahl n mit $m = 9n$. Ersetzt man in der Gleichung m durch $9n$, wird daraus $18n + 18n + 32n + 280 = 100k$. Dies lässt sich zu $n = k + (8k - 70)/17$ umformen. Da k für den Eurowert eines Geldscheins steht, kommen für k die Zahlen 5, 10, 20, 50, 100, 200 und 500 infrage. Nur für $k = 200$ ist $8k - 70$ ein ganzzahligen Vielfaches von 17 und führt somit zu einem ganzzahligen $n = 290$.

Christina hatte also von ihrem Chef einen 200-EUR-Schein bekommen und dafür 2610 Marken zu zwei Cent, 1740 Marken zu drei Cent, 1160 Marken zu acht Cent und zehn Marken zu 28 Cent gekauft – insgesamt also 5520 Briefmarken.

Zu 99. Lämpels letzter Wille

$$y = x + \cfrac{x}{x + \cfrac{x}{x + \cfrac{x}{x + \cfrac{x}{x + \cfrac{x}{x + \cfrac{x}{x + \cfrac{x}{x + \dots}}}}}}}$$

Da der Kettenbruch eine unendliche Tiefe hat, ist der Ausdruck unter dem obersten Bruchstrich identisch mit der kompletten rechten Gleichungsseite. Folglich kann man diesen Ausdruck auch durch y ersetzen und erhält $y = x + x/y$. Nach x aufgelöst wird daraus $x = y^2/(y + 1)$. Der Nenner dieses Bruches $y + 1$ ist ein Teiler des Ausdrucks $y^2 - 1 = (y - 1)(y + 1)$. Da y aber eine ganze Zahl sein soll, muss der Nenner auch ein Teiler des Zählers y^2 sein. Somit ist $y + 1$ ist auch ein Teiler der Differenz $y^2 - (y^2 - 1) = 1$. Daraus ergibt sich zunächst $y + 1 = \pm 1$ und nach dem Auflösen $y = 0$ oder $y = -2$. Der erste Fall scheidet aus, weil er zu einer Division durch 0 führt.

Der zweite Fall ergibt $y = -4$. Somit beträgt der Anteil des Sohnes am Erbe $(-2)/(-4) = {}^1\!/_2$. Der Vater hatte also beide Kinder gleich bedacht.

Zu 100. Musterhafte Legosteine

Durch systematisches Zusammensetzen der beiden Legosteine lässt sich die Anzahl der Lösungen recht leicht zu 48 bestimmen. Das Bild zeigt 24 dieser Lösungen. Die anderen 24 Lösungen erhält man durch Vertauschen der beiden Farben.

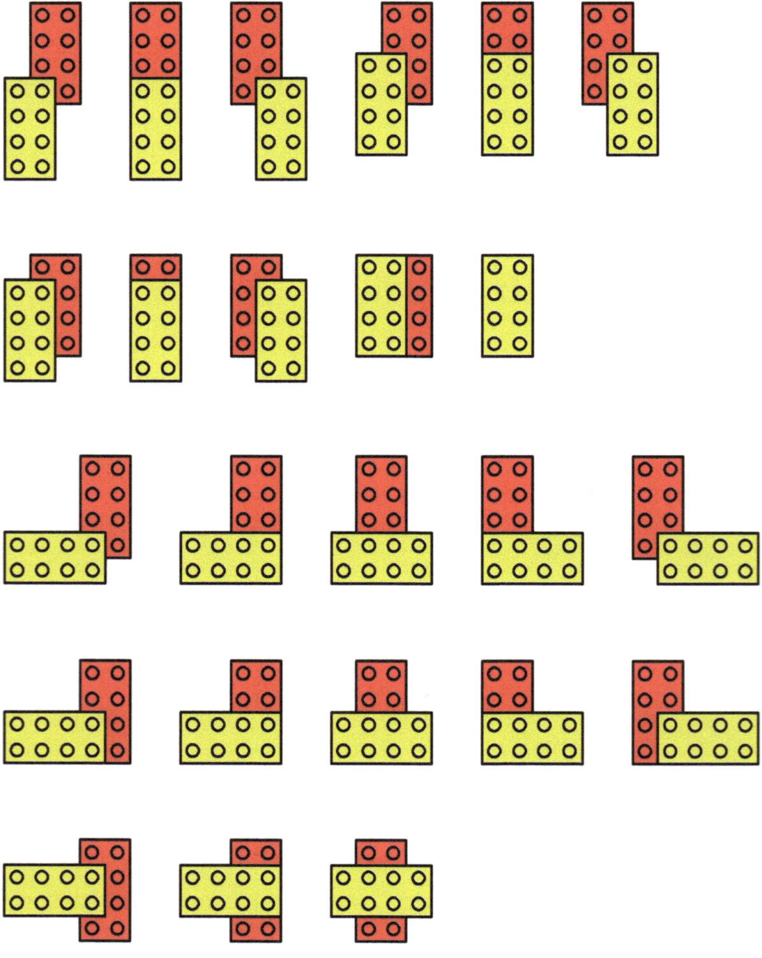